U0574311

本书系 2016 年国家社科基金项目"拉康《父亲的姓名》翻译和研究"(16BZX070)研究成果

由华南师范大学哲学社会科学优秀学术著作项目经费资助

国家社科基金丛书
GUOJIA SHEKE JIJIN CONGSHU

拉康的父亲理论探幽

——围绕"父亲的姓名"概念

Exploration de la théorie du père chez Lacan

Autour du concept des "Noms-Du-Père"

黄作 著

人民出版社

怀念父亲

En mémoire de mon père

目　录

前　言　只有一次研讨会的研讨班

在拉康众多的研讨班（Séminaires）之中，有一个研讨班极其特殊，与其他研讨班大多跨越一学年时间且包括多次研讨会（séances）的情形不同，它只进行了一次研讨会，那就是既广为人知又相当令人困惑的"父亲的姓名"研讨班（NdP）。拉康学术遗产继承人雅克-阿兰·米勒（Jacques-Alain Miller）直到 2005 年才把相关文本整理成册出版①。1963 年 11 月 20 日，拉康在圣·安娜医院（l'hôpital Sainte-Anne）进行了"父亲的姓名"研讨班第一次研讨会，他一上来就宣称："我不会等到这次研讨会（ce séminaire）的结束再来告诉你们这次研讨会是我要讲的最后一次研讨会（le dernier）……同时我很抱歉不得不没有了（ne doive pas）后续的研讨会②"；在这一研讨会的结尾，他又强调了相似的意思且再次表达了歉意："要结束了，我将仅仅向你们说，如果我中断（interromps）这一研讨班（Ce séminaire），对多年来是我忠实听众的那些人，我是深感歉意的。"③ 从拉康的表述中不难看出，他是"不得不""中断"这一研讨班的。那么，究竟是什么原因迫使拉康中断其深深爱着的甚至可以说已

---

① 米勒 2005 年出版时把这一研讨会命名为 "Introduction aux Nom-du-Père"（父亲的姓名导论）。

② Jacques Lacan, *Des Noms- Du- Père*, in «Paradoxes de Lacan», série présentée par Jacques-Alain Miller, Seuil, 2005, pp.67-68.

③ Ibid., p.101.

经烙上其生存方式标签的研讨班讲座呢？大家一般都认为，这与法国精神分析学界第二次大分裂运动——第一次大分裂运动发生在十年前的 1953 年，拉康与部分同事出走巴黎精神分析学协会（SPP），成立了新的法国精神分析学协会（SFP）——这个外因有着莫大的关联。然而，除了这个外因，难道就没有其他原因了吗？是不是存在着一种更为深刻的内因呢？

对于法国精神分析学界第二次大分裂运动这个外因，我们通过米勒所编的《被逐出精神分析学教会》（*L'Excommunication*）和精神分析史学家伊丽莎白·卢迪内斯库（Elisabeth Roudinesco）女士所著的《拉康》及《法国精神分析史》（2 卷）不难弄清楚当时事情的来龙去脉。简单说来：法国精神分析学协会想要加入国际精神分析学联合会（IPA）这个大家庭，可是后者团体内的保守派非常不喜欢拉康这个另类的异军突起，他们要求法国精神分析学协会压制拉康，以此作为交换条件来批准其入会资格，法国精神分析学协会准备以牺牲拉康为代价换取所谓的国际化进展，最终不可避免地导致了法国精神分析学界第二次大分裂。说白了，这不过是精神分析学界狗血的政治斗争中比较精彩的一幕而已。我们无意详述这些事件的经过，在此只想就相关文件内容指出两点：

其一，国际精神分析学联合会持续打压拉康，从明面上看，焦点集中于两者临床实践理念的不同，譬如，对于每次会诊时间、每周会诊几次等问题，国际精神分析学联合会有一套严格的技术规定，明确反对拉康派所谓的"弹性时间"学说。国际精神分析学联合会由皮埃尔·蒂尔凯（Pierre Turquet）领衔的调查委员会在 1961 年 8 月 2 日出文的给法国精神分析学协会的第一份书面报告《爱丁堡建议》（*Recommandation d'Edimbourg*）第 1、2 条就明确列出："1.任何教导性分析都应该被引向至少每周四次的会诊节奏上。2.会诊时间应该持续至少 45 分钟。"[①] 但是，实际上，这涉及两条道路的不同：国

---

① Jacques-Alain Miller, «*L'Excommunication*», supplément au n° 8 d'*Ornicar?*, Paris, Lyse, 1977, pp.19-20.

际精神分析学联合会倡导技术的统一性必然导致理论的扁平化，进而反对任何理论革新；作为法国第二代精神分析师代表的拉康，是"法国精神分析学界公认的最具理论天才的分析师"，从20世纪50年代初发起"回归弗洛伊德"的运动以来，其理论构想实际上已经跳出了法国第一代分析师"毕雄狭隘的沙文主义藩篱"，即所谓的"法国精神分析学"（psychanalyse française）的局限，具有"普遍性的理论视角"，从而"使他最终赢得了世界性的威望"①，换言之，拉康的这种理论创新②对国际精神分析学联合会真正造成了威胁，因为真正的理论创新预示精神分析学的新走向。

其二，正是因为国际精神分析学联合会认定拉康的威胁主要来自其理论创新，他们对拉康的打压聚集在其理论传递上，确切地说，他们要求法国精神分析学协会禁止拉康继续传递其精神分析理论。需要指出的是，这不能简单地理解为不让拉康带学生或不让拉康讲课。1963年5月，在皮埃尔·蒂尔凯在巴黎宣读的新的前报告中，明确列出以下几项与教学相关的禁令："不

---

① 参见黄作：《漂浮的能指——拉康与当代法国哲学》，人民出版社2018年版，第60—61页。Cf. Elisabeth Roudinesco, *La bataille de cent ans-- Histoire de la psychanalyse en France*, vol. 2, Paris: Le Seuil, 1986, pp.137-138。

② "回归弗洛伊德"并不是再次来阅读一遍弗洛伊德作品那么简单，而一定是在此基础上的一种创造，就如让-米歇尔·蓝巴特（Jean-Michel Rabaté）总结道："福柯清楚地表明，'回归'并不必须是恭敬的仿制，而已经是一种重新书写（rewriting）的一种阅读。正如阿尔都塞想知道一个人在马克思的作品中如何'症状式地'即通过区分什么是真正'马克思主义的'和什么只是'黑格尔主义的'来阅读马克思，拉康想知道弗洛伊德在什么地方且如何被称为真正'弗洛伊德主义的'。"（Jean-Michel Rabaté, «Lacan's turn to Freud», in *The Cambridge Companion to Lacan*, edited by Jean-Michel Rabaté, Cambridge University Press, 2003, p.9.）而所谓"真正弗洛伊德主义的东西"，简单地说，那就是无意识第一性原则。拉康20世纪50年代初开始对"自我心理学派"持续不断的批评，应该放在这一框架之内来阅读：拉康借助结构语言学的新工具发展了弗洛伊德的无意识理论，把之推进到更广泛意义上的人文社会科学背景之上，进而凸显出"自我心理学派"希冀通过突出自我作用把精神分析学纳入普通心理学范畴的善良愿望却反而禁锢了精神分析发展空间的错误做法。同时大家也不要忘了，"自我心理学"的巨头哈特曼和列文斯坦都是当时国际精神分析学联合会的主要头头，他们想要干掉拉康的做法也在"情理"之中。

要求拉康停止他的研讨班，但是他不能出现在教学节目单之中"；"'研究委员会'（Commission des études）反对学生们出现在这一研讨班"；"拉康作为教导性分析师（didacticien）总是不可接受的且将永远是不可接受的。指定保证措施永远排除他是合适的。任何保留特殊身份的企图都要被阻止且将引发一种不利的偏见"；"拉康作为教导性分析师是一种威胁：应该挽救他的各位报考者且预备一种计划把这些人转到其他的教导性分析师那里。在拉康或然被法国精神分析学协会承认之后，应该有一个计划来维持他从教学中被排除出去"；"他安静地且以其方式作为协会的简单会员进行工作"。[1] 结合前报告中的另一句话，"对于法国精神分析学协会来说拉康充当了招募新人的教官"[2]，我们不难搞清楚这些禁令主要涉及哪些方面：不再让拉康在协会中具有教导性分析师资格（也就是不让他带年轻学员），不再让他上协会内教学名单（也就是不让他上协会内正式教学课程），不再让他带新招募的学员等。到了 1963 年7 月的《斯德哥尔摩指示》（*Directive de Stockholm*），禁令变得更加严厉：

下列措施对于获得"研究团体"（Groupe d'études）的承认而言是必不可少的：

a）法国精神分析学协会的所有会员、关联会员、实习生和新招募的学员应该都被通知到：拉康博士从此以后不再被承认为教导性分析师（analyste didacticien）。这一通知应当最迟于 1963 年 10月 31 日得到执行。

b）所有跟着拉康博士进行培训的各位报考者都被要求告知"研究委员会"，在了解了要求他们跟"研究委员会"赞成的一位分析师做教导性分析的补充阶段之后，他们是否想要继续他们的培训。这一告知最迟应当于 1963 年 12 月 31 日得到执行。

---

① Jacques-Alain Miller, «*L'Excommunication*», supplément au n° 8 d'*Ornicar?*, Paris, Lyse, 1977, pp.42-44.

② Ibid., p.42.

　　c）"研究委员会"与"顾问委员会"（Comité conseil）意见一致，将与表达想要继续进行培训意愿的各位新招募学员展开会谈，以便决定他们的资格。这些会谈应该在 1964 年 3 月 31 日结束。涉及各位新招募学员或者选择第二个教导性分析师的所有这些问题，"顾问委员会"将让大家听到它的意见。①

　　上述《斯德哥尔摩指示》及其前报告实际上是前面《爱丁堡建议》第 13 条款 2 个子条款的深化："a. 多尔多博士和拉康博士渐渐地与培训项目保持距离，大家不要给他们新的教导性分析个案或督导（contrôle）个案。b. 多尔多博士和拉康博士的各位新招募学员，无论现在处于分析之中还是处于督导之中，其身份的任何修改在每次发起之前都应该与'咨询委员会'（Comité consultatif）交换意见。"②简言之，从先前建议让拉康不再参与协会的教学、培训与督导，到后来的几乎全面禁令。有人或许会反驳说，国际精神分析学联合会不但没有要求法国精神分析学协会开除拉康会籍（"安静地且以其方式作为协会的简单会员进行工作"），而且还允许他保留开办研讨班的权利（"不要求拉康停止他的研讨班"）。那么，这是不是展示了国际精神分析学联合会网开一面、没有赶尽杀绝而且还有一点惜才的善良一面呢？当然不是。仅从上述文件内容我们就可以说，国际精神分析学联合会对拉康的打压是釜底抽薪式的：他们想要把拉康打压成为一介散修（借用江湖术语），既没有门派（协会）的庇护也没有门派的资源，看你如何在江湖立足。"不要求拉康停止他的研讨班"，泄露的只是国际精神分析学联合会的伪善，因为研讨班严格说来只是展示个人研究的讲座，并非机构的课程，原则上每个人都有权利开设，并不需要得到机构批准。相反，只有在进入机构课程名单时才需要得到机构承认和批准。文件中随后的这两句话"但是他不能出现在教学节目单之中"（不准进入机构即协会课程）和"'研究委员会'反对学生们出现

_____

① Ibid., pp.81-82.

② Ibid., pp.19-20.

在这一研讨班”（不准协会学员去听其研讨班）足以说明这种伪善。至于说到没有提议法国精神分析学协会开除拉康会籍，恐怕是国际精神分析学联合会不敢，而不是不想。拉康是当时法国精神分析学界当之无愧的王，他们不敢触犯众怒。拉康是领头的雄狮，带路的头狼，怎么可能安心（“安静地”）做一介散修呢？他一定会轰轰烈烈地展开他的理论和学说。于是，与国际精神分析学联合会及其在法国的代理人之间的决裂就变得不可避免，后来就有了法国精神分析学界第二次大分裂。

当然，国际精神分析学联合会这一釜底抽薪只会导致拉康与之以及与法国精神分析学协会的决裂，并不会导致其研讨班的停止。换言之，协会间的政治斗争是一回事，完成研讨班讲座可以成为平行的另一回事。要知道，拉康对于每学年的研讨班讲座都是经过精心准备的，除非迫不得已，一般不会也不应该半途而废。“父亲的姓名”研讨班自然也不例外。拉康自己这样说：“我今天的研讨会已经用心准备好了，就像我用心准备每一次研讨班那样。”[1] 这一段困难时期一直陪伴拉康左右的女弟子索朗热·法拉德（Solange Faladé）后来也见证说：她曾经看到过组成这一研讨班讲座内容的厚厚文件夹。[2] 我们还可以从以下两方面进一步佐证拉康对于这一研讨班酝酿已久的事实：其一，从宣布开课的时间上看，早在第 10 研讨班《焦虑》的最后一次讲座即 1963 年 7 月 3 日的研讨会上，拉康就带来了这一消息，“如果明年事情按以下方式发生，即我能够在可预见道路上继续从事我的研讨班，那么，我们就跟你们约好围绕着‘父亲的姓名’（Nom-du-père）而非仅仅围绕着‘姓名’（Nom）来讲”[3]。米勒后来为这一研讨会

---

[1]　Jacques Lacan, «Introduction aux Noms-du- Père», séance le 20 novembre 1963, *Des Noms-Du- Père*, in «Paradoxes de Lacan», série présentée par Jacques-Alain Miller, Seuil, 2005, pp.67-68.

[2]　Cf. Erik Porge, *Les noms du père chez Jacques Lacan. Ponctuations et problématiques*, ERES, «Point Hors Ligne», 2006, p.57.

[3]　Jacques Lacan, Le séminaire de Jacques Lacan, Livre X, *L'angoisse 1962-1963*, texte établi par Jacques-Alain Miller, Éditions du Seuil, juin 2004, p.389.

所添加的标题"从'小 a'到'父亲的姓名'（Du *a* aux Noms--du-père）"①
也说明了拉康当时即将从研究"对象小 a"问题过渡到研究"父亲的姓名"
问题这一实情。其二，从理论内容来看，拉康在 1963 年 11 月 20 日那一
次研讨会开头地方就说："我今天在此讲这些东西是既定的，我或许将前所
未有地留心为你们标示出我过去教学之中的各种标记，在这些标记那里，
你们会建立起今年研讨班的轮廓。"②换言之，这不是拉康第一次讲"父亲
的姓名"问题，相反，他之前就已经有所准备地讲了一些相关内容，而且，
通过这些内容即"各种标记"，大家可以推想出当年要讲的研讨班的大致
框架。拉康随后一一列出了这些"标记"；包括"涉及〔他〕称之为'父性
的隐喻'（la métaphore paternelle）这一东西的 1958 年 1 月 15 日、22 日、
29 日和 2 月 5 日的研讨会"，也就是第 5 研讨班《无意识的形成》第 9 章
"父性的隐喻"，第 10 章"奥狄浦斯的三个时刻"和第 11 章"奥狄浦斯
的三个时刻（II）"；"涉及专有名词功能的 1961 年 12 月 20 日以及后续的
1962 年 1 月的一些研讨班"，也就是第 9 研讨班《认同》中的一些章节；"涉
及与克洛岱尔三部曲之中父亲之剧相关内容的 1961 年 5 月的研讨班"，也
就是第 8 研讨班《移情》第三部分"现代奥狄浦斯神话——对保罗·克洛
岱尔的孤风丹纳三部曲（la trilogie Coûfontaine）的一个评论"，分别有 5
月 3 日的"西涅（Sygne）说不"，5 月 10 日的"蒂吕尔（Turelure）的卑
劣"，5 月 17 日的"庞赛（Pensée）的欲望"和 5 月 24 日的"结构分解"。③
与此同时，拉康直接道出当年研讨班的任务就是要"为在座各位"（pour

---

①　Ibid., p.375.

②　Jacques Lacan, *Des Noms-Du-Père*, Seuil, 2005, p.68.

③　Ibid., pp.68-69. 需要指出的是，米勒版的《父亲的姓名》把"涉及与克洛岱尔三部曲
之中父亲之剧相关内容的 1961 年 5 月的研讨班"的时间搞错为"1960 年 5 月"，而且在列举
"涉及专有名词功能的 1961 年 12 月 20 日以及后续的 1962 年 1 月的一些研讨班"时甚至出现
了重复列举。

vous）把这些研讨会的内容"连结起来"（nouer）①。由此可见，拉康实际上已是准备妥当，踌躇满志，就想在那年研讨班上大展拳脚，系统展出他的"父亲的名字"思想理论。

那么，是不是还存在其他的外在原因呢？譬如，在与国际精神分析学联合会和法国精神分析学协会决裂之后，由于两者禁止会员参与拉康的研讨班，是不是意味着持续打压会导致听众大减，从而使得研讨班无法继续下去呢？这种说法是站不住脚的。从1953年到1963年，拉康一直是法国精神分析学协会的灵魂人物，追随者无数。即使在圣·安娜医院举办的研讨班的听众人数不及1964年开始在巴黎高师举办的研讨班的听众人数——从高师时期的研讨班开始，拉康的理论可谓第一次真正走向法国人文社会科学界，研讨班的听众结构有了较大调整，从医学院学生和精神分析师为主到文科生为主，进而研讨班的主题也做了相应的调整，从专门的精神分析技术和理论的探讨到更一般地探讨精神分析理论（如1964年的"精神分析学的四个基本概念"），希冀让精神分析理论融入更广泛的人文社会科学思考之中——拉康的听众和信徒从来都不缺，足以支撑一个研讨班进行下去。拉康与法国精神分析学协会决裂后，很快就拉起人马成立新的协会，先是在1964年6月21日成立了精神分析学法国学派（École Français de psychanalyse），几个月之后又成立巴黎弗洛伊德学派（École freudienne de Paris），就是一个很好的佐证。

既然与国际精神分析学联合会和法国精神分析学协会的决裂以及研讨班的准备情况（包括内容的准备和听众的预期）这些外因都不足以令拉康下定决心中断早已精心准备的这一期研讨班，那么我们就来看看是不是还有更为深刻的内因呢？让我们重新回到拉康这唯一一次研讨会的文本。在该研讨会的最后，在再次为将要中断研讨班而向听众（"多年来是我忠实听众的那些

---

① Ibid., p.68.

人"）致歉之后，拉康语锋一转，"可是，就是那些人之中的某些人，某些由我教给他们的各种词汇和各种概念所培育、由我把他们带入其中的各种路径和各条道路所教导的人，现在却颠倒这种印记来反对我"。①其中透出了一个最为关键的信息，那就是：有一部分拉康的弟子参与了反对他的运动，令他感到很寒心。当时反对拉康的弟子们到底是哪些人，他心里其实也很清楚。有一次他的弟子丹尼尔·维德洛谢（Daniel Widlöcher）劝他咽下其被除名这一口气，他愤怒地怼回去：

> 你们想要怎样？想要驱逐我吗？我不再做教导性分析师了？我亲爱的，在我即将成名的时候离开我，你们完全疯了。你们好好看看你们是与谁在一起出发的？您是一个贫穷的男孩，与一些有钱的年轻人、精神分析的骄奢淫逸的有钱人（sybarites）聚在一起。你们全部人的态度并不让我感到惊讶：你们差不多都是医生，而人们对医生无能为力。再者，你们不是犹太人，而人们对非犹太人（les non-Juifs）无能为力。你们全部都跟自己的父亲相处有问题，而正是由于这个原因你们一起行动来反对我。你们要知道，在未来我不会将我的回击指向拉加什（Lagache）和两位法韦（les deux Favez），但却会指向你们，你们所有人都从我的教学中得益，却背叛了我。总有一天你们会受到这些回击，不要费力去猜疑这些回击将出自哪里。现在，我们没什么话好说了。②

从中不难看出，背叛拉康的人主要是一些天主教（更确切地说，在天主教文化下长大的）医生，也就是正统的法国医生，与拉康改行成为精神分析师之前的身份（精神病医生）可谓一模一样。当然，试图去确定是哪种职业、哪种宗教或文化的人背叛了拉康，其实是没有意义的。这段话的意

---

① Ibid., p.102.

② Cf. Elisabeth Roudinesco, *Jacques Lacan. Esquisse d'une vie, histoire d'un système de pensée*, Fayard, 1993, pp.337-338.

义在于，拉康于其中讲到了一个非常重要的点：这些天主教医生"全部都跟自己的父亲相处有问题"，并且认定这是他们"一起行动来反对"他的深层原因。拉康这句话意味深长。我们很容易明白，这里拉康无疑是在说：我可以说是你们精神上的父亲，你们与你们自己的父亲相处有问题，进而跟我相处也出现了问题，怪不得你们一起行动来反对我。但是，什么叫与父亲相处有问题呢？这个问题指的又是什么呢？对于导师（父亲）而言是问题，对于弟子们（孩子们）而言是不是也是问题呢？或者说，是不是也是弟子们（孩子们）关心和承认的问题呢？父亲问题从来都有两个视角，从父亲的角度来看和从孩子们的角度来看是两个不同的视角。拉康认为弟子们（孩子们）与导师（父亲）的相处出了问题，就是弟子们（孩子们）处理父亲问题的方式出了问题。那么，弟子们（孩子们）是不是认同拉康的这一说法呢？弟子们（孩子们）自然有他们自己的考量，从他们的角度来说，处理拉康这个父亲（导师），也就是说，接受国际精神分析学联合会的指令，通过投票的方式禁止拉康在法国精神分析学协会内部参与教学、教导（培训）和督导等活动，在程序上完全是合法的，甚至从某种意义上说在实质上也体现了某种"正义"：因为这是为了法国精神分析学协会有更好的发展尤其是国际化的发展着想，哪怕牺牲拉康这个父亲（导师）也是值得的，看起来完全符合边沁的功利主义所谓绝大多数人的原则。换言之，由于视角的不同，弟子们（孩子们）与导师（父亲）双方在处理父亲问题的方式甚至会出现对立的情形。

根据弗洛伊德在《图腾与禁忌》中的说法，在父亲问题的源头上，这种对立的情形就已经存在了，他称之为"父性情结固有的矛盾情感(l'ambivalence)"[1]。

---

[1] Sigmund Freud, *Totem et tabaou. Interprétation par la psychanalyse de la vie sociale des peuples primitifs*, traduit de l'Allemand avec l'autorisation de l'auteur en 1923 par le Dr S. Jankélévitch, impression 1951, en version numérique par Jean-Marie Tremblay, p.110. 中译本参见[奥]弗洛伊德:《图腾与禁忌》，邵迎生译，见《弗洛伊德文集》第8卷，车文博主编，长春出版社2010年版，第103页。译文有较大改动，以下不再一一标出。

具体来说，这是"一些情感对立（oppositions affectives）"①，或者说"一些自相矛盾的感情（des sentiments contradictoires）"：既包括这样的对立情感，"他们［孩子们］恨父亲，后者如此粗暴地反对他们对于权力的需要和在性欲上的需求，但是他们在恨他的同时又爱慕他、钦佩他"②；又包括这样的矛盾情感，一方面，儿子们联手弑父，"有一天，各位被驱逐的兄弟们联合在一起，杀死且吞食了父亲"③，另一方面，"在除掉父亲之后，在洗雪了他们的仇恨之后……他们不得不沉湎于一种夸大了的温情的各种情感展现。他们在懊悔的形式下这样做；他们体验到一种有罪感，后者与通常所体验到的懊悔感混同在一起"④；也包括图腾餐（repas totémique）仪式中所表现出来的变形的矛盾情感，一方面，身为"食人的野蛮人"的儿子们在杀死图腾（父亲）的同时"吞食了他们父亲的尸体"，另一方面，"他们通过吸收行为实现了他们与父亲的认同（identification），每个人把父亲的部分力量占为己有"⑤；还包括图腾崇拜中更为改头换面的矛盾情感，一方面，儿子们"懊悔"弑父行为，"他们通过禁止宰杀图腾即父亲的替代来否认他们的行为，而且他们通过拒绝与已获自由的女人们的性关系来放弃获得这一行为的诸成果"⑥，另一方面，图腾崇拜表达的不仅是儿子们展示懊悔的"简单需

---

① Ibid. ［奥］弗洛伊德：《图腾与禁忌》，邵迎生译，见《弗洛伊德文集》第8卷，车文博主编，长春出版社2010年版，第103页。

② Ibid., p.109.［奥］弗洛伊德：《图腾与禁忌》，邵迎生译，见《弗洛伊德文集》第8卷，车文博主编，长春出版社2010年版，第101页。

③ Ibid., p.108.［奥］弗洛伊德：《图腾与禁忌》，邵迎生译，见《弗洛伊德文集》第8卷，车文博主编，长春出版社2010年版，第100页。

④ Ibid., p.109.［奥］弗洛伊德：《图腾与禁忌》，邵迎生译，见《弗洛伊德文集》第8卷，车文博主编，长春出版社2010年版，第101页。此处译文跟两个英译文相差很大，本文从法译文。

⑤ Ibid., p.108.［奥］弗洛伊德：《图腾与禁忌》，邵迎生译，见《弗洛伊德文集》第8卷，车文博主编，长春出版社2010年版，第101页。

⑥ Ibid., p.109.［奥］弗洛伊德：《图腾与禁忌》，邵迎生译，见《弗洛伊德文集》第8卷，车文博主编，长春出版社2010年版，第102页。

求",而且还有"某种更多的东西",那就是,儿子们"通过这一态度……实现了某种与父亲的和解",换言之,"图腾体现了就如与父亲缔结的一种盟约"①。当然,这些对立或矛盾的情感不仅表现为儿子们对父亲爱恨交加的矛盾情绪,而且根本上还涉及儿子们如何取代父亲的问题。虽然儿子们中"不再有一人以其力量超越所有其他人从而能够担当父亲的角色"②,但是通过图腾崇拜的形式与父亲(必须是死去的父亲)缔结盟约,相当于重新缔造了新的社会规范;在这一新的社会规范系统中,旧的权威父亲(部落父亲)不再存在,死去的父亲作为法则成了儿子们与父亲结盟的标志,这一法则的核心就是图腾崇拜中的"两大根本塔布(les deux tabou fondamentaux)",即禁止宰杀图腾和"乱伦禁忌(la prohibition de l'inceste)",而且弗洛伊德把后两者与"奥狄浦斯情结中两个被抑制的欲望"(即弑父娶母)联系了起来。③

拉康的弟子们(孩子们)在 1963 年遇到的可以说正是这种矛盾情感:一方面,他们为了法国精神分析学协会的发展(也是为了自己的发展),赞同国际精神分析学联合会对拉康的处理,从而把拉康从父亲权威的位置上赶了下来,另一方面,他们对拉康(父亲)也有懊悔之情,尽管都经过了改头换面,譬如拉康大弟子拉普朗虚(Laplanche)1963 年 11 月 1 日停掉其在拉康地方的分析时对后者这样说:不顾各种分歧,他仍然是其忠实的

---

① Ibid., p.110.[奥] 弗洛伊德:《图腾与禁忌》,邵迎生译,见《弗洛伊德文集》第 8 卷,车文博主编,长春出版社 2010 年版,第 102 页。

② Ibid., p.109.[奥] 弗洛伊德:《图腾与禁忌》,邵迎生译,见《弗洛伊德文集》第 8 卷,车文博主编,长春出版社 2010 年版,第 102 页。

③ Ibid.[奥] 弗洛伊德:《图腾与禁忌》,邵迎生译,见《弗洛伊德文集》第 8 卷,车文博主编,长春出版社 2010 年版,第 102 页。需要指出的是,根据弗洛伊德的这一解释,乱伦禁忌在其源头上并非指父亲对儿子们所做的禁止,恰恰相反,这是指儿子们联手弑父后又进入混战,无人再能担当父亲权威,为了共同生活下去而做出的决定。换言之,乱伦禁忌可谓父权衰落的标志,而非父权的体现。

弟子①。那么对于拉康来说，他面对的又是怎样的情形呢？弟子们（孩子们）在有外援（国际精神分析学联合会）的情况下联手起来造他的反，剥夺他在协会内教学、教导和督导的权利，等于卸下了老虎（王者）的利爪让其成了病猫，等同于谋杀了他；同时，他们为了掩盖自己弑父的罪行，为了减轻自己的懊悔之情，把父亲拉康置于了图腾的位置之上，这便是拉普朗虚所谓的"我仍然是您忠实的弟子"的真正意义。对于弟子们（孩子们）牺牲拉康去交换国际精神分析学联合会入场券的行为，米勒在《父亲的姓名》一书最后"作者生平和著作说明"一栏针对《父亲的姓名导论》所做的说明中非常形象地总结为："经过多年肮脏不堪的交易，拉康的头（tête）实际上已经表现为他的同事们为了获得像'法国研究团体'（«French Study Group»）这样的国际承认而需要付出的代价。"② 这样一来，拉康突然发现自己处于协会图腾（类似于部落图腾）的位置之上，处于不得不死去的情形之中，这怎么能令他不生气呢？我们也就不难理解：无论是拉普朗虚向其辞别时，还是丹尼尔·维德洛谢对其进行劝说时，拉康无一不是勃然大怒③。

　　拉康在现实中被弟子们（孩子们）祭为协会的图腾（死去的父亲），遭到除名，同时，他那一学年准备要开的研讨班的内容恰恰又是关于父亲问

---

① 　Cf. Elisabeth Roudinesco, *Jacques Lacan. Esquisse d'une vie, histoire d'un système de pensée*, Fayard, 1993, p.337.

② 　Jacques-Alain Miller, «Indications bio-bibliographiques» pour «Introduction aux Noms-du-Père», dans *Jacques Lacan, Des Noms-Du- Père*, Seuil, 2005, p.107. 需要特别指出的是，米勒在这里所说的"tête"一词清楚地道出了拉康弟子们和同事们想要把拉康祭为图腾的企图，具有非常重要的学术价值；我在中译初稿和终稿中都把它译为"头"，可是在出版时它却不翼而飞了；当然，这一能指，就如拉康分析爱伦·坡经典短篇小说《被盗窃的信》的著名文本《关于〈被盗窃的信〉的研讨班》中不翼而飞的"lettre"（信/字母）那样，无疑具有"en souffrance"（待领的）特征，我们在再版时予以补上。参见 [法]拉康：《父亲的姓名》，黄作译，商务印书馆 2018 年版，第 103 页。

③ 　Cf. Elisabeth Roudinesco, *Jacques Lacan. Esquisse d'une vie, histoire d'un système de pensée*, Fayard, 1993, p.337.

题（确切地说是关于"父亲的姓名"问题），这无疑是一个莫大的讽刺：拉康认为自己有资格来教导弟子们（孩子们）如何处理父亲问题，而弟子们（孩子们）却通过实际行动（起来造反）回击他，这等同于扇了他一个响亮的耳光。面对这一双重尴尬——如果说导师（父亲）被弟子们（孩子们）推翻是第一重尴尬的话，那么弟子们（孩子们）用造反这一实际行动来回击他在父亲问题的教导则是第二重更加难掩的尴尬了——的局面，拉康又是如何行动的呢？拉康采取了两个前后相继又多少出人意料的行动：1. 头天晚上收到正式通知得知法国精神分析学协会不再承认和接受他为协会内教导性分析师之后，拉康于1963年11月20日晚按照预定时间准时出席并开讲了这一期的研讨会；2. 在研讨会一上来，拉康就宣称今晚的研讨会是本期研讨班的第一次也是最后一次研讨会。简言之，拉康如期开讲了研讨班讲座，但是讲了一次又当场结束了。拉康这么做，基于什么考虑呢？我们先来分析其第一个行动。拉康如期开讲研讨班，信守承诺（因为早就确定了开讲时间）可以说是一个原因，公开亮相且表明态度也可以说是一个原因，但恐怕还有更深层次的原因。在这唯一一次的研讨会上，拉康开头讲了这么一句话，"直至昨夜很晚的一个时刻，当我被告知某个消息时，我能够相信，我今年会告诉你们十年来我一直在告诉你们的东西"①。我们或许可以从这句话中看出一些端倪：虽说研讨班的主题（"父亲的姓名"）早就定了下来，拉康在得知被除名的消息之后，更加坚定地（"能够相信"）表示有必要把"十年来我一直在告诉你们的东西"——我们在正文中将指出，拉康第一次使用"父亲的姓名"其实更早，早在1951—1952年的《狼人》研讨班——讲给大家听。为什么呢？这显然不止公开亮相表明态度（自己没有被击倒）那么简单。合理的解释就是：拉康在得知被弟子们（孩子们）祭为协会的图腾之后，觉得更有必要给大家来讲"父亲的姓名"理论。因为，

---

① Jacques Lacan, *Des Noms-Du-Père*, Seuil, 2005, p.67.

如果说《图腾与禁忌》中的父亲理论——孩子们奋起反抗杀死部落首领父亲以及之后的图腾崇拜——是弗洛伊德处理父亲问题的前设，那么，拉康通过提出"父亲的姓名"理论，试图走出一条与弗洛伊德处理父亲问题不同的道路。沿着这个思路往前走，我们就不难明白拉康为什么会说反对他的弟子们都是"跟自己的父亲相处有问题"的孩子们，而且，在拉康看来，这些人并不明白他十年来一直在讲的东西，而是一直生活在弗洛伊德的父亲理论的前设影响的阴影之下，故更加有必要跟他们普及一下其"父亲的姓名"理论。如果这个思路能够成立，这可以说拉康向那些背叛的弟子们射出了最有力的回击之箭。

但是，拉康为什么又不把研讨班继续下去呢？协会内政治斗争现实，如果激烈到使其分心的话，最多也只能令拉康中止一次或两次研讨会，而不至于终止早已准备好的整个研讨班计划。拉康在这唯一一次研讨会上一上来就宣布终止计划，加上两个月后移师乌尔姆路的巴黎高师，于 1964 年 1 月 15 日另开新一期主题为"精神分析学的四个概念"的研讨班（第 11 研讨班），说明他的终止计划既不是临时决定的产物，也不只是一种反抗的姿态——譬如埃里克·波尔热（Erik Porge）说"研讨班的停顿构成了对于法国精神分析学协会（SFP）批准国际精神分析学联合会（IPA）各项歧视性措施的一种反抗"①——相反，这一决定是某种深思熟虑的结果。根据现有的资料推断，拉康在 1963 年 11 月 20 日晚宣布终止研讨班计划时不可能预见到两个月后他将在巴黎高师另开不同主题的新一期研讨班。他在这次研讨会结束当晚深夜给时任巴黎高师校长、结构主义马克思主义巨头路易·阿尔都塞（Louis Althusser）写了一封短信，明确告诉后者"已经终止了这一研讨班"，而且"想到了后者领域内"那些"尊重且支持其所为"的"朋友般的人物"，

---

①　Erik Porge, *Les noms du père chez Jacques Lacan. Ponctuations et problématiques*, ERES, 2006, p.57.

希望得到大家支持的意图不言而喻。① 阿尔都塞立刻回信表示支持，"为了击败那些想要使您闭口的人，我将尽力在我领域内使他们闭口"，并且承诺拉康"将有一些同盟，不需任何担心"等等。② 大约十多天后（12 月 2 日）两人碰面详谈。由此可见，去巴黎高师另开新的研讨班，应该是之后他们商谈的结果。也就是说，拉康终止《父亲的姓名》研讨班计划的这一决断不宜从后面发生的事件进行逆推。

那么，究竟是什么原因促使拉康做出这一决断？我们或许可以借用前面弗洛伊德所用的"矛盾情感"这一术语来做进一步说明。拉康作为父亲问题的当事一方，必然也遭遇到了上述矛盾情感：一方面，他针对弟子们（孩子们）的背叛非常愤怒，他把之归因于他们在处理父亲问题时出了问题，并且试图通过引介其新的父亲理论（即"父亲的姓名"理论）来阐释问题的起源以及寻找某种解决方案；另一方面，如果说弟子们（孩子们）在拉康即将开讲《父亲的姓名》研讨班时联手造反且企图祭拉康为协会图腾是对他最大的嘲讽的话，如果说拉康通过只讲一次意犹未尽的《父亲的姓名导论》研讨会向弟子们（孩子们）昭示他们在父亲问题上仍然落于弗洛伊德父亲理论的窠臼之内是他射出的回击之箭的话，那么，他终止研讨班计划仍然应该被理解为是他对弟子们（孩子们）的继续回击，当然，这一回击是以无声的形式进行的。这一无声的形式恰恰体现了拉康本身的矛盾情绪，他在显示其强者（父亲、王者）一面的同时，不可避免受到了无情现实的伤害：他在进行理论回击的同时，又觉得这一主题太过沉重，进而无法承受。几年后在回忆起该事件时，拉康曾经这样说："'上帝—父亲'（Dieu-le-Père）的这一位置，就是我表示为'父亲的姓名'（le Nom-du- Père）的这一位置，就是我打算在应该成为我的第 13 个年头的研讨班（我在圣·安妮医院进行的

---

① Jacques Lacan, «lettre de Jacques Lacan à Louis Althusser» le 21 novembre 1963, parue dans le *Magazine littéraire*, novembre 1992, n° 304, p.49.

② Louis Althusser, *Ecrits sur la psychanalyse*, Paris, Stock/IMEC, 1993, p.274.

第 11 个年头的研讨班）的讲课之中加以阐明的这一位置，而那时我的精神
分析师同事们的一种宣泄（passage à l'acte）迫使我在第一次课后就结束了
讲课。我将永不重操这一主题，同时在此可以看到这样的迹象，即，这一封
印仍然不会为了精神分析学而被揭开。"① 我们不能简单地理解为拉康当时怒
气未消，相反，拉康讲得很清楚，关键在于"主题（thème）"；正是因为这
一主题太过沉重——应景性（应现实事件之景）在某种意义上说加重了这一
沉重性——使得拉康不愿再继续下去，于是就选择了终止研讨班计划。这与
拉康两个月后在新一期研讨班《精神分析学的四个概念》的第一次研讨会
（1964 年 1 月 15 日）一上来就大谈自己遭受迫害被逐出精神分析教会（ex-
communication）——他嘲笑"精神分析共同体成了一个教会（Église）"②，同
时把自己比作当年（1656 年）被阿姆斯特丹的犹太社区管理委员会以犹太
教圣公会名义革出教门的斯宾诺莎③——的情形是遥相呼应的。进一步说，
对于弟子们（和同事们）联合起来把他当作"交易对象（négocié）"④ 的这一
"丑闻（scandale）"⑤，拉康认为这里涉及"纯粹喜剧性的成分（l'élément de
comique pur）"因为"主体的真相（甚至当他在导师的位置时）不在他自身

---

① Jacques Lacan, «La méprise du sujet suppose savoir», repris dans les *Autres écrits*, Éditions
du Seuil, 2001, p.337.

② Jacques Lacan, Le séminaire de Jacques Lacan, Livre XI, *Les quatre concepts fondamentaux
de la psychanalyse 1964*, texte établi par Jacques-Alain Miller, Éditions du Seuil, février 1973, p.9.

③ Cf. Ibid. 同时可参见《斯宾诺莎传》：1656 年 7 月 27 日在"木材水道"犹太会堂的约
柜（ark）前面张贴的那份希伯来语的公告即所谓的"革出教门令"（［英］史蒂文·纳德勒：《斯
宾诺莎传》，冯炳昆译，商务印书馆 2011 年版，第 184—185 页）。

④ Ibid., p.10. 我们看到，拉康这里其实用了一个比较含蓄的说法，法语"négocier"一
词是"商谈、谈判"的意思，在古法语中则有"交易、买卖"的意思。英译者阿兰·谢里
登（Alain Sheridan）直接把它翻译为"*a deal*（一种交易）"（Cf. Jacques Lacan, *The seminar of
Jacques Lacan, Book XI: The Four Fundamental Concepts of Psychoanalysis*, trans. Alain Sheridan.
New York: Norton, 1977.p.4），米勒更是直接称之为"tractations sordides（肮脏不堪的交易）"（Cf.
Jacques-Alain Miller, «Indications bio-bibliographiques» pour «Introduction aux Noms-du-Père»,
dans *Jacques Lacan, Des Noms-Du- Père*, Seuil, 2005, p.107.）。

⑤ Ibid., p.11.

之中，而是……在一种本性上戴着面纱的对象之中"，而"让这一对象浮现出来，正是纯粹喜剧性的成分"这一"喜剧维度"对于外人而言"或许"只是"一种不适当的克制、一类伪装的羞耻的对象"，而对于当事人即精神分析师来说，"这一维度完全就是合情合理的"，"从精神分析的角度出发它能够被体验到"，"从幽默的角度看"则可以"被觉察到"，而"幽默只是对于喜剧的认可"①，简言之，拉康认为精神分析师应当对此一笑了之。为此，他特别指出，"这一喜剧维度并不属于我称之为被逐出教会的表述层面上所发生的事情的范围"②，也就是说，他的事件与斯宾诺莎事件是不同的。可是，我们仍然可以看到：一方面，他不希望大家认为这对于他来说是"可笑意义上的""喜剧材料"，另一方面，又坚持这里涉及一种"喜剧维度"；一方面提出要用幽默来一笑了之，另一方面又坚持自己并不是在说自己是"一个无动于衷的主体（un sujet indifférent）"，甚至不惜毒口嫌恶丑闻"臭气冲天"③。换言之，矛盾情感始终伴随着拉康。在这一意义上，他不如斯宾诺莎来得潇洒，后者对于自己被革出教门所持的态度为："反而更好；只要我对诽谤诋毁无所畏惧，他们不强迫我去做任何我绝不会主动自愿做的事。不过，既然他们要把事情搞成那样，我乐于走上向我敞开的路，感到慰藉的是我出走会比古代希伯来人从埃及出走更为清白无辜。"④

拉康声称他"将永不重操这一主题"，后来自然也不会为了这一主题专门重开研讨班了，不过，他一直都有在讲"父亲的姓名"这一代表其父亲思想的理论，只是断断续续地在讲，混杂在其他理论中间接续来讲。这无疑为后来的研究者带了困难。鉴于此，对拉康的"父亲的姓名"理论做一个系统的研究可以说是困难的。我们立足已有材料，一方面，以拉康唯一一次研讨

---

① Ibid., pp.10-12.

② Ibid., p.10.

③ Ibid.

④ 参见［英］史蒂文·纳德勒：《斯宾诺莎传》，冯炳昆译，商务印书馆2011年版，第228页。

会内容即《父亲的姓名导论》文本为主，力图在义理上论证拉康于 1963 年
之前已经给出的"各种标记"与《导论》中新的父亲思想之间的内在关系；
另一方面，针对拉康在 1963 年之后的各个研讨班中讲到的"父亲的姓名"
相关理论，我们更多地注重提出各种问题式，既审视它们与之前理论的关
联，也探究它们所包含的新的理论方向。

第一章 奥狄浦斯情结框架中的父亲问题

第一节 弗洛伊德的多重父亲形象与拉康的出发点

在父亲问题上，拉康面对的首先是精神分析学的实践与理论中的父亲问题，进一步说，他面对的首先是弗洛伊德在父亲问题上的相关论述。然而，弗洛伊德对于父亲问题的论述并没有一个系统的理论，因为，弗洛伊德实际上是在临床中逐渐发现各种父亲问题的。参照一些法国精神分析师的最新研究成果[1]，我们可以来追溯一下弗洛伊德不同时期在父亲问题上的各种论述。在弗洛伊德早期，他在寻找神经症的病因的过程中注意到父亲形象的重要性。与《癔症研究》中弗洛伊德提出"成人"引诱者的笼统态度不同，在与威廉·菲利斯 (Wilhelm Fliess) 的通信中，弗洛伊德明确用"引诱者"（sé-ducteur）来形容父亲形象，譬如，1896 年 12 月 6 日，他在写给菲利斯的信中这样说："在我看来，癔症越来越多地表现为引诱者的**倒错**的结果，继承性（l'hérédité）**越来越多地**表现为父亲的一种引诱。人们因此观察到从一代

---

[1] Cf. Sophie Aouillé, Pierre Bruno, Catherine Joye-Bruno, «Père et Nom(s)-du-Père (1re partie)», ERES, *Psychanalyse*, 2008/2, n° 12| pages 101 à 113 et Sophie Aouillé, Catherine Bruno, Pierre Bruno et Sabine Callegari, «Père et Nom(s)-du-Père (2e partie)», ERES, *Psychanalyse*, 2008/3 n° 13 | pages 77 à 96.

到另一代的一种变化。"① 在 1897 年 2 月 8 日写给后者的信中，弗洛伊德甚至不惜拿出自家父亲例子来佐证，"不幸的是，我自己的父亲就是这些倒错者中的一位，他要为我的兄弟的癔症（其各种状态全部对应于一种认同）和我的某几个妹妹的癔症负责。这种关系的频繁性使得我经常去思考"②。在 1897 年 4 月 28 日写给后者的信中，他宣称获得了"关于父性病因学（l'étiologie paternelle）的一种新的确认"③。直到 1897 年 5 月 31 日写给后者的信中，他直接称父亲（pater）为"神经症的生产者（le générateur de la névrose）"④。根据精神分析师索菲·阿维约（Sophie Aouillé）的研究，与菲利斯通信的这些线索告诉我们，弗洛伊德在早期的这些年间其实把父亲视为"神经症的主要源头"⑤。也就是说，在有关癔症的临床的实践中，弗洛伊德在追溯病因的过程中发现了父亲所起的作用和功能，而且试图一般化这种作用和功能，即认为父亲是造成神经症的主要原因。

不过弗洛伊德很快放弃了他的引诱理论——他还专门用了一个拉丁词汇 "neurotica"⑥ 来称呼他的这一视父亲为神经症主要原因的理论——转向父亲形象的另一种理论构想，那就是试图通过古希腊奥狄浦斯神话寓意来重新定位父亲形象。在 1897 年 10 月 15 日写给菲利斯的信中，弗洛伊德这样说："在我之中我同样找到对母亲的爱的情感和对父亲的妒忌，我现在把这些情感当作幼儿的一个一般事件……如果这是如此，人们就理解奥狄浦斯王惊人的力量……我们的情感起来反抗任何专横的个体性束缚，就如《太祖母》（l'Aïeule）的前提所是的那种束缚，但是希腊神话摆脱了每个人认可的一种

---

① Sigmund Freud, *Lettres à Wilhelm Fliess, 1887-1904*, édition complète par F. Kahn et F. Robert, Paris, PUF, 2006, p.270.

② Ibid., p.294.

③ Ibid., p.301.

④ Ibid., p.316.

⑤ Sophie Aouillé, Pierre Bruno, Catherine Joye-Bruno, «Père et Nom(s)-du-Père (1re partie)», ERES, 2008/2, p.102.

⑥ Sigmund Freud, *Lettres à Wilhelm Fliess, 1887-1904*, Puf, 2006, p.334.

束缚，因为他在自身之中感受这一束缚的实存。每一位听众有一天就是处于萌芽状态之中和幻相之中的这一奥狄浦斯，他惊恐地随着压抑的整个时刻后退，而压抑把他的幼儿时期的状态与他今天的状态区分了开来。"[①] 这是弗洛伊德较早谈到奥狄浦斯神话及其寓意的文本。尽管弗洛伊德直到 1910 年的《人为对象选择的一种特殊类型》（"A Special Type of Choice of Object Made by Men"）一文中才第一次提出和使用"奥狄浦斯情结（complexe d'Œdipe）"这一术语[②]，不过，正如拉普朗虚和彭大历斯在《精神分析学的词汇》的"奥狄浦斯情结"词条一栏中正确地指出，"这一概念在那一时期已经在精神分析使用中被接受了"[③]。也就是说，上述给菲利斯信中所谓"对母亲的爱的情感和对父亲的妒忌"，正是弗洛伊德通过自我分析——包括他对患者分析（如引诱）的准备性工作——发现"奥狄浦斯情结"功能与作用的体现。从此以后，"奥狄浦斯情结"的框架或结构就成了弗洛伊德观察和研究父亲问题的持久视角。在弗洛伊德看来，《朵拉》（1905 年）个案中朵拉对父亲的矛盾情感，《小汉斯》（1908 年）个案中小汉斯对父亲既恨又担忧的心理，无一不体现了"奥狄浦斯情结"爱恨交加的矛盾情绪特征。

　　尽管如此，弗洛伊德并没有在"奥狄浦斯情结"的框架内集中发展出一种成系统的父亲理论，相反，他还是不断地提出各种不同的父亲形象。首先是父亲的象征功能形象。在《释梦》（1900 年）中，父亲开始更多具有象征功能，通过梦中的父亲，尤其是众多"死去的父亲"的梦之中的父亲形象，弗洛伊德渐渐地提出父亲形象的组织性的象征功能。譬如在《释梦》第六章第七节"荒谬的梦——梦中的理智活动"第二部分中有个"死去的父亲"的梦，一人照顾生病的父亲，在父亲过世后很难过，做了个荒诞的梦："**他的父亲**

---

　　① Ibid., p.344.

　　② Cf. Freud, S. "A Special Typ.of Choice of Object Made by Men" (1910h), *S.E.*, *XI*, p.171.

　　③ Jean Laplanche et J.B. Pontalis, *Vocabulaire de la Psychanalyse*, sous la direction de Daniel Lagache, Puf, 1967, p.80.

重新活了过来，而且就像从前一样跟他说话，然而（值得注意的是）他可是死了，只是不知道这点。"①弗洛伊德随后解释道，只有当我们在"他可是死了"之后添加"由于做梦者的愿望"且在"他不知道这点"之后添加"做梦者有过这个愿望"，我们才能理解这个梦；也就是说，儿子在长期照料生病的父亲期间曾经希望后者死去，且认为"死亡应该终结这些苦难"是一种仁慈的想法，只不过这种同情的仁慈在接下来的服丧期间演变成了一种无意识的自责②。在此，父亲（死去的父亲）起到了某种象征功能，或者某种组织者的功能，从而得以把显梦与梦的象征意义联系起来。在某种意义上，我们甚至可以说，后来拉康所谓的作为能指的组织者的大他者父亲概念，在此进行了某种程度的预演。当然，父亲的象征功能理论基于弗洛伊德在幼儿神经症临床中的一个伟大发现，"根据我的经验，父母在儿童灵魂的生活中扮演主要角色且发挥爱父母一方恨另一方的状态，属于心理情感的质料的不变贮存……"，他随后把之与奥狄浦斯神话联系在一起，"为了证明这一认识，古代给我们流传下来一个传说材料，只有通过我前面从儿童心理学出发所预设的东西的一种相似的普遍性，这个传说材料的根本的和普遍的各种效果才能被人理解。我想谈论的是奥狄浦斯王的传说以及索福克勒斯的同名剧本"③。在奥狄浦斯神话的框架下，弗洛伊德不仅分析了《奥狄浦斯王》之剧，而且也重视《哈姆雷特》之剧，只不过认为两者结构有些不同，"《奥狄浦斯王》剧中，孩子的愿望幻想被带进光中，就如在梦中被实现，而在《哈姆雷特》剧中，这一愿望幻想被压抑了，只有通过禁止的效果才得知其实存"④。借助

---

① Sigmund Freud, *L'interprétation du rêve*, traduit en français par Janine Altonnian - Pierre Gotet - René Lainé - Alain Rauzy - François Robert, dans Sigmund Freud, *Œuvres Complètes, vol. IV:1899-1900*, Paris, Puf, 2003, p.478. 中译本参见 [奥] 弗洛伊德：《释梦》，孙名之译，商务印书馆 2002 年版，第 430 页。

② Ibid, pp.478-479. [奥] 弗洛伊德：《释梦》，孙名之译，商务印书馆 2002 年版，第 430—431 页。

③ Ibid, p.301. [奥] 弗洛伊德：《释梦》，孙名之译，商务印书馆 2002 年版，第 260 页。

④ Ibid, p.305. [奥] 弗洛伊德：《释梦》，孙名之译，商务印书馆 2002 年版，第 264 页。

于对梦中父亲形象、尤其父亲的象征功能的分析，弗洛伊德进一步把父亲问题限制在奥狄浦斯情结的框架之下。

随后是所谓的"说谎者父亲"的表述。弗洛伊德在 1908—1909 年的临床中发现，神经症的根本情结的构成属于"两个源头，它们是对父亲的害怕和对成人的不信任"①；这种不信任表现为孩子对父亲在其出生问题上的解释和说明不满意、不相信，换言之，孩子不仅拒绝相信父（母）给出的解释，而且他能够辨别出大人们在撒谎，不会上当受骗。我们看到，这可以说是孩子的第一次心理冲突，涉及两种不同的性理论。这一不信任在弗洛伊德著名文本《幼儿性欲理论》的临床凭证中也得到了展示；譬如，小汉斯的父母跟他讲鹳（cigogne）的寓言，可是孩子并不相信，因为"母亲怀孕没法阻挡孩子穿透性目光"②，孩子很快把大肚皮跟孩子的出生联系在一起；弗洛伊德由此肯定地指出，这就是孩子"第一个心理冲突"，其源头就是成人的谎言，后者标记着神经症的"核心情结"（complexe nucléaire）的构成③。为了进一步说明孩子与父（母）之间的这种信任危机及其后果，弗洛伊德把这一不信任与孩子对父亲的反抗联系在一起，他于 1908 年 11 月 25 日在维也纳精神分析协会的雅集上这样跟他的同事们说，"正是在这一领域中浮现了孩子对其父亲的第一次反抗，父亲隐藏了关于出生的各种事实"④，以及，"这一对抗是由以下事实引起，即，关于出生的各种性过程的知识拒绝让孩子知晓"⑤，最后特别强调指出，"这一冲突在源头上不是与母亲的性竞争，而是父亲隐

---

①　Sigmund Freud et C. G. Jung, «Lettre du 25 janvier 1909», dans *Correspondance, 1906-1914*, Paris, Gallimard, coll. «Connaissance de l'inconscient», 1992, p.278. Cf. Sophie Aouillé, Pierre Bruno, Catherine Joye-Bruno, «Père et Nom(s)-du-Père (1re partie)», ERES, 2008/2, p.107.

②　Sigmund Freud, «Les théories sexuelles infantiles» (1908), dans les *Œuvres complètes, vol. VIII: 1906-1908*, Paris, Puf, 2007, p.232.

③　Ibid.

④　Cf. Sigmund Freud, «Séance du 25 novembre 1908», *Les premiers psychanalystes, Minutes de la société psychanalytique, t. II: 1908-1910*, Paris, Gallimard, 1978, p.73.

⑤　Ibid., p.74.

藏孩子出生与性过程相关的事实"①。从中我们不难看出，父亲的作用和功能并不仅仅局限于奥狄浦斯情结的框架之下。为此进一步论证不信任与反抗之间的联系，弗洛伊德还特别求助于奥托·兰克（Otto Rank）的工作（《英雄诞生的神话》，*Le mythe de la naissance du héros*），他在上述维也纳精神分析协会的聚会上这样说，"他们［成人们］通过把他们自身童年的历史归于英雄，认同了英雄且以某种方式说：'我同样是一个英雄。'因而小说的真正英雄就是我，后者通过以下时刻中进行替换而重返英雄，即其通过第一个英雄主义即反抗父亲而就是其本身"②。然而，另一方面，当孩子知道自己是父母所生，他总是想成为一个伟大的英雄来还债，幻想当父母危险时去拯救他们，就如弗洛伊德于 1909 年 5 月 19 日在一场名为《论男性对象选择的特殊类型》（D'un type particulier de choix d'objet masculin）演讲中这样说，"放弃（它通常就指'诞生'）和拯救是紧密相连的。拯救的情结因此就有某种东西来对付分娩……拯救就是对父母的义务之完成，该义务以非常简单的方式源自出生礼物：拯救就是生命礼物的交换礼物"③。对此，精神分析师卡特琳娜·布鲁诺（Catherine Bruno）总结道，"这些英雄主题的神话由相反的坐标构成，一方面就是对父母的认可和温情，另一方面则是对父亲的反抗"④。而我们知道，孩子对父亲的反抗，也是弗洛伊德后来作品《图腾与禁忌》的中心主题之一。由此，我们将看到，看似游离于奥狄浦斯情结的框架之外的"说谎者父亲"问题，通过不信任与反抗等主题，还是与奥狄浦斯情结有着某种联系。

接下来有四个父亲形象，分别是三个临床个案即《小汉斯》（1908 年）、《鼠人》（1909 年）和《谢尔伯（Schreber）法官》（1911 年）中不同的父亲

---

① Ibid., p.76.

② Ibid., p.74.

③ Cf. Sigmund Freud, «Séance du 19 mai 1909», *Les premiers psychanalystes, Minutes de la société psychanalytique, t. II: 1908-1910*, Gallimard, 1978, pp.238-239.

④ Sophie Aouillé, Pierre Bruno, Catherine Joye-Bruno, «Père et Nom(s)-du-Père (1re partie)», ERES, 2008/2, p.107.

形象和《达芬奇童年回忆》（1910 年）中的父亲形象。在《小汉斯》个案中，一方面，父亲很杰出，也非常爱孩子，注意细心倾听孩子，另一方面，他责备母亲太过爱恋孩子，也用谎言（鹤的寓言）来搪塞孩子在出生问题上的追问，等等。小汉斯对父亲的情感是一种典型的矛盾情感，一方面害怕父亲（仇恨父亲），因为"父亲不仅阻止他躺在母亲旁边，而且还剥夺他其憧憬的[性]知识"[①]，另一方面又为父亲担忧[②]。之后，小汉斯把一部分对父亲的情感移情到动物上；通过置换仇恨情感到动物（马），他试图躲避这种矛盾情感，可是患上了动物恐怖症。弗洛伊德由此推出小汉斯的焦虑与其父亲相关[③]。在《鼠人》个案中，父亲曾经在孩子幼儿时期约束后者的性欲满足，从而成了后者怨恨的对象，后者反复提到其希望父亲死去[④]。通过分析得知，患者大约 6 岁时做了件坏事被父亲狠狠惩罚，可是反抗的暴力使父亲惊愕万分，这一体罚产生了其对父亲顽固的怨恨，后者随后发展为无意识的恨，父亲的功能在孩子看来完全就是来扰乱孩子的 [性欲] 生活[⑤]。由此，孩子对父亲的恨就压抑了，而正如弗洛伊德 1910 年 5 月 4 日在维也纳精神分析协会雅集上所言，"正是在孩童对父亲的恨的压抑中我们看到引起神经症中所有后来生活中冲突的过程"，也就是说，任何强迫性神经症一开始带有希望父亲死去的欲望，其奥狄浦斯情结扎根在孩童性欲理论之中[⑥]。在《谢尔伯法官》个案中，父亲显示为权威父亲，其形象在上帝中，后者滋养了其谵妄；上帝是一个父亲，对患者来说，"一种亵渎神的批评和一种暴力反抗"

[①]　Sigmund Freud, «Analyse de la phobie d'un garçon de 5 ans» (1908), dans les *Œuvres complètes, vol. IX: 1908-1909*, Paris, Puf, 1998, p.117.

[②]　Ibid., p.36.

[③]　Ibid., p.24.

[④]　Sigmund Freud, «Remarques sur un cas de névrose de contrainte» (1909), dans les *Œuvres complètes, vol. IX: 1908-1909*, Puf, 1998, pp.157-158.

[⑤]　Ibid., pp.177-178.

[⑥]　Cf. Sigmund Freud, «Séance du 4 mai 1910», *Les premiers psychanalystes, Minutes de la société psychanalytique, t. II: 1908-1910*, Gallimard, 1978, pp.501-502.

混合在一起得到了表达，还"带着完全屈从的崇拜"①；上帝要求患者满足于感官欲望，以至于给他材料去转换为上帝的女人，因而重拾对父亲的女性态度，直至愿望跟父亲有个孩子②；这意味着，引诱者父亲对孩子具有潜在性，而正是为了捍卫一种同性恋谵妄的幻相，妄想狂求助于一种迫害谵妄，爱一人构成其谵妄之核，迫害狂者只是从前的被爱者，在其中很容易认出父亲特征③，即，"父性情结的积极的调子、与杰出父亲的关系，使得与同性恋幻相关系的和解成为可能"④。在《达芬奇童年回忆》中，达芬奇孩童时期最初几年父亲不在身边，他跟母亲关系很亲密，这不仅使得其失去男子汉气质，而且还深刻影响了他后来对恋爱对象的选择；甚至可以说，如果达芬奇像其父亲有一个儿子那样来创造作品，他像其父亲小时候不关心他那样，也不会去关心其作品⑤；另一方面，弗洛伊德大胆地提出父亲的真实在场对"预防同性恋"至关重要的观点，也就是说，没有父亲的男孩长大，不受益于可以使他预防同性恋的一种认同，他长大后也不想成为父亲⑥；与此同时，选择父亲作为爱对象的人在其童年可能都遭受了引诱者父亲的爱抚，维也纳精神分析协会的《备忘录》（Minutes）记录了弗洛伊德的相关表述⑦。这四大父亲形象并非与奥狄浦斯情结无关。

在 1912 年的《图腾与禁忌》，弗洛伊德提出部落父亲或原始父亲（Ur-

① Sigmund Freud, «Remarques psychanalytiques sur un cas de paranoïa (Dementia paranoides) décrit sous forme autobiographique» (1911), dans les Œuvres complètes, *vol. X: 1909-1910*, Paris, Puf, 2009, p.273.

② Ibid., pp.280-281.

③ Ibid., pp.281-282 et p.284.

④ Ibid., p.300.

⑤ Sigmund Freud, «Un souvenir d'enfance de Léonard de Vinci» (1910) , dans les Œuvres complètes, *vol. X: 1909-1910*, Puf, 2009, p.147.

⑥ Ibid., p.125 et note 1.

⑦ Cf. Sigmund Freud, «Séance du 26 janvier 1910» et «Séance du 23 février 1910», *Les premiers psychanalystes, Minutes de la société psychanalytique, t. II: 1908-1910*, Gallimard, 1978, p.402 et p.423.

vater）的概念，试图在种系发生层面上找到某种组织者形象，不同于个体发生层面上或者说家庭层面上的父亲形象。弗洛伊德在此借用了达尔文原始部落理论，认为原始部落（horde）里"有一个暴力的、妒忌的父亲，为他自己看管着所有女人，而且随着儿子们的长大就驱赶他们"，同时又承认，"这都是达尔文理论所假设的东西"，因为"社会的这一原始状态没有在一个地方被观察到过"①。之所以说，原始父亲是弗洛伊德借用达尔文理论所假定的一种概念设想，那是因为，后来所有可以被观察到的原始社会状态都是原始父亲被谋杀——这一谋杀其实也是一种假定——之后的兄弟氏族社会（le clan franternel），换言之，图腾禁忌的社会。由此我们可以说，原始父亲概念正是弗洛伊德为了合理说明图腾餐、图腾崇拜和图腾禁忌等现象而借用达尔文理论所假定的一种概念设想。当然，这一概念预设并不是弗洛伊德理论构想的最终目的，相反，他认为，正如图腾餐实现了儿子们与死去父亲的认同（"他们通过吸收行为实现了他们与父亲的认同"），图腾崇拜实现的是儿子们与死去父亲的某种和解（"实现了某种与父亲的和解"），而图腾本身就是儿子们与死去父亲缔结盟约的标志（"图腾体现了就如与父亲缔结的一种盟约"）。于是，死去父亲通过图腾禁忌就成为法则的代表，成为权力或力量的代表，因为，"死人会比他生前活的时候更加有力(puissant)"②，这样一来，树立作为法则的父亲形象，才是弗洛伊德在此进行理论构想的真正目的。当弗洛伊德于1912年12月11日在维也纳精神分析协会的雅集上说"法则是父亲制定的东西，而宗教是儿子制定的东西"③时，回应的正是《图腾与禁

---

① Sigmund Freud, *Totem et tabaou. Interprétation par la psychanalyse de la vie sociale des peuples primitifs*, version numérique par Jean-Marie Tremblay, p.108. 中译本参见前引文献，[奥] 弗洛伊德：《图腾与禁忌》，邵迎生译，长春出版社2010年版，第100页。

② Ibid., p.109.[奥] 弗洛伊德：《图腾与禁忌》，邵迎生译，长春出版社2010年版，第101—102页。

③ Sigmund Freud, «Séance du 11 décembre 1912», dans *Les premiers psychanalystes, Minutes de la société psychanalytique*, t. IV, , 1912-1918, Paris, Gallimard, 1983, p.162.

忌》中得到深入展开的这一主题。当然，除了死去的父亲通过图腾禁忌"制定了"法则这一主题之外，还有图腾崇拜或图腾制度主题，而后者正是宗教发展的第一阶段，"在注定去保护图腾动物的塔布中，我们能够看到图腾崇拜或图腾制度的第一个微弱的宗教愿望"[1]。需要指出的是，这一基于种系发生层面的新的父亲形象，弗洛伊德仍然把它置于"奥狄浦斯情结"的框架之内："图腾崇拜的两个根本命令，构成其核心的两个塔布描述，即禁止宰杀图腾和禁止与属于统一图腾的女人结婚，在涉及它们内容时与奥狄浦斯的两个犯罪（弑父娶母）相符，而且与儿童的两个原初欲望相符，对于这两个原初欲望的不充分的压抑或它们的苏醒或许形成所有神经症的核，"[2]并且用精神分析的临床实践来佐证；以及，图腾崇拜中的两个根本的塔布"必定与奥狄浦斯情结中两个被抑制的欲望相混同"[3]。由此不难看到"奥狄浦斯情结"的框架在父亲问题上的重要性：它包含着种系发生与个体发生的张力维度。

之后的 1913 年至 1920 年，弗洛伊德仍然朝向神经症的父性病因学方向中父亲问题前进，而且他在奥狄浦斯结构内部加固这一父性病因学；与弗洛伊德一开始阐述的具现在引诱者、说谎者和神经症提供者的维度之中的父亲不同，弗洛伊德在这些年中区分且叠加了与父亲关系的不同层面：与理性父亲的自恋性的爱，对于竞争父亲的矛盾情感，恨父亲导致的有罪感，由于父亲的衰退（社会的、身体的和心理的）或背叛而产生的失望，把父亲当作对象的被禁之爱，对于阉割者父亲的恐惧等等[4]。与此同时，弗洛伊德强调父性病因的复因决定，其中最主要的文本就是 1918 年的《狼人》个案，皮埃

---

① Sigmund Freud, *Totem et tabaou. Interprétation par la psychanalyse de la vie sociale des peuples primitifs*, version numérique par Jean-Marie Tremblay, p.110. 中译本参见前引文献，[奥]弗洛伊德：《图腾与禁忌》，邵迎生译，长春出版社 2010 年版，第 102 页。

② Ibid., p.101.[奥]弗洛伊德：《图腾与禁忌》，邵迎生译，长春出版社 2010 年版，第 94 页。

③ Ibid., p.109.[奥] 弗洛伊德：《图腾与禁忌》，邵迎生译，长春出版社 2010 年版，第 101 页。

④ Cf. Pierre Bruno, «Père et Nom(s)-du-Père (2e partie)», ERES, *Psychanalyse*, 2008/3 n° 13, p.77-78.

尔·布鲁诺（Pierre Bruno）总结这一恐怖症个案的两大循环，"一方面是弗洛伊德称之为'父亲的固着之圆圈'（le cercle de la fixation au père）的循环，它支配着同性恋力比多倾向，另一方面，与父亲认同的循环，它将把其力量给予男性自恋力比多且将肯定把选择对象朝向女人"①；具体来说，与父亲关系上的同性恋位置丝毫没有被恐怖症所消除，相反，被丢弃到更原初阶段即口欲阶段，成了被狼吃掉的焦虑，"通过维持朝向父亲的三个性憧憬的共存，我们只是让事情的显而易见的复杂性变得公正。从梦出发，孩童在无意识之中是同性恋的；在神经症中，他位于食肉类极端，先前受虐的态度在他之中占据支配性"②；而与父亲认同的循环，则涉及异性恋。针对父亲的固着，女人总是无法摆脱，例如在1915年一篇名为《与精神分析理论相矛盾的妄想症个案报告》中，弗洛伊德提出"被爱者总是父亲"③；在《一个被殴打的孩童》的文本中，他认为"女孩放弃自己性别，在更深刻中实现压抑工作，可是并不摆脱父亲"④；在1920年的《论年轻女同性恋者个案的心理起源》一文中，当弗洛伊德这样说"我们的年轻姑娘……变成男人，在父亲的位置上把母亲当作爱的对象"⑤时，表示年轻的女同性恋者难以摆脱的正是父亲而不是母亲。至于男人一边，由于其后果在正常情况下都能被观察到，并不难以理解：男人很难摆脱父亲。总之，弗洛伊德在这一时期高估了父性因果性的支配性，从而在另一方面也低估了母性的决定性。

　　从1920年之后，弗洛伊德思想进入后期阶段，主要涉及死亡内驱力、

---

① Ibid., p.81.

② Sigmund Freud, «Extrait de l'histoire d'une névrose infantile», dans *Cinq psychanalyses*, Paris, PUF, 1999, p.372.

③ Sigmund Freud, «Communication d'un cas de paranoïa en contradiction avec la théorie psychanalytique», dans *Névrose, psychose et perversion*, Paris, Puf, 1999, p.216.

④ Sigmund Freud, «Un enfant est battu», dans *Névrose, psychose et perversion*, Puf, 1999, p.239.

⑤ Sigmund Freud, «Sur la psychogenèse d'un cas d'homosexualité féminine», dans *Névrose, psychose et perversion*, Puf, 1999, pp.256-257.

第二托比学以及宗教，在父亲问题上主要讨论与父亲的认同问题以及上帝问题。在1921年的《群体心理学与自我分析》一文中，弗洛伊德注意到与典范父亲的认同和与大众领导者的认同之间的差别，认为主体面对大众领导者时，往往处于被动的、受虐的位置之上，但是这一屈服并非没有出口，正如《图腾与禁忌》中弑父作为与父亲的认同也带来一种自由，"人们同样能够假设，被父亲排挤、隔离的儿子们，从彼此认同发展到对同性恋对象的爱，因此获得了杀死父亲的自由"[1]，也就是说，大众运作机制与奥狄浦斯情结的前历史弑父活动相似，"杀死父亲"作为与父亲认同的条件，同时主体（大众或儿子们）获得"自由"。这些认同不同于奥狄浦斯情结框架内与典范父亲的认同，但并不能说它们与奥狄浦斯情结框架无关。在1923年的《自我与它我》中，除了重提与父亲（或母亲）的认同主题之外，弗洛伊德区分了自我理想（与父亲认同形成自我理想）与超我的不同：就前者而言，父亲就是理想，而就后者而言，父亲是禁止者，是无意识有罪感的来源，因为与父亲匹敌，就是替代父亲。在著名的《陀思妥耶夫斯基和弑父》一文中，弗洛伊德讲到陀思妥耶夫斯基的父亲冷酷残忍，陀思妥耶夫斯基小时候癫痫"早熟的'死一样的发作'症状可以被理解为一种自我与父亲的认同，在超我的惩罚名义下得到权威。你想杀了父亲自己成为父亲。好的，你就是父亲，但是死去的父亲；这是癔症症状通常的机制"[2]。我们知道，陀思妥耶夫斯基的《卡拉马佐夫兄弟》和《奥狄浦斯王》剧及《哈姆莱特》剧一样处理弑父主题，都参照了前奥狄浦斯历史中的原初弑父。在1927年的《一个幻觉的未来》中，弗洛伊德主张用上帝来替代原初父亲，但这一替代本身基于一种幻觉。在1930年的《文化中的不适》，弗洛伊德强调原始谋杀的事实性不是关键点，

---

① Sigmund Freud, «Psychologie des masses et analyse du moi», dans les *Œuvres complètes*, vol.XVI:1921-1923, Paris, Puf, 2010, p.63.

② Sigmund Freud, «Dostoïevski et la mise à mort du père», dans les *Œuvres complètes*, vol. XVIII:1926-1930, Paris, Puf, 2015, pp.216-217.

谋杀与否，有罪感是不可避免的，这里出现了结构性构思，不同于以前的历史主义构思①。1938 年的《摩西与一神教》可谓浓缩了弗洛伊德在父亲问题上最后且最主要的论题，他坚持把神经症与宗教现象置于平行的位置上，再次强调对于父亲的矛盾情感构成了精神分析的轴线②，可以说仍然没有脱离《图腾与禁忌》开创的方向，即用于解释神经症的奥狄浦斯情结框架理论同样可以解释父亲、法则、上帝等文化与宗教现象。

在父亲问题上，拉康与弗洛伊德有一个共同点，即他们都极其重视这一主题，拉康曾经这么说，"弗洛伊德的整个探究可归结为这一点，即'成为一个父亲是什么意思？'这就是对他而言的中心问题，就是他的整个研究从此出发被真正确定了方向的丰富之点"③。对于弗洛伊德的各种父亲形象论述，拉康继承的主要是奥狄浦斯情结框架内的父亲构想、父亲的象征功能和作为法则的父亲理论。我们在后面的论述中将会看到，拉康借助结构语言学最新研究成果，把象征功能和法则与语言能指理论联系起来，把它们纳入奥狄浦斯情结框架内大他者能指（父亲）的范围之内加以探讨，"父亲是什么？……整个问题在于去知道他在奥狄浦斯情结中是什么"④，这样一来，奥狄浦斯情结框架就成了拉康中前期处理精神分析中父亲问题的主要依据与武器。为了更好地说明拉康理论中父亲问题与奥狄浦斯情结框架之间的关系，我们主张从历时的向度出发来探讨父亲问题上的奥狄浦斯情结框架，从共时的维度出发来探究奥狄浦斯情结框架内的父亲问题。

从历时的向度出发，弗洛伊德和拉康对于这一奥狄浦斯情结框架的看法

---

①　Cf. Pierre Bruno, «Père et Nom(s)-du-Père (2e partie)», ERES, *Psychanalyse*, 2008/3 n° 13, p.94.

②　Ibid., p.96.

③　Jacques Lacan, Le séminaire de Jacques Lacan, Livre IV, *La relation d'objet 1956-1957*, texte établi par Jacques-Alain Miller, Éditions du Seuil, mars 1994, p.205.

④　Jacques Lacan, Le séminaire de Jacques Lacan, Livre V, *Les formations de l'inconscient 1957-1958*, texte établi par Jacques-Alain Miller, Éditions du Seuil, mai 1998, p.174.

是不一样的。对于弗洛伊德来说，奥狄浦斯情结框架就是如何从"前奥狄浦斯阶段（stade préœdipien）"① 过渡到奥狄浦斯阶段（stade œdipien）的问题；而在拉康看来，则是从想象三段式（triade imaginaire②）或想象三元形（ternaire imaginaire③）或想象三角形（triangle imaginaire④）递进到象征三段式（triade symbolique⑤）或象征三元形（ternaire symbolique⑥）或象征三角形（triangle symbolique⑦）的问题。拉康与弗洛伊德在此的区别主要在于：在弗洛伊德看来，"前奥狄浦斯阶段"意味着"奥狄浦斯三角形（triangle œdipien）"即"儿童—父亲—母亲三角形"的缺场，也就是说主体（儿童）这一时期的心理和性发展由母婴关系占据主导地位，同时并不否认父亲仍然会以"讨厌的竞争对象"形象出现⑧。而在拉康看来，母婴关系一开始就不是一种纯粹的二元关系，相反，这里涉及了一种三元结构，他称之为"前奥狄浦斯（préœdipien⑨）"三角形——想象三段式、想象三元形和想象三角形正是它的不同称呼——，区别于"奥狄浦斯三角形"或"象征三角形"。需要指出的是，尽管拉康也使用了"前"这一术语，但是他其实反对完全以"前后"时间的角度来看待这一问题，或者说反对用时间范畴截然区分"前奥狄浦斯阶段"和奥狄浦

---

① "前奥狄浦斯阶段"的说法在弗洛伊德的著作中出现得较晚，具体来说在中期讨论女性性欲的著作即 1913 年的《女性性欲》（S.E. XXI, p.223）中才出现。（Cf. Jean Laplanche et J.B. Pontalis, *Vocabulaire de la Psychanalyse*, Puf, 1967, p.323.）

② Jacques Lacan, Le séminaire de Jacques Lacan, Livre IV, *La relation d'objet 1956-1957*, Seuil, 1994, p.81.

③ Jacques Lacan, Le séminaire de Jacques Lacan, Livre V, *Les formations de l'inconscient 1957-1958*, Seuil, 1998, p.143, p.158, p.180 et p.239.

④ Ibid., p.181 et p.183.

⑤ Ibid., p.272.

⑥ Ibid., p.181 et p.183.

⑦ Ibid., p.143, p.181, p.194 et p.239.

⑧ Cf. Jean Laplanche et J.B. Pontalis, *Vocabulaire de la Psychanalyse*, Puf, 1967, pp.323-324.

⑨ Jacques Lacan, Le séminaire de Jacques Lacan, Livre IV, *La relation d'objet 1956-1957*, Seuil, 1994, p.81.

斯阶段；如果说经典精神分析理论或弗洛伊德理论中所谓的从"前奥狄浦斯阶段"到奥狄浦斯阶段的过渡只是时间向度上的一种发展的话，那么，拉康更多的想要强调，这既是一种历时的递进，又涉及一种结构的转换即从想象三角形转换到象征三角形。换言之，历时的向度总是与共时的维度遥相呼应。

　　从共时的维度出发，两者对于奥狄浦斯情结框架内的父亲问题的看法也不尽相同。对于弗洛伊德来说，探究奥狄浦斯情结框架内的父亲问题，始终离不开奥狄浦斯情结的结构，无论"在其所谓的正面形式中，这一情结就如在奥狄浦斯王的历史中呈现出来：意欲这一对手（同性之人）的死亡的欲望，以及对异性之人的性欲望"，还是"在负面形式中，这一情结以相反方式呈现出来：对父母中同性之人的爱，以及对父母中异性之人的嫉妒"[1]，父亲始终是主体（儿童）爱恨交加的矛盾情感的集中体现者；尽管弗洛伊德一直强调父亲的重要性（尤其在病因学意义上），但并没有把之置于至上者的位置上，相反，父亲和母亲的功能和角色都受到奥狄浦斯情结的结构的调节。而对于拉康来说，尤其对于中前期拉康来说，由于他把父亲置于作为能指组织者的大他者能指的位置上，他实际上赋予父亲一种至上地位；当然，这一至上地位主要通过能指系统体现出来，即便母亲作为第一个能指出现，其最终仍然要受制于作为大他者的父亲。作为大他者的父亲的至上性通过其三元结构表现出来，那就是所谓的三元父亲问题。想象父亲、象征父亲和实在父亲，代表父亲的三个维度，奥狄浦斯情结框架内父亲的角色和功能无一不受制于这三个维度，同时它们又连结为一，体现为一，拉康用"父亲的姓名"[2]术语来表示这种"一"，从而更加凸显出父亲的至上地位。

---

[1]　Jean Laplanche et J.B. Pontalis, *Vocabulaire de la Psychanalyse*, Puf, 1967, p.79.

[2]　拉康使用过不同的形式，包括没有连接符的单数形式"le nom du père"和"le Nom du père"，没有连接符的复数形式"des noms du père"和"des Noms du père"，有连接符的单数形式"le nom-du-père"和"le Nom-du-père"以及有连接符的复数形式"des Noms-du-père"等，我们统一翻译为"父亲的姓名"。

第二节 历时的向度：奥狄浦斯情结三阶段

拉康是在批评梅兰妮·克莱茵（Melanie Klein）的母婴关系理论的过程中提出其"前奥狄浦斯三角形"理论的。在母婴关系问题上，克莱茵一方面坚持这是一种对象关系（object relation），即两者相互满足且互为对象的关系；另一方面，她又声称其中已有某种象征行为的发生①。拉康批评她的第一个观点，而对后一个观点却给予了高度的评价。克莱茵认为母婴关系只能是一种二元的对象关系，而在拉康看来，母婴关系除了是一种想象关系之外，必然还要涉及其他内容，因为严格说来，单独的母婴关系并不存在，它一开始就是想象三角形中的一部分。在此，我们看到，拉康对母婴关系问题其实有一个理论创新，即他把简单二元性的母婴关系改造为一种内涵更为丰富的三元结构关系。为了实现这一理论改造，就需要引入一个第三者，拉康称之为菲勒斯（phallus）。需要特别指出的是，拉康并不是在二元关系上添加一个第三者来构成一种三元关系，相反，他实际上是从三元结构（想象三角形）出发重构了母婴关系；所谓重构，就是把菲勒斯置于一种核心地位上。

面对奥狄浦斯情结，弗洛伊德与拉康在理论构造上具有明显的差异，这一差异可以说集中在菲勒斯概念之上。拉普朗虚和彭大历斯在《精神分析学的词汇》的"菲勒斯"词条一栏中这样陈述："在希腊拉丁的古代时期，菲勒斯指的是雄性器官的图形表象。在精神分析学中，这一术语的使用强调阴茎在主体内和主体间的辩证法中所履行的象征功能，而'阴茎（pénis）'术语本身则倾向于保留为表示其解剖现实中的器官。"②这一含混的词条解释明显出自

---

① Cf. Jacques Lacan, Le séminaire de Jacques Lacan, Livre V, *Les formations de l'inconscient 1957-1958*, Seuil, 1998, p.272. Cf. aussi, «Préœdipien», dans Jean Laplanche et J.B. Pontalis, *Vocabulaire de la Psychanalyse*, Puf, 1967, p.324.

② Jean Laplanche et J.B. Pontalis, *Vocabulaire de la Psychanalyse*, Puf, 1967, p.311. 两位作者认为，弗洛伊德一方面认为"phallus"（菲勒斯）与阴茎（penis）不同，另一方面又反对截然区分两者。我们认为这是模棱两可的态度，与拉康的态度形成鲜明对照。

以下理论表述冲突的窘境：弗洛伊德常用的是生理学意义上和医学意义上的术语"阴茎"一词，只有在极少的地方用过菲勒斯这一术语；拉康则在全新意义上多维度地使用菲勒斯一词，同时把阴茎一词局限在生物学意义中。

阉割情结（complexe de castration）——《小汉斯》（1908 年）的个案分析对于弗洛伊德发现阉割情结来说是至关重要的——集中表现了弗洛伊德对这一男性生殖器的众多理论思考。具体来说，男孩女孩不同性别在解剖学上的差异，尤其是生殖官上的差异，使儿童产生了困惑，并产生了如下幻象，即儿童把女孩的生殖器现状归于被切掉的结果。这在男女儿童身上分别产生了不同的后果，男孩害怕被阉割，产生了阉割焦虑（angoisse de castration），并把它看作是来自父亲一方的针对其与性相关活动的一种威胁；女孩基于对自己生殖器错误的认识，即阴茎之缺乏，则产生了一种被称为阴茎嫉妒（envie du pénis）的复杂情感。很多人在这一问题上批评弗洛伊德具有浓厚的生物学倾向。不过，在精神分析学界，尤其在法国，同样存在大批弗洛伊德主义的忠实追随者，他们通过对弗洛伊德文本的重新挖掘与阐释，力图为弗洛伊德做出辩护：其一，虽然弗洛伊德在名词上很少用到菲勒斯一词，但是他在形容词意义上却经常使用它，譬如菲勒斯阶段（stade phallique）和菲勒斯母亲（mère phallique）等等，这些都可以说明弗洛伊德把菲勒斯当作与解剖学上的阴茎相区别的东西。其二，在性欲阶段的第三阶段即菲勒斯阶段，弗洛伊德告诉我们一个独特的现象，即，不管男孩还是女孩，他们只知道或认识一个生殖器，那就是男性生殖器。在年幼的他们看来，性别之间的对立，并不是男性生殖器如阴茎与女性生殖器如阴蒂之间的对立，而是"菲勒斯的（phallique）"与"被阉割的（castré）"之间的对立。[①] 这一不对称性使人们有理由相信，弗洛伊德其实把菲勒斯置于解剖学意义上的男女性生殖器的对立之上，甚至

---

① 弗洛伊德在《儿童的生殖组织》（1923 年）一文中明确说道："在儿童的生殖组织阶段，只有男性，但没有女性；两者择一就是：男性生殖器或者被阉割了的。" Cf. *Vocabulaire de la Psychanalyse*, Puf, 1967, p.75. Cf. aussi, Freud, *S.E. XIX*, p.145。

可以说把它视为一个超越两者对立之上的第三者。其三,"菲勒斯的"与"被阉割的"之间的对立,也可以视为菲勒斯在场与缺场之间的对立;这样一来,菲勒斯就成了一种象征符号(symbole)。① 虽然在弗洛伊德文本中找不到相关的明确理论表述,但是,当代精神分析学界越来越倾向于把菲勒斯视为一种象征符号,以区别解剖学意义上的阴茎,并把这一思想归功于弗洛伊德,认为后者其实已经有这一构想,只不过没有把它系统地表述出来而已。②

拉康始终坚称自己是一个弗洛伊德主义者,追随弗洛伊德且为弗洛伊德辩护,同时,他对弗洛伊德诸多理论又有创新和发展,其中就包括菲勒斯理论。拉普朗虚和彭大历斯在《精神分析学的词汇》中评价拉康"企图围绕着作为'欲望能指'的菲勒斯赋予精神分析理论新的方向"③,一点都不为过。在菲勒斯问题上,一方面,拉康明确表示这不是一种想象的结果④,不是一种虚构之物;另一方面,他又指出,在主体(儿童)的成长历史中,菲勒斯作用与功能的发现,完全得益于分析实践的观察,他这样说:"毕竟经验向我们证明了这一元素[指菲勒斯]在儿童与父母的关系中扮演了一种根本性的积极的角色。"⑤ 正是围绕着这一象征元素或象征符号菲勒斯,拉康着手构建其奥狄浦斯阶段理论。根据菲勒斯扮演的角色不同,他把奥狄浦斯时期分为三个阶段。

在第一阶段,"最初的菲勒斯阶段(l'étape phallique primitive)"⑥,菲勒斯处于想象三角形的核心位置上,同时作为禁止者的父亲还没有完全介入。在拉康看来,弗洛伊德已经把菲勒斯置于一种核心地位上,"菲勒斯在弗洛伊德经济学中占据着如此中心的一个位置"⑦。为了进一步强调菲勒斯的这一

---

① 参见黄作:《不思之说——拉康主体理论研究》,人民出版社2005年版,第23—25页。
② Cf. Jean Laplanche et J.B. Pontalis, *Vocabulaire de la Psychanalyse*, Puf, 1967, pp.311-312.
③ Jean Laplanche et J.B. Pontalis, *Vocabulaire de la Psychanalyse*, Puf, 1967, p.312.
④ Jacques Lacan, *Écrits*, Éditions du Seuil, 1966, p.690.
⑤ Jacques Lacan, Le séminaire de Jacques Lacan, Livre V, *Les formations de l'inconscient 1957-1958*, Seuil, 1998, p.184.
⑥ Ibid., p.192.
⑦ Ibid., p.159.

核心地位，他否认想象三角形只是在母婴二元关系之上简单添加菲勒斯这一第三者而已，相反，他强调，正是从菲勒斯这个中心出发，母婴间的想象关系才得以成立，"如果不把菲勒斯当作一种第三者的元素……那么，对象关系的概念不可能被理解，同样也无法被操作"[1]，以及，"……在对象关系概念的中心，如果不把我们可以称之为精神分析经验的菲勒斯主义的东西当作一种关键点的话，那么，让这种想象因素的介入是不可能的。"[2]在第3研讨班《精神症》的最后一次研讨会（1956年7月4日）中，拉康第一次给出了菲勒斯—母亲—儿童三角形的表述："如果我们试图把那种使得弗洛伊德的奥狄浦斯情结构想站得住脚的东西置于一种图解之中，那么，所涉及的并不是一个父亲—母亲—儿童三角形，而是涉及一个（父亲）—菲勒斯—母亲—儿童三角形"[3]，但并没有给出相关图解。在第4研讨班《对象关系》中的第二次研讨会（1956年11月28日）上，拉康第一次给出"想象三角形"即菲勒斯（phallus）—母亲（mère）—儿童（enfant）三角形的图解[4]：

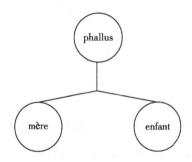

①　Jacques Lacan, Le séminaire de Jacques Lacan, Livre IV, *La relation d'objet 1956-1957*, Seuil, 1994, p.28.

②　Ibid., p.29.

③　Jacques Lacan, Le séminaire de Jacques Lacan, Livre III, *Les psychoses 1955-1956,* texte établi par Jacques-Alain Miller, Éditions du Seuil, 1981, p.359. 对于其中"（父亲）"的表述，拉康紧接着做出了解释，"里面的父亲在哪里呢？他在使得一切都在一起的那个环里"。(Ibid.)

④　Jacques Lacan, Le séminaire de Jacques Lacan, Livre IV, *La relation d'objet 1956-1957*, Seuil, 1994, p.29.

　　并且解释道,"这就是我上个学年……结束时向你们所给出的这一图解将之置于首要地位的东西。这就是我们的开始图解"①。在第 5 研讨班《无意识的形成》的第 8 次研讨会（1958 年 1 月 8 日）上,拉康给出了想象三角形和象征三角形并置的图解,特别说明"用虚线标出"的正是想象三角形,其中"φ"就是想象的菲勒斯②:

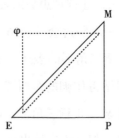

　　在两个星期之后的第 10 次研讨会（1958 年 1 月 22 日）上,我们看到拉康对前图做了一些调整③:

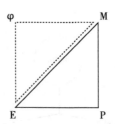

　　要想弄清楚拉康理论中菲勒斯这一概念,需要从欲望(désir) 概念着手。欲望不同于认识或意识活动,其最大的一个特征在于并不朝向一个具体的确定的现实对象。就母婴关系而言,婴儿欲望的对象并不是具体的母亲（身体）,而总是其他东西,总是另一个（autre）。未定的另一个从根本上来说就

　　① Ibid., p.28.

　　② Jacques Lacan, Le séminaire de Jacques Lacan, Livre V, *Les formations de l'inconscient 1957-1958*, Seuil, 1998, p.158.

　　③ Ibid., p.183.

是一种缺乏，由此我们也可以说欲望的真正对象其实是一种缺乏，而菲勒斯恰恰就是关于缺乏（manque）的能指①，代表着缺乏。另一方面，我们知道，婴儿为了独占母亲的爱往往会想方设法来取悦母亲。从根本上说，要想真正取悦母亲，唯一的方法就是成为母亲欲望的东西，成为母亲欲望的对象。正是在这一意义上，拉康称，儿童的欲望是对一种欲望的欲望，是欲望满足母亲欲望的欲望②。换言之，主体（儿童）的欲望正是他人的欲望——如果结合母亲是第一个能指（premier signifiant）③ 和第一个大他者（premier Autre）④ 的理论的话，那么，此处的表达则体现为，主体（儿童）的欲望正是他者的欲望，而这正是拉康特有的欲望辩证法理论。这样一来，菲勒斯就成了儿童欲望与母亲欲望共同指向的第三者。

菲勒斯既是（母亲）欲望的能指，又是母亲欲望的对象。对于儿童来说，唯一的方法就是去成为菲勒斯，"如果母亲的欲望是菲勒斯，为了让她满意，儿童愿意成为菲勒斯"⑤。进一步说，为了取悦母亲，儿童必须（faut）要成为菲勒斯，而且成为菲勒斯就足够了（suffit）⑥。是否成为菲勒斯，就产生了这样的问题，是或不是（être ou ne pas être）菲勒斯。这很容易让我们联想到哈姆莱特那句著名的台词：存在或不存在（to be or not to be）。这是一种典型的生存论上的提问。对于儿童来说，要么就成为菲勒斯，要么就不成为菲勒斯，除此之外，再无他路。儿童成为菲勒斯，不仅可以满足母亲的欲望，从而得到母亲的爱，而且同时也满足了其本身的欲望；反之，不成为菲勒斯，就意味着得不到母亲的爱，也无法让其本身

---

① Jacques Lacan, *Écrits*, Éditions du Seuil, 1966, p.692.

② Jacques Lacan, Le séminaire de Jacques Lacan, Livre V, *Les formations de l'inconscient 1957-1958*, Seuil, 1998, p.191.

③ Ibid., p.175.

④ Ibid., p.188.

⑤ Jacques Lacan, *Écrits*, Éditions du Seuil, 1966, p.693.

⑥ Jacques Lacan, Le séminaire de Jacques Lacan, Livre V, *Les formations de l'inconscient 1957-1958*, Seuil, 1998, p.192.

的欲望得到满足。这种生存论上的提问把儿童推到了一种需要选择的位置上。拉康称儿童的此种选择既是被动的又是主动的①。说它是被动的，那就是说，它并不由儿童本身来决定，因为该生存论上的提问在儿童之前就已开始，就已经由其父母所提出；说它是主动的，那是指，毕竟菲勒斯是主体欲望的能指。

在儿童的想象维度中，母亲并不拥有菲勒斯，正因为如此，他才想成为菲勒斯，以便去满足母亲的欲望。精神分析经验显示，儿童很早就能认识到这一点②。那么，为什么母亲没有它呢？在儿童看来，那是因为父亲剥夺（priver）了它。"精神分析经验向我们证明，就他剥夺了母亲的欲望对象即菲勒斯对象（l'objet phallique）而言，我不说在反常或倒错中，而是说在所有的神经症之中和只要是最自然的和最正常的关于奥狄浦斯情结的全部进程之中，父亲扮演了一个完全根本性的角色。"③而一旦父亲介入，那就是第二阶段了。

在第二阶段，一个最明显的标志就是，父亲作为母亲的剥夺者而介入。拉康曾经讲过，"对象之缺乏"（manque d'objet）有三种基本表现形态，分别是：象征之债（阉割），想象的损害（挫折）和实在之洞（剥夺）④。剥夺就是"对象之缺乏"的一种表现形态。与阉割的对象不同——阉割的对象并不是真实的阴茎，而是想象的菲勒斯，因为"阉割只是就它在一种针对一种想象性对象的活动的形式之下、在主体之中起作用而言，才开始起作用"⑤——剥夺的对象则是象征的，"剥夺的对象只是一个象征对象"。在此，为什么说被剥夺的菲勒斯是象征的呢？这需要从象征化活动、母亲与菲勒

---

① Ibid., p.186.

② Ibid., p.175.

③ Ibid., p.184.

④ Jacques Lacan, Le séminaire de Jacques Lacan, Livre IV, *La relation d'objet 1956-1957*, Seuil, 1994, pp.37-38.

⑤ Ibid., p.219.

斯之间的错综复杂关系讲起。拉康的论述可以归结为如下：一方面，母亲在孩子眼里总是那个"来来往往"①的人，她是在场与缺场的统一体，正是她赋予了孩子"第一次象征化活动（première symbolisation）"②，后者也被称为"母亲与孩子之间最初的象征化活动（symbolisation primordiale）"③，正是在这一意义上，母亲能指（signifiant maternel）也被称为象征活动中的第一个能指④。另一方面，"在没有比这一来来往往的母亲的最初象征化活动更多一点东西的介入情况之下"，象征化活动却不能够得到实行；"这某种更多的东西"正是"最初的象征化活动所依赖的整个这一象征次序在其背后的实存"，它才"允许通向母亲的欲望对象的通道"⑤；换言之，母亲一旦成为他者之后，她就依赖于其后的整个象征次序，而正是后者的实存才允许通向其欲望对象即菲勒斯。进一步说，鉴于母亲没有其欲望能指菲勒斯，它就应该作为一个象征符号被投射到象征层面上⑥，于是，剥夺的行为只能发生在象征的维度上。拉康这样来描述父亲的剥夺行为："在这一层面［指剥夺层面］上，父亲剥夺了某人她终究是没有的东西，即，此东西只有就你们让它作为象征符号呈现出来时才是存在着的。"⑦

　　父亲剥夺母亲的欲望能指，也就是禁止母亲享有其欲望的满足。"父亲在多个层面上介入。首先，他禁止母亲。"⑧在这一问题上，拉康的侧重点与一般精神分析学理论存在着出入，埃里克·波尔热认为这也是拉康与弗洛伊德的区别所在，"我们注意到这里与弗洛伊德的区别：弗洛伊德让禁止针对

① Jacques Lacan, Le séminaire de Jacques Lacan, Livre V, *Les formations de l'inconscient 1957-1958*, Seuil, 1998, p.182.

② Ibid., p.181, p.182, p.188 etc.

③ Ibid., p.180 et p.182.

④ Ibid., p.175.

⑤ Ibid., p.182.

⑥ Ibid., p.185.

⑦ Ibid., pp.184-185.

⑧ Ibid., p.169.

孩子，而拉康则让其针对母亲"①。在弗洛伊德理论中，父亲禁止的对象是儿童，最经典的禁止表述就是所谓的乱伦禁忌。拉康对此反驳道，从阉割的角度来看，阉割的施动者实际上是一个实在的某人（quelqu'un de reél），就是那个对儿童说"有人将割了你小鸡鸡"之类威胁话的母亲或父亲②。在现实生活中，对儿童欲望之享乐如手淫进行禁止的往往都是母亲，当然，父亲出面干涉的情形也不是没有可能。这些都足以说明，禁止的行动者不一定是父亲，或者说，父亲并不是禁止儿童的唯一者。相反，对母亲实施禁止的却只能是父亲。紧接着"首先，他禁止母亲"这一断言，拉康这样说："此处是奥狄浦斯情结的基础与原则，此处父亲与乱伦禁忌的原初法则连结在了一起。"③ 父亲作为禁止（乱伦禁忌）的行动者，对于儿童，"他有时需要以一种直接方式来显示这一禁止"，但是，他实现他的"这一角色"，则"完全在一种彼岸（au-delà）上"④，换言之，在母亲身上。进一步说，"正是通过他的在场，通过无意识中其在场的各种效果，他完成了对母亲的禁止"⑤。

需要指出的是，父亲禁止母亲，并不是一种直接的现实行为。它以一种音信的形式表现出来，即以说"不"的形式表现出来，这便是拉康称第二阶段为"否定的"⑥ 阶段的原因所在。这一"不"正好体现了法则的维度。通过这一阶段，"那种使主体脱离其认同的东西在这一事实——母亲依赖于一个对象，后者不再仅仅是其欲望对象，而是大他者有或没有的一个对象——的形式下同时使他与该法则的第一次出现发生联系"⑦。在此需要说明的是：

---

① Erik Porge, *Les noms du père chez Jacques Lacan. Ponctuations et problématiques*, ERES, 2006, p.39.

② Jacques Lacan, Le séminaire de Jacques Lacan, Livre V, *Les formations de l'inconscient 1957-1958*, Seuil, 1998, p.172.

③ Ibid., p.169.

④ Ibid.

⑤ Ibid.

⑥ Ibid., p.192.

⑦ Ibid.

1.第二阶段的菲勒斯不同于第一阶段的菲勒斯：第一阶段的菲勒斯是想象的菲勒斯（φ），它是儿童（主体）想象母亲所欲望的对象，于是为了取悦母亲，儿童（主体）就要去成为菲勒斯，这里涉及"成为或是（être）"的问题；第二阶段的菲勒斯是象征的菲勒斯，母亲被父亲所剥夺的对象既是她本来就没有的东西（其欲望能指），又是被投射到象征层面上的象征符号或者说被构造的象征符号，而父亲之所以能够剥夺母亲拥有菲勒斯，前提在于作为大他者的父亲本身有没有菲勒斯，这里涉及"有（avoir）"的问题[1]。2.从第一阶段到第二阶段，母亲所依赖的对象从想象的菲勒斯递进到象征的菲勒斯。3.儿童（主体）从第一阶段的想象认同（成为菲勒斯）中摆脱出来，同时与法则的第一次出现发生联系，"基于第一个象征化基础上把其母亲构成为主体的儿童，完全服从我们能够称之为法则的东西，但独独通过参与服从于此"[2]，从而为以后与作为法则的大他者父亲相认同做好准备。4.儿童（主体）与之发生联系的法则是父亲的法则，"返回到儿童身上的完完全全就是父亲的法则，因为这一法则被主体想象地设想为对母亲进行剥夺"[3]。返回到儿童身上的是父亲的法则，同样，返回到母亲身上的并不是"母亲的法则"[4]，也是父亲的法则或大他者的法则，"这一返回与以下事实紧密相连，即她的欲望对象最终在现实中被这同一大他者所拥有，这一相连给出了奥狄浦斯关系

---

   ①   有意思的是，在《集体心理学与自我分析》第 7 章"认同"的开头，当弗洛伊德把与父亲的认同和对作为性对象的父亲的依恋做出区分时，我们从法译文看到，他讲的正是"是（être）"和"有（avoir）"的区分："在前者中，父亲是人们意愿所**是**；而在后者中，父亲是人们意愿所**有**。"Cf. Sigmund Freud, *Psychologie collective et analyse du moi,* dans l'ouvrage *Essais de psychanalyse*, traduction de l'Allemand par le Dr. S. Jankélévitch en 1921, revue par l'auteur. Réimpression, Paris, Éditions Payot, 1968, (pp.83 à 176), 280 pages, édition électronique a été réalisée par Gemma Paquet, bénévole, professeure à la retraite du Cégep de Chicoutimi à partir de cette traduction française, p.39.

   ②   Jacques Lacan, Le séminaire de Jacques Lacan, Livre V, *Les formations de l'inconscient 1957-1958*, Seuil, 1998, p.188.

   ③   Ibid., p.192.

   ④   Ibid., p.188.

的钥匙"①。奥狄浦斯关系的钥匙是什么呢？奥狄浦斯关系的"决定性特征"
又是什么呢？在此考虑的"不是与父亲的关系，而是与父亲的言语的关系"，
与父亲的言语的关系就是与法则的关系。有意思的是，这种说"不"的音信
经由母亲然后被儿童收到，所以它其实是一种音信的音信②。面对父亲的说
"不"，儿童再次面临了一种选择，接受剥夺还是不接受剥夺？如果接受剥
夺，那就意味着主体（儿童）的欲望无法得到满足；如果不接受剥夺，那又
该当如何？唯一的办法就是儿童去认同父亲。认同父亲就是第三阶段了。

　　在第三阶段中，最明显的标志就是儿童离开母亲，转而倒向父亲。对
于儿童（主体）来说，"为了他的最大益处，就因为儿童从这一理想的位
置——他与母亲对此都很满意且在此他填充了成为其换喻对象的功能——
被驱逐了出去，第三种关系才能建立，有生殖能力的（féconde）随后阶段
才能建立"③。这是因为，一方面，父亲离开了第二阶段所拥有的全能权威
即"全能的父亲（père tout-puissant）就是进行剥夺行为的那一位"④，从全能
（l'omnipotence）进入具体的领域，表现在"生殖意义上的能力事实"，拉康
称之为"一个有点能力的父亲（un père potent）"⑤，此处的"potent"（其名词
为"potence"）是一个很少见的法语形容词，应该理解为"全能的（omnipo-
tent）"一词的对立面，也就说"具有某种能力的"或"有点能力的"的意思；
父亲之所以能够给母亲她所欲望的东西，正是因为他有这种能力进而使得他
拥有母亲欲望的东西，这便是拉康所谓，"就第二阶段被穿越了而言，现在
处于第三阶段，就应该保持父亲承诺的东西"⑥，而父亲承诺的东西，就是承
诺给母亲她所欲望的东西；于是，"从这一事实出发，母亲与父亲的关系重

①　Ibid., p.192.
②　Ibid., p.202.
③　Ibid., p.203.
④　Ibid., p.194.
⑤　Ibid.
⑥　Ibid., p.193.

新来到实在的层面上"①，这就是说，父亲从母亲的剥夺者过渡到了母亲的欲望对象的提供者，从而为儿童（主体）的转向创立了前提条件。另一方面，儿童（主体）一开始在亲密无间的母婴关系中处于理想性位置，他从母亲地方收到的都是直接的音信，"儿童因此从 M 地方收到母亲欲望的完全未经加工的音信"②，只有当第二阶段父亲介入时这一亲密关系才被打破；儿童很快发现，父亲不仅作为母亲的剥夺者，剥夺母亲菲勒斯，而且还因为拥有菲勒斯成了母亲欲望对象的提供者，也就是说他能够向母亲提供菲勒斯，于是儿童（主体）意愿认同父亲。

儿童之所以意愿认同父亲，很显然，那是因为父亲拥有菲勒斯。"有没有菲勒斯"的问题，不同于"是不是（或成为不成为）菲勒斯"的问题。为了理解这两个"两者择一（alternative）"之间的差别，"有一可观的一步需要被跨越"，也就是说，"在此有需要被跨越的一步，在那里，父亲在某个时刻有效地、实在地、确实地介入"③；只有当父亲介入进来，进入需要被跨越的奥狄浦斯第二阶段时，"有没有菲勒斯"的问题才突显出其重要性。拉康把"有没有菲勒斯"的问题与阉割情结问题紧密联系在一起：有菲勒斯和没有菲勒斯"两者之间就有阉割情结"；无论在男孩个案中，还是在女孩个案中，"有或没有菲勒斯的问题通过阉割情结得到处理"④，等等。进一步说，阉割情结对于"有没有菲勒斯"的问题可谓至关重要，因为拉康这样说，"为了拥有菲勒斯，首先应该提出的观点就是有人不能拥有它，以至被阉割的可能性对于拥有菲勒斯的事实之设定来说是本质性的"⑤。所谓"首先……有人不能拥有它"，意味着，"这假定，为了拥有菲勒斯，就应该有他并不拥有菲

---

① Ibid., p.194.

② Ibid., p.201.

③ Ibid., p.186.

④ Ibid.

⑤ Ibid.

勒斯的某一时刻"①。而儿童(主体)"并不拥有菲勒斯的某一时刻",并不是指他真的有被阉割的那一时刻,而是说他必须经历过阉割情结。拉普朗虚和彭大历斯在《精神分析学的词汇》中把"阉割情结"定义如下:"集中在阉割幻想之上的情结,这一阉割幻想来回答儿童针对两性之间的解剖学差异(阴茎的在场或缺场)而产生疑惑:这一差异被归于女孩身上阴茎被割去的事实"②。经历过阉割幻想,就是所谓的"被阉割的可能性",这一可能性对于儿童(主体)拥有菲勒斯的事实之设定来说才是本质性的。所谓经历过阉割幻想,也代表了阉割理论的"悖论"之处:"只有当他经历了阉割危机,换言之,只有当他遭遇到拒绝把其阴茎使用为其欲望母亲的工具时,儿童才能超越奥狄浦斯且进入父性认同"③。

对于拉康来说,父亲之所以能够给出菲勒斯,"那是因为且只因为他是法则的持有者或支持者(如果我可以这样说的话)"④。这一表述无疑继承了弗洛伊德有关父亲代表法则的经典理论,不过同时又蕴涵着新的思想。拉康受益于 20 世纪上半叶的结构语言学革命,主张把法则与语言结合起来,或者更为准确地说,主张法则的言语化,主张在无意识层面探讨法则本身。由此,拉康认为奥狄浦斯第二和第三阶段中起决定性作用的不是儿童(主体)与父亲的关系,而是他与父亲的言语的关系,"形成奥狄浦斯关系的决定性特征的东西,需要被抽出来看待的不是与父亲的关系,而是与父亲的言语的关系"⑤。我们在前面已经提及,从起源上说,母亲可谓儿童(主体)的第一个能指。在这第一个能指(在场与缺场的统一)的基础上,产生了各种最初的象征化活动,其中最具代表性的例证就是弗洛伊德小外孙所玩的

---

① Ibid.

② Jean Laplanche et J.B. Pontalis, *Vocabulaire de la Psychanalyse*, Puf, 1967, p.74.

③ Ibid., pp.77-78.

④ Jacques Lacan, Le séminaire de Jacques Lacan, Livre V, *Les formations de l'inconscient 1957-1958*, Seuil, 1998, p.193.

⑤ Ibid.

"Fort!……Da!"游戏①；拉康甚至称，"正是在Fort-Da的指称性对子所构成的各种最初象征化活动的范围内，第一个主体就是母亲②"。说母亲是第一个能指或第一个主体，就是说母亲打开了象征维度。拉康也称母亲为"第一个大他者(premier Autre)"③，但这一大他者位置很快就被父亲所占据。所以，即便我们说有一种"母亲的法则 (loi de la mère)"，那也仅仅就母亲是一个能指或是一个主体而言，"母亲的法则，当然，这便是母亲是一个说话存在这一事实，而这一点足以合法地让我去说'母亲的法则'"④；也就是说，母亲的法则并不是社会法则，并不是作为社会法则的"父亲的法则 (la loi du père)"或"大他者法则 (la loi de l'Autre)"，那是因为，"母亲的法则"是"一种不受控制的法则 (une loi incontrôlée)"⑤；正是因为"母亲的法则"不代表法则本身，所以它需要返回到法则本身，"母亲返回到一种法则 (它不是她的法则而是一位大他者的法则)，这一返回与以下事实紧密相连，即她的欲望对象最终在现实中被这同一位大他者所拥有，这一相连给出了奥狄浦斯关系的钥匙"⑥。这一位大他者法则就是父亲的法则。由此，父亲获得了法则的地位和功能，或者说，父亲代表了法则本身。当然，这一大他者法则不仅是社会法则，更多的还是语言本身的法则，是无意识本身的法则。而儿童（主

---

① 这是一种儿童玩线轴的游戏，儿童一手执线，另一手拿着线轴，当他把线轴扔开，滚入床底不见时，他就发出一串"Fort!……"（"奥……"即"没有了"）的声音。当他用线把线轴重新拉回到视线之内时，嘴上就发出一串"Da!……"（"嗒……"即"在这儿了"）的声音。观察发现，这是儿童在母亲外出时高兴玩的一种游戏。弗洛伊德认为，线轴代表母亲，线轴的出没代表母亲的在场和缺场。儿童乐此不疲地玩这一游戏，表明他已坦然接受了与母亲的分离这一现实，并把分离当作自己能控制自如的一种游戏来玩。（参见黄作：《不思之说》，人民出版社2005年版，第32—34页。）

② Jacques Lacan, Le séminaire de Jacques Lacan, Livre V, *Les formations de l'inconscient 1957-1958*, Seuil, 1998, p.189.

③ Ibid., p.188, p.359, p.463, et p.499.

④ Ibid., p.188.

⑤ Ibid.

⑥ Ibid., p.192.

体）奥狄浦斯第三阶段与之认同的正是这一法则。

正是因为父亲拥有菲勒斯而不是菲勒斯本身，才能保证儿童（主体）认同父亲之后，仍然有可能成为菲勒斯。"正是就父亲作为拥有菲勒斯的那一位、而非作为成为菲勒斯的那一位在第三阶段介入而言，一种跷跷板游戏（bascule①）能够产生，它重新建立了作为母亲欲望对象而不再仅仅作为父亲可以剥夺的对象的菲勒斯机构（l'instance du phallus）"②。也就是说，第一阶段的作为母亲欲望对象的菲勒斯，在经历了第二阶段可以被父亲所剥夺的命运之后，第三阶段重新被建立起来。由此，儿童（主体）与父亲认同之后，不但也获得了拥有菲勒斯的资格和能力，而且仍然有可能去成为母亲欲望的对象即菲勒斯。这是一个迂回的道路：儿童（主体）欲望着母亲的欲望，意愿成为母亲的欲望对象菲勒斯，但是他无法直接成为菲勒斯，因为父亲作为母亲欲望对象的剥夺者很快就介入进来，这就好比，纯粹想象性的母婴关系并不能持存，它总是要受到象征次序的调停；只有当儿童（主体）离开母亲转而与作为法则的父亲相认同后，他才能在拥有菲勒斯的能力的基础之上，进而面对重新被建立起来的作为母亲欲望对象的菲勒斯，有可能去成为菲勒斯。父亲之所以能够保证儿童在拥有菲勒斯的能力之后，仍然可以成为作为母亲欲望能指的菲勒斯，那是因为，父亲已经占据了母亲的位置。为了清楚地说明这一问题，拉康引入所谓的"父性的隐喻"机制，我们将在下一章具体来探讨这一机制及其具体运作情形。

奥狄浦斯情结的出路，就是儿童与父亲认同，"这种认同被称为自我理想（Idéal du moi）"③。从此，奥狄浦斯情结就消退了。一方面，自我理想的

---

① 打字机版在此是"quleque chose"（某种东西）。Jacques Lacan, Le séminaire du Docteur Lacan, sténographie de la séance du 22 janvier 1958.

② Jacques Lacan, Le séminaire de Jacques Lacan, Livre V, *Les formations de l'inconscient 1957-1958*, Seuil, 1998, p.193.

③ Ibid., p.194.

取得，并不是说儿童在性与其他活动中有了完全控制的能力，相反，他根本还没有支配能力，但是，他对所有的权利都已经有了把握，以备将来所用。另一方面，"父性的隐喻"扮演了一种重要的角色，因为，隐喻机制导致了能指秩序之类的东西的建立。拉康高度评价了奥狄浦斯时期在主体历史中的重要作用，他这样说："奥狄浦斯情结不再仅仅是一种灾难，因为，就像我们所说，它是我们与文化关系的基础。"①

第三节　共时的维度：三元父亲 VS "父亲的姓名"

在某种意义上说，正是为了更好地说明弗洛伊德理论中错综复杂的父亲问题，拉康创立了一些理论术语，如三元父亲（象征父亲、想象父亲和实在父亲）和"父亲的姓名"。通过这些独具拉康特色的理论术语，拉康试图在继承奥狄浦斯情结框架这个精神分析核心框架的基础之上，建立一种内容更加宏大、更加系统化且更适合于指导临床的精神分析父亲理论，从而在思想层面上提升了弗洛伊德的父亲理论。熟悉拉康理论的人都知道，拉康在此所使用的理论利器，就是法国结构主义之父列维-斯特劳斯 1949 年从美国返法定居带回来杀入人文科学丛林所用的利器即"结构的方法"。有了这一利器，法国思想界在第二次世界大战后展开一场声势浩大、引领世界思想潮流的所谓结构主义—后结构主义运动，拉康的很多理论设想在本质上属于这一运动，这是我们做相关研究必须承认的一个前提，也是正确理解拉康思想的钥匙。

拉康思想中的核心概念如想象界（l'imaginaire）、象征界和实在界（le réel）这三个概念，一般认为它们是先后进入拉康理论思考视野的，而不是同时出现的。譬如想象或想象界这一概念，从 1936 年拉康撰写第一版《镜

---

① Ibid., p.174.

像阶段》[①] 开始就进入其理论构思的框架，1938 年为《法国百科全书》所写的"家庭"条目，通篇洋溢着"成像（imago）"学说——不仅说母性乳房成像（l'imago du sein maternel）、母性成像（l'imago maternelle）、母亲的成像（l'imago de la mère）、同类成像（l'imago du semblable）、复本成像（l'imago du double）、小他者成像（l'imago de l'autre），也说父性成像（l'imago paternelle）、父亲成像（l'imago du père）等等，总体出现了 59 次[②]——不难看出他当时深受法国心理学家亨利·瓦隆（Henri Wallon）的镜像理论之影响[③]，行文带有浓厚的心理学和经验论的痕迹。到了 1949 年第二版《镜像阶段》[④]，拉康借助于列维–斯特劳斯的结构利器，已经走出经验论心理学的局限，逐步走向具有其自身特色的"三界"结构理论，于是我们很容易理解：在这一冠名为"镜像"的著名论文之中，拉康为什么大胆、积极地多次使用"象征"概念，如 "matrice symbolique（象征子宫）"、"efficacité symbolique（象征的效力）"和 "réduction symbolique（象征还原）"等等，相反却保守地看待"想

---

① 1936 年，拉康参加在捷克马里恩巴德（Marienbad）举行的第十四届国际精神分析学大会，会上宣读论文《镜像阶段》——他后来在《法国百科全书》（他为第七卷《心理生活》写了"家庭"条目）的"合作者索引"中提到给这一大会论文赋予的名字为：«Le stade du miroir, théorie d'un moment structural et génétique de la constitution de la réalité, conçu en relation avec l'expérience et la doctrine psychanalytique», cf. Jacques Lacan, «La famille: le complexe, facteur concret de la psychologie familiale. Les complexes familiaux en pathologie», article écrit à la demande de Wallon est publié dans *l'Encyclopédie Française*, tome VIII, en mars 1938——可以视为他正式涉足国际精神分析学界。

② Jacques Lacan, «La famille: le complexe, facteur concret de la psychologie familiale. Les complexes familiaux en pathologie», article écrit à la demande de Wallon est publié dans *l'Encyclopédie Française*, tome VIII, en mars 1938.

③ Jean Laplanche et J.B. Pontalis: *Vocabulaire de la Psychanalyse*, Puf, 1967, p.452.

④ 1949 年 7 月 17 日，拉康参加在苏黎世举行的第十六届国际精神分析学大会，会上发表"镜像阶段作为我的功能的形成者，就像我们在精神分析经验中揭示这一功能那样"（«Le stade du miroir comme formateur de la fonction du Je, telle qu'elle nous est révélée dans l'expérience psychanalytique»）一文，可以视为法国精神分析理论的重拳出击，这便是后来广为人知的拉康"镜像阶段"理论。

象"的作用和功能，如"servitude imaginaire（想象的奴役）"①，而且罕见地只用到 1 次②。至于实在或实在界的概念，拉康在 20 世纪 50 年代初其实就已经使用了，不过，即使在 1953 年 7 月 8 日为新成立的法国精神分析学协会（SFP）的开幕活动所做的名为《象征界、想象界和实在界》的报告中第一次同时提出"三界"概念时，他也没有专门就实在或实在界展开论述；换言之，虽然拉康很早提出了三元式的整体结构问题，但他对于实在或实在界的论述相对于其他两界而言其实是滞后的，这与他在 20 世纪 50 年代重视象征问题有着莫大关系；只有到了其中后期思想，实在问题才得到足够重视和详细地展开。

　　这种时间编年史式的表述很容易给人以错觉，让人误认为拉康的三元式结构理论的形成就是"这样"顺序而成的。实际上，我们需要注意到的是，从 1936 年经验论的想象视角到 1949 年结构论或系统论的象征视野，拉康其实经历了一种范式的转换。进一步说，拉康在精神分析学领域中引入当时结构主义的新的理论武器，为的就是要克服心理学陈旧的经验论理论模型，从而实现精神分析学的一场理论革命。而象征理论与结构理论是同源的。当象征范式确立时，它一上来就是结构性的，按拉康的词汇来说，就是结状的（noué），就是三元的。由此我们不难看到，一方面，拉康的三元式结构理论受益于当时结构新思想的影响，源自他对象征问题的思考，另一方面，象征问题的结构性特征迫使他一上来不得不具备三元结构的理论视野。如果我们聚焦到具体的父亲问题，这一双重性特征表现得更为明显。

---

　　①　Jacques Lacan, «le stade du miroir comme formateur de la fonction du je, telle qu'elle nous est révélée dans l'expérience psychanalytique», communication faite au XVIe Congrès international de psychanalyse, à Zurich le 17-07-1949, première version parue dans la Revue Française de *Psychanalyse* 1949, volume 13, n° 4, pp.449-455, reprise dans les *Écrits*, Seuil, 1966, p.94, p.95, p.98 et p.94.

　　②　埃里克·波尔热敏锐地注意到了这一鲜明的对比。（Erik Porge,*Les noms du père chez Jacques Lacan. Ponctuations et problematiques*, ERES, 2006, p.27.）

拉康在继承弗洛伊德的作为法则的父亲学说的基础之上，引入结构新思想，提出了象征父亲理论：一方面，这一象征父亲学说一上来就想展现出三元结构形态，也就是说，象征父亲试图表现为三元父亲整体；另一方面，象征父亲与想象父亲和实在父亲一样，代表父亲的一元或一界维度。如果要进一步确认拉康象征父亲学说的源头的话，除了梳理上述理论源头，其实还有临床实践源头。具体来说，拉康在重新思考——正是拉康于 1950 年代初发起的“回归弗洛伊德”运动的真正体现——弗洛伊德个案的过程中发现父亲问题的疑难，并且由此提出解决这一疑难的新方案，那就是象征父亲理论。在正式的公开研讨班之前，拉康举办过两个半公开的研讨班：分别是 1951—1952 年的“《狼人》个案研讨班”和 1952—1953 年的“《鼠人》个案研讨班”①。从“《狼人》个案研讨班”留下来的有限文字资料来看，拉康在此第一次明确提出象征父亲、想象父亲和实在父亲的表述，其中“象征父亲（père symbolique）”出现 5 次，“想象父亲（père imaginaire）”出现 1 次，“实在父

---

① 由于拉康在进行这两个半公开研讨班时并没有准备速记员，它们不像后面系列研讨班那样留有速记记录稿。根据现有的资料看，拉康手稿注解和当时个别听众的笔记，是后人研究的主要依据。（Cf. Joël Dor, *Thésaurus Lacan vol II*, EPEL, 1994, p.201.）“《狼人》个案研讨班”留下的文字资料非常有限，一直以未刊手稿的形式在研究者中间私下传递（根据 gaogoa 网站提供的资料，保留下来的主体内容分三部分，再加上一些注释和笔记。也可参见 Elisabeth Roudinesco, *Jacques Lacan. Esquisse d'une vie, histoire d'un système de pensée*, Fayard, 1993 年的最后部分）。“《鼠人》个案研讨班”的情况则有些特别：拉康于 1956 年应邀在让·安迪·瓦勒（Jean André Wahl）的哲学社团（Collège philosophique）中作了一个名为《神经症患者的个体神话或诗歌以及神经症之中的真理》的报告，然而这一报告的油印稿早在 1953 年就已经私下流传，既没有得到拉康的同意，也没有经过拉康的矫正（cf. Jacques Lacan, *Écrits*, Seuil, 1966, p.72, note n° 1）。后来由雅克-阿兰·米勒整理和记录的版本首先在 Ornicar? 杂志第 17—18 期（Seuil,1978）上发表，2007 年又被收入“拉康的悖论（Paradoxes de Lacan）”系列丛书，以同一书名出版；这一报告文本一般被认为就是“《鼠人》个案研讨班”的主体内容，拉康后来多次提到这一报告，尤其在《第 2 研讨班》1955 年 6 月 8 日研讨会（p.312）。除了米勒版本之外，米歇尔·卢桑（Michel Roussan）提供的 C.D.U 版本也具有相当的学术价值，它是 1956 年拉康报告之后即刻出版的，因为法定送存（dépôt légal）正是 1956 年。

亲（père réel）"出现2次①，说明拉康关注的重点无疑在象征父亲上面。在《狼人》个案中，拉康注意到一个非常有意思的现象：根据弗洛伊德经典的奥狄浦斯情结理论，儿童主体（狼人）与其父亲之间应有一种竞争关系，可是，狼人"与其父亲的竞争关系远远没有被实现"，相反它"被一种一开始就呈现为与父亲的选择性亲和力（affinité élective）的关系所取代"，不仅因为狼人很喜欢父亲，父亲对他也很好，他从小与父亲关系就很好，而且还因为，他父亲很快就病了，既不是行为上的阉割者（castrateur），也不是存在上的阉割者，拉康甚至说父亲"更多的是被阉割者而非阉割者"②；也就是说，在此，作为阉割者的父亲对于狼人来说是缺乏的，原因也很简单，"在这一个案中，人们可以说，奥狄浦斯情结未完成，因为父亲是缺失的"③；于是，狼人（主体）就要寻找"一个阉割者父亲（un père castrateur）"，这"一切发生，就如，在一种实在关系的基础之上，儿童由于与其进入性生活相关的各种理由，寻找一个阉割者父亲"，拉康又称这一寻找为"寻找征服与象征次序（ordre symbolique）的关系"，也就是说，"他寻找与其具有惩罚性关系……的象征父亲（而不是实在父亲）"④，由此突出象征次序的支配性和象征父亲的重要性；然而，狼人（主体）寻找象征父亲并没有成功，"主体的整个历史都被寻找一个象征父亲和实施惩罚者所强调，但是并没有成功"，他甚至向弗洛伊德"请求某种东西"，试图与弗洛伊德建立一种关系，"经此道路他想建立一种父性关系（une relation paternelle）"，也没有成功，因为弗洛伊德有点太像一个"导师"了，"他的个人威望倾向于在他和病人之间取消某种移情类型"，也是"一个太过厉害的父亲"，使得"他从未能够承担其与弗洛

---

① Jacques Lacan, Le Séminaire sur «L'Homme aux loups» (1951-1952), inédit, version rue CB: Notes sur L'"Homme aux Loups"; L'Homme aux Loups (n° I); L'Homme aux Loups (n° II); L'Homme aux Loups (suite n° III). Cf. http://gaogoa.free.fr/SeminaireS.htm.

② L'Homme aux Loups (n° II).

③ Notes sur L'"Homme aux Loups".

④ L'Homme aux Loups (n° II).

伊德的各种关系",于是"这一点让主体处于地狱般的循环之中",寻找象征父亲不仅未果,而且"引发了对于阉割的恐惧,这一点把象征父亲移放到原场景的想象父亲之中"①。拉康正是在理解和阐释《狼人》个案的过程中逐渐提出他的广义象征父亲理论即三元父亲理论的。

拉康在 1954—1955 年的《第 2 研讨班》的 1955 年 6 月 8 日的研讨会上确认了这一三元父亲理论的缘起,"从《狼人》研讨班起,我们已经能够看到区分象征父亲……和想象父亲的那种东西,想象父亲是实在父亲的对手,就实在父亲这个可怜的人就像大家一样具有所有种类的厚度而言"②。不过,这里需要指出的是,其一,上述《狼人》研讨班中关于三元父亲的论述,严格说来,还不是三元父亲理论,之所以说它还不是一种三元(ternaire ou triade),因为拉康此时并没有对三个父亲有一个统一的三元父亲的论述,相反,这三个父亲其实是分开来进行论述的,正如"三界"概念在那个时候也是分开来进行论述的一样,"拉康在 1951 年是分开来使用三界的"③;当然我们这里还是可以泛泛地称这三个父亲为三元父亲,因为它们很快发展为统一的、具有结状结构的三元父亲理论。其二,这里的实在父亲有点像现实生活中父亲的意思,他"就像大家一样",并不是原场景中的想象父亲,而且还是想象父亲的竞争对手;这与后来拉康对实在父亲的论述有很大出入;与此相应的是,我们都知道,拉康在 20 世纪 50 年代初对实在界这一概念并没有展开详细的论述,虽然他吸收结构新思想后很快从三元结状结构形式、也就是说从统一性出发来构想其"三界"理论,但他对于实在的论述其实是偏弱的,较少进行直接的论述,更多的是在象征与实在或想象与实在的关系中进行比

---

① L'Homme aux Loups (suite n° III).

② Jacques Lacan, Le séminaire de Jacques Lacan, Livre II, *Le moi dans la théorie de Freud et dans la technique de la psychanalyse 1954-1955*, texte établi par Jacques-Alain Miller, Éditions du Seuil, 1978, p.302.

③ Erik Porge, *Les noms du père chez Jacques Lacan. Ponctuations et problematiques*, ERES, 2006, p.27.

较论述，只有到了中后期，实在问题的重要性才在拉康理论中凸显出来。其三，拉康当时理论考量的重点在于象征或象征界，他认为当时的精神分析理论（无论是自我心理学、双体心理学还是具体的对象关系理论）都有陷入想象维度泥潭的危险，为此他求助于结构新思想，试图用象征维度来克服想象的迷惑；于是，区分象征与想象成了拉康当时理论论述的重点之一。上述对于象征父亲和想象父亲的区分正是象征与想象之间区分的一个表现，我们应该把它置于这样一个大的背景之下进行考察，才不会偏离拉康的理论思路。

在随后 1952—1953 年的"《鼠人》研讨班"，拉康继续使用三元父亲的术语，"如果想象父亲和象征父亲常常根本上是区分的，这不仅是因为我正在跟你指出的结构性理由，而且还有每一主体特有的历史的、偶然的方式"①，继续强调想象父亲和象征父亲之间的区分这一思考的重点，认为它们的区别不仅体现在共时的结构维度上，而且也体现在历时的个体历史维度上；只不过在这一文本中，拉康并没有直接提到"实在父亲"这一术语，而是用象征与实在之间的关系间接地表述了相关问题："接受父亲功能（la fonction du père）假定一种简单的象征关系，在其中，象征界完整地覆盖实在界……然而，很清楚的是，象征界对实在界的这一覆盖是完全无法把握的。至少在一个像我们的社会结构的社会结构之中，父亲在某些方面总是一个与其功能不一致的父亲，一个缺失的父亲，就如克洛岱尔先生所说的，一个丢脸的父亲"，这是因为，"由主体在实在层面之上所觉知的东西与这一象征功能之间总是有一种极其明显的不一致。正是在这一间距之中，有着那种东西，后者造成了奥狄浦斯情结具有其价值的事实——这根本不是规范性的

①　Jacques Lacan, «Le Mythe individuel du névrosé ou poésie et vérité dans la névrose», une conférence donnée au Collège philosophique de Jean Wahl. Le texte ronéotyp.fut diffusé en 1953, sans l'accord de Jacques Lacan et sans avoir été corrigé par lui (cf. Jacques Lacan, *Écrits*, Seuil, 1966, p.72, note n° 1). La présente version est celle transcrite par J. A. Miller dans la revue *Ornicar ?* n° 17-18, Seuil, 1978, pages 290- 307.

价值，而经常就是致病性价值"①。也就是说，在现实的社会结构中，由于象征次序与实在次序并不能完全重合，象征父亲无法表达父亲功能的全部，其中的不一致性表现了奥狄浦斯情结所具有的致病性价值。在此不难看到，拉康以论述象征与实在之间关系的方式，一方面再次凸显出象征的重要性，因为正如拉康在以后的教学中反复强调的那样，正是象征对实在的侵入造成了象征次序的建立②，另一方面，他逐渐重视实在的作用，虽然在此更多的是在背景的意义上考虑实在的作用，而此处认为象征与实在不一致的问题是导致疾病的看法无疑代表着拉康后来对实在的思考方向，因为他后来正是把实在视为所有疾病的源头③。具体到父亲问题，我们再一次遇到象征父亲之缺失的情形，也就是说，上述"《狼人》研讨班"中象征父亲之缺失话题在"《鼠人》研讨班"中继续展开。

与此同时，在拉康于 1953 年 7 月 8 日为新成立的法国精神分析学协会（SFP）的开幕活动所作的名为《象征界、想象界和实在界》的报告中正式提出其"三界"理论之前，他的另一大核心概念"父亲的姓名"也同时出现在代表其思想源头的上述两个半公开的研讨班文本之中。在"《狼人》个案研讨班"文本中，拉康讲到狼人之所以要寻找象征父亲的起因时这样说："他［狼人］从未有过象征化和具体化父亲（le Père）的那种父亲，人们赋予他'父亲的姓名（"nom du Père"）'来填补"④。结合上述有关象征父亲的论述，我们知道，狼人从未有过的父亲正是象征父亲，而这一象征父亲，正如我们在前面已经指出，并不指三元父亲中其中一元的象征父亲，而是指一上来就囊括了三元结构形态的象征父亲，即三元父亲整体。拉康在此

---

① Ibid.

② 参见黄作:《不思之说——拉康主体理论研究》第五章第二节"实在与象征"，人民出版社 2005 年版。

③ ［法］拉康:《不可能有精神分析学的危机——拉康 1974 年访谈录》，黄作译，载《世界哲学》2006 年第 2 期，第 67 页。

④ L'Homme aux Loups (suite n° III).

等于称这一代表整体维度的象征父亲为"父亲的姓名"：狼人缺乏象征父亲，人们就给他"父亲的姓名"作为替代。这可以从他后来确认象征父亲理论缘起时的表述中得到证实："从《狼人》研讨班起……象征父亲（我称之为'父亲的姓名'）……"①　在《第4研讨班》中，他更是明确这样说，"象征父亲，就是父亲的姓名"②。把"父亲的姓名"这一新术语与象征父亲等同起来，引发了后来许多研究者不解与疑惑：既然"父亲的姓名"等同于象征父亲，那么，在三元父亲已经展开讨论的情况下，为什么还要特别提出"父亲的姓名"这一概念呢？如果说"父亲的姓名"体现了三元父亲整体结构的维度，那么，拉康为什么又要把"父亲的姓名"等同于象征父亲呢？所以，如果不从源头上把握象征父亲的双重性特征，如果不理解"父亲的姓名"在源头上具有代替缺失的象征父亲的功能和作用的话，那么，我们就会被这些不解和疑惑缠身。在接下来的"《鼠人》研讨班"的文本中，在讲到象征父亲无法表达父亲功能的全部时，拉康再次引入了"父亲的姓名"概念，"父亲不应该仅仅是'父亲的姓名（le *nom-du-père*）'，而是他在其整体之中代表凝结在其功能之中的象征价值"③，这里的"父亲的姓名"仍然可以与象征父亲相等同，因为它们都不足以表达父亲功能的全部。换言之，所谓在其整体中的父亲功能或父亲功能的全部，其实都是一种理想状态，因为它预设了象征界完全覆盖实在界的理想状态，而在实际的情形之中，对于任何主体而言，象征界完全覆盖实在界的情形都是不存在的。于是，我们应该注意到，无论是作为三元父亲整体的象征父亲概念，还是"父亲的姓名"概念，都是拉康在临床实践中得出来的概念，不同于纯粹理论构想中设计

---

①　Jacques Lacan, Le séminaire de Jacques Lacan, Livre II, *Le moi dans la théorie de Freud et dans la technique de la psychanalyse 1954-1955*, Seuil, 1978, p.302.

②　Jacques Lacan, Le séminaire de Jacques Lacan, Livre IV, *La relation d'objet 1956-1957*, Seuil, 1994, p.364.

③　Jacques Lacan, «Le Mythe individuel du névrosé ou poésie et vérité dans la névrose», *Ornicar? n° 17-18*, Seuil, 1978, pages 290- 307.

的概念。

1953 年可以说是拉康思想进路中的第一座收获期高峰。除了上述《神经症患者的个体神话或诗歌以及神经症之中的真理》的初稿和开始长达近30 年的公开研讨班生涯（《第 1 研讨班》）之外，还有名为《象征界、想象界和实在界》的开幕报告以及著名的罗马报告《语言和言语在精神分析学中的作用和领域》。拉康从 1949 年结识列维-斯特劳斯以及由此接触到代表着结构新思想的相关著作以来，经过几年时间的消化和领会，已经逐渐融会贯通，"只有到了关键性的 1953 年，拉康基本消化了结构主义新思想，从而逐渐形成具有自己特色的结构主义理论"①。我们可以说，这几个作品标志着拉康思想的正式形成，尤其是上述开幕报告，正式宣告了独具拉康特色的"三界"理论的成形。在《象征界、想象界和实在界》中，拉康没有进一步展开三元父亲的论述，而是仅仅谈到"父亲的姓名"与父亲功能之间的关系，"父亲的姓名（le nom du père）创立了父亲功能"②。在《语言和言语在精神分析学中的作用和领域》中，拉康也没有具体展开三元父亲的论述，而是把问题聚焦在"父亲的姓名"与象征功能之间的关系上，"正是在'父亲的姓名'（le *nom du père*）之中，我们应该承认象征功能的支持，这一象征功能从历史时期开始时就把父亲角色与法则的形象相认同"，认为象征功能集中体现在"父亲的姓名"之上，而且指出，"这一构想允许我们在一个个案的分析中清楚地区分这一功能的各种无意识后果和各种自恋关系，甚至区分它们与各种实在关系，主体用体现着这一功能的那位角色的形象和行动支持了这些实在关系，而且由此导致一种理解模式，后者将在各种介入的举止本身之中产生回响"③，换言之，"父亲的姓名"的构想有助

---

① 参见黄作：《漂浮的能指——拉康与当代法国哲学》，人民出版社 2018 年版，第 134 页。

② Jacques Lacan, «Le symbolique, l'imaginaire et le réel», dans *Des Noms-Du-Père*, Seuil, 2005, p.55.

③ Jacques Lacan, «Fonction et champ de la parole et du langage en psychanalyse» (1953), repris dans les *Écrits*, Seuil, 1966, p.278.

于我们区分象征与想象以及象征与实在。我们在后面将看到，正是这一区分功能反过来使得"父亲的姓名"具备了将三界联系起来的能力。"父亲的姓名"这一术语，虽然出现的次数不多——《神经症患者的个体神话或诗歌以及神经症之中的真理》出现两次，《象征界、想象界和实在界》和《语言和言语在精神分析学中的作用和领域》各出现一次——但是其至上地位隐约已经显露出来，因为拉康认为正是"父亲的姓名创立了父亲功能"，而父亲功能又是象征功能的集中体现，于是"父亲的姓名"就是象征功能的集中体现者。

在1953—1954年的《第1研讨班》中，拉康既没有具体论及三元父亲，也没有提到"父亲的姓名"概念。在1954—1955年的《第2研讨班》中，除了前面已经提及的"从《狼人》研讨班起……"三元父亲以及"父亲的姓名"的缘起外，拉康在讨论"艾玛打针"个案中稍微提到象征父亲，譬如"象征父亲多亏了这一功能划分而保持为未被触及"，以及想象父亲这一"父性的伪像（pseudo-image paternelle）"[1]，并没有再谈到"父亲的姓名"。到了1955—1956年的《第3研讨班》，由于拉康聚焦谢尔伯（Schreber）法官个案，他大谈父亲问题，大量使用"父亲"、"成为父亲（être père）"和"父亲功能（fonction du père）"等相关词汇：譬如，"能指父亲（signifiant père）"[2]，"父亲象征符号（symbole du père）"，"谋杀父亲（meurtre du père）"，"父亲真相（vérité du père）"[3]，"父亲能指（signifiant du père）"[4]等等；譬如，"'成为父亲'形式（forme être *père*）"[5]，"'成为父亲'能指（signifiant être *père*）"，"根据

---

① Jacques Lacan, Le séminaire de Jacques Lacan, Livre II, *Le moi dans la théorie de Freud et dans la technique de la psychanalyse 1954-1955*, Seuil, 1978, p.188.

② Jacques Lacan, Le séminaire de Jacques Lacan, Livre III, *Les psychoses 1955-1956,* Seuil, 1981, p.230.

③ Ibid., p.244.

④ Ibid., p.360.

⑤ Ibid., p.329.

现象来判断，谢尔伯院长缺乏被称之为'成为父亲'的这一根本能指"①，"'成为父亲'功能（fonction d'être père）要是没有能指范畴在人类经验中是完全不可设想的"② 等等；又譬如，"……由弗洛伊德所给出的在父亲功能之中的占据优势者"，"不可否认的是，父亲功能在谢尔伯之中是如此狂热，以至于只应该有上帝父亲（Dieu le père）"③，"我们在此不是为了展开这一父亲功能的所有面目，而是我想让你们注意到最令人惊讶的其中一面，后者就是引入一种次序，引入一种数学次序（un ordre mathématique），该次序的结构不同于自然次序"④ 等等。需要特别指出的是，在这一研讨班中，拉康使用"父亲的姓名"一词的次数并不多——只用了 4 次⑤——但是已经明确确立了其至上性地位，即，它不仅是法则或次序的基础，"在此应该有一个法则，一个链，一种象征次序，言语次序的介入，也就是说父亲次序的介入……阻止整体情形中冲突和分裂的次序奠基在这一'父亲的姓名'的实存之上"⑥，而且也是父亲问题的基础和源头，"在有'父亲的姓名'之前，并没有父亲，而是有所有其他各种东西。当弗洛伊德写《图腾与禁忌》时，这是他认为瞥见了曾经确实有以下情形：在父亲这一术语在某种域中没有被建立起来之前，从历史的观点，这里并没有父亲"⑦。不过，对于这一至上性的进一步展开和论证，却要等到近两年以后的《论精神症任何可能治疗的一个初步问题》⑧ 一文中，拉康运用"父性的隐喻"或"父亲的姓名"隐喻机制来展开这一问题。

---

① Ibid., p.330.

② Ibid., p.329.

③ Ibid., p.354.

④ Ibid., p.360.

⑤ Ibid., p.111: «nom du père»; p.218: «nom-du- père»; p.344 et p.355: «Nom-du- Père».

⑥ Ibid., p.111.

⑦ Ibid., p.344.

⑧ Jacques Lacan, «D'une question préliminaire à tout traitement possible de la psychose», repris dans les *Écrits*, Seuil, 1966, pp.531-583.

　　拉康在《第3研讨班》中并没有具体谈论三元父亲，只是在个别地方间接地涉及，譬如，"作为象征或作为想象的父亲"①。不过，在接下来的1956—1957年的《第4研讨班》中，拉康第一次系统讨论三元父亲问题。具体来说，拉康继承精神分析学特有的对象理论传统——一方面，精神分析学面对和处理的往往都是情感（爱欲）的对象或力比多投注的对象，完全不同于哲学认识论的认识对象，因为情感的施加或力比多的投注，并不满足于一个个具体对象，而总是乐此不疲地追逐另一个对象（autre），相反，经典哲学认识论追求构成（无论是统觉性构成还是意向性构成）对象，力求达到对象的确定性②；另一方面，拉康认为弗洛伊德同时强调了对象的创伤性先行维度，即这里总是涉及一种失去的对象，"弗洛伊德跟我们指出，对象通过探索失去的对象的道路而被把握"，于是寻找对象其实也表现为"重新找到对象"③，这增加了理解精神分析对象理论的困难性——在英国精神分析师温尼科特（Winnicott）的过渡性对象（transitional objects）理论的基础上，进一步提出独具自己理论特色的"对象之缺乏（manque de l'objet）"概念，并且一上来就把它置于精神分析学的中心概念之一，"我们在精神分析理论的具体操作之中，从未能够放弃作为中心概念的'对象之缺乏'概念。这不是一个否定词，而是主体与世界关系的原动力本身"④。结合精神分析学实践经验，拉康列出了三种形式的"对象之缺乏"，分别为：阉割（castration）、挫折（frustration）和剥夺（privation）。在谈论"阉割情结"的研讨会（1957

---

　　①　Jacques Lacan, Le séminaire de Jacques Lacan, Livre III, *Les psychoses 1955-1956,* Seuil, 1981, p.241.

　　②　米歇尔·亨利批评这一认识论传统为思想本身的"出离"（ἔκστασις）传统，法国当代现象学在反对象性道路上已经有所突破，譬如列维纳斯和马里翁（也译马礼荣）的"反向意向性"和亨利的"非意向性"思想等。

　　③　Jacques Lacan, Le séminaire de Jacques Lacan, Livre IV, *La relation d'objet 1956-1957,* Seuil, 1994, p.15.

　　④　Ibid., p.36.

年 3 月 13 日）上，他给出了一个比较完整的列表①：

施动者	对象之缺乏	对象
实在父亲	阉割	想象的对象
象征母亲	挫折	实在的对象
想象父亲	剥夺	象征的对象

综合这几个列表（包括脚注），我们可以小结如下：其一，拉康非常明确地把三种形式的"对象之缺乏"与三类对象对应起来。就阉割这一形式的"对象之缺乏"而言，"阉割针对的是想象的菲勒斯"②，也就是说，表格上所谓的想象的对象指的正是我们前面已经述及的处于想象三角形其中一个顶端

---

① Ibid., p.215. 拉康在谈论"挫折辩证法"的研讨会（1956 年 12 月 5 日）上先是给出了一个不完整列表（p.59）：

施动者	对象之缺乏	对象
	阉割（象征之债）	i
象征母亲	挫折（想象的伤害）	r
	剥夺（实在之洞）	s

在谈论"奥狄浦斯情结"的研讨会（1957 年 3 月 6 日）上也有个列表（p.199）：

施动者	对象之缺乏	对象
	阉割（S）	想象的
	挫折（I）	实在的
	剥夺（R）	象征的

后来在谈论"神话如何进行分析"的研讨会（1957 年 4 月 3 日）上他又给出一个列表（p.269）：

施动者	缺乏	对象
实在父亲	象征的阉割	想象的菲勒斯
象征母亲	想象的挫折	实在的乳房
想象父亲	实在的剥夺	象征的菲勒斯

② Ibid., p.227.

的想象的菲勒斯（φ）。就挫折这一形式的"对象之缺乏"而言，受挫行为对应的是"反复的请求或请求狂式的要求（revendication）"，甚至可以说是"过分的且无法无天的要求（exigences effrénées et sans loi）"①，我们都知道，这种无理的要求涉及的正是婴儿对母亲的要求，而母亲——更加确切地说，母亲的乳房——的离开（缺场）正是引起婴儿（主体）受挫的原初的直接原因，由此，表格上所列的实在的对象正是实在的乳房（sein réel）。就剥夺这一形式的"对象之缺乏"而言，剥夺行为针对的也是菲勒斯，只不过这是象征的菲勒斯（Φ），前面我们述及的父亲剥夺母亲的正是这一象征的菲勒斯。

其二，这三种"对象之缺乏"总是对应着三种行为。就阉割行为而言，它是象征性的，因为"阉割从本质上说与被创立的一种象征次序相连"②；这一行为针对的是一种想象的对象，也就是说，"非常清楚，在我们的精神分析经验中，这不是一种实在对象"③；拉康为此称之为"象征之债（dette symbolique）"。就受挫行为而言，它首先是"一种伤害"，但是这一伤害其实"只能是一种想象性的伤害"，因为"它涉及某种东西，它被欲望却没有被保持，它被欲望却并不参照任何满足的可能性或获得的可能性"④，也就是说，婴儿（主体）受挫并不是由于他真的被饿着了，因为即便母亲不在场，他仍然可以得到喂养的满足，而是由于他欲望的不是一种能够得到满足的东西，或者说他欲望着正是一种缺乏，由此遭受到想象的伤害。就剥夺行为而言，它发生在实在层面上，"剥夺在其缺乏本性中上是一种实在的缺乏。它是一个洞"，也就是说，尽管剥夺行为涉及的也是"菲勒斯主义（phallicisme）"或者说也是"要求菲勒斯"，但是"菲勒斯之要求并不是在那里起作用"⑤，因为，"一切是实在的东西总是且必须在其位置上，即使人们弄乱了它"，实在总是

---

① Ibid., p.37.

② Ibid., p.61.

③ Ibid., p.37.

④ Ibid.

⑤ Ibid., p.36.

在那里，并不消失，故"实在中的某种东西之缺场就是纯粹象征性的"①，这正是为何剥夺行为针对的对象总是象征的对象。

其三，这三种行为都有一个施动者。就阉割行为而言，施动者是实在父亲。拉康的实在（界）是一个极其难懂的概念，加上他前期对实在概念展开得并不多，更加增添了我们把握的难度。对于实在父亲，主体（儿童）实际上并不是很容易把握和领会到他，"鉴于各种幻相和象征关系必然性的介入，儿童对他只能有一种非常困难的领会（une appréhension très difficile）"，拉康甚至说，"此外对于我们中的每个人来说也是一样"，因为无论是个人心理的发展历程还是日常生活，"整个困难……在于去知道我们真正打交道的是谁"；而实在父亲正是我们真正与之打交道的那个角色（personnage），他既不是对儿童发出威胁的那个可怕的父亲形象（譬如我们在神经症个案中可以见到的"令人惊恐的父亲"形象）——因为对儿童发出威胁的可怕形象也可以是母亲形象，相反，这些可怕的形象其实代表想象的维度——也不是代表着法则的象征父亲形象，用我们这个时代的语言来说，而是作为"一种恒常元素（un élément constant）"的"儿童周围环境（l'entourage de l'enfant）"②。我们不难看到此处的某种"矛盾"："恒常元素"或不变者一直是欧洲哲学史认识论追求的目标，因为这正是理智引以为傲的成果，即理智能够把它构成为对象，而在此，拉康所要强调的则刚好相反，实在父亲是主体（儿童）难以把握的对象，甚至可以说是，这是一种无法对其进行对象化的维度，不仅因为实在父亲所实施的行为即阉割代表着一种"对象之缺乏"，而且更是因为，根据拉康理论，实在（界）正是我们无法对之进行象征化的那一维度，同样我们也无法用想象范畴来对象化地把握它。对于这一困难，拉康并没有回避，而是要求大家暂时接受实在父亲的重要性，"我请你们当下接受这一黑板上对你们来说乍一看或许是悖论的那种东西，即，阉割情结中凸显出来

① Ibid., p.38.

② Ibid., p.220.

的功能实际上正是屈从于实在父亲，而非相反地屈从于奥狄浦斯戏剧中人们意愿赋予父亲的一种典型的规范性功能"①；这里需要指出的是，所谓奥狄浦斯戏剧中的父亲功能（规范性功能）正是拉康所说的三元父亲其中之一的象征父亲，而非作为"父亲的姓名"的象征父亲，我们将在后面再细细分辨这一区别；由此也可以看到理解实在父亲概念的困难性。就受挫行为而言，施动者是象征母亲（mère symbolique）；关于这一象征母亲，我们在前面已经有所论及，那就是代表着在场与缺场统一体的母亲能指，主体（儿童）成长中的第一个能指，也是第一个大他者；需要指出的是，使得主体（儿童）受挫的正是这第一个象征能指即施动者，但是挫折却发生在主体（儿童）的想象层面上，故拉康称之为想象的挫折。就剥夺行为而言，施动者是想象父亲；关于剥夺行为，我们在前面也有所论及，对于母亲不具有菲勒斯一事，主体（儿童）认为这正是因为父亲剥夺了母亲的菲勒斯，而这一父亲正是儿童眼中进行威胁的"令人惊恐的父亲"形象即想象的父亲；不过，尽管主体（儿童）想象父亲剥夺了母亲的菲勒斯即想象的菲勒斯（φ），但母亲实际上原本就不具有菲勒斯，剥夺行为指向的菲勒斯只是一个纯粹象征意义上的菲勒斯即象征的菲勒斯（Φ），于是，剥夺行为其实什么也没有"剥夺"，它只是在荒芜一片的实在（界）中引入象征能指，造成了实在之洞，总之，剥夺只能发生在实在层面上，故拉康称之为实在的剥夺。

拉康用象征、想象和实在这三元概念在"对象之缺乏"（状态）、行为或行动、对象和施动者之间来回穿梭，几乎让人眼花缭乱。从理论构造的角度来看，这里最让人迷惑不解的地方莫过于：一方面，我们在前面已经指出，拉康提出"对象之缺乏"概念，推进了精神分析学特有的对象理论的彻底化；另一方面，他为什么又要提出每一状态（"对象之缺乏"）所对应的对象呢？这是每一状态所蕴含的行为或行动所针对的对象即主体（儿童）所遭受的行

---

① Jacques Lacan, Le séminaire de Jacques Lacan, Livre IV, *La relation d'objet 1956-1957*, Seuil, 1994, p.220.

为的对象，还是施动者施加行动的对象呢？要想搞明白这一疑虑，我们还是需要从"对象之缺乏"概念着手，拉康这样说："我说'对象之缺乏'，而不是'对象'，因为，如果我们置于对象的层面上，我们将能够提出问题——在这三种情形中缺乏的对象是什么呢？"① 也就是说，如果我们仍然从传统的对象的角度出发来看待问题，我们不可避免地还是要面对存在论的拷问：这个缺乏的对象是什么？反之，如果我们想要逃脱存在论范畴的羁绊——这几乎是后海德格尔哲学家们的共选，拉康也不例外——我们就得放弃对象（认识论意义下的存在者）这一视角。精神分析学在此开辟了一条相当独特的道路。我们都知道，古典知识理论大多讨论存在与存在的关系问题，而弗洛伊德所开创的精神分析学的学说则要致力于探讨缺乏（manque）问题或者说缺乏与存在的关系问题：缺乏并不是存在的一种简单的相对物即存在的缺场或不存在，相反，它是某种"不是其所是"的东西，超出了存在与不存在、在场与缺场的二元对立，反倒成了"是其所是"意义上存在的基础，这样一来，存在（"是其所是"）就需要依赖于缺乏（"不是其所是"），正如拉康所说："存在正是依据这种缺乏而开始存在的。"② 正是从这样的缺乏观、从缺乏与存在之间的这种关系出发，拉康构思了"对象之缺乏"与对象之间的关系，"在人类世界中，作为对象性构造（l'organisation objectale）的出发点的结构，正是对象之缺乏"③，也就是说，"对象之缺乏"不是别的什么东西，而正是各种对象得以被组织起来的依据（我们看到拉康用结构主义利器"结构"一词来称呼这一依据），正如缺乏是存在得以开始存在的依据一样。由此，我们看到，"对象之缺乏"概念并不是对象概念在二元对立意义上的反面（无对象），两者并不是一对自相矛盾的概念，相反，探讨两者之间的关系有助

---

① Ibid., p.37.

② Jacques Lacan, Le séminaire de Jacques Lacan, Livre II, *Le moi dans la théorie de Freud et dans la technique de la psychanalyse 1954-1955*, Seuil, 1978, p.262.

③ Jacques Lacan, Le séminaire de Jacques Lacan, Livre IV, *La relation d'objet 1956-1957*, Seuil, 1994, p.55.

于我们深化对知识——就知识是一种对象体系而言——问题的探讨。以阉割（作为象征之债）这一"对象之缺乏"与想象对象（想象的菲勒斯）之间关系为例，象征的阉割针对的对象是想象的菲勒斯，这一不同维度的错分，一方面，使得象征的行为（阉割）在象征层面上找不到其对象即出现了所谓的对象之缺乏；另一方面，造成对象以另一种面目（想象的菲勒斯）出现在另一个维度或层面（想象界）之上，从而使知识的构成以一种远比我们所设想的更为复杂的面目出现。

与《第4研讨班》中大谈三元父亲的情况形成鲜明对比的是，拉康只在少数几个地方谈到"父亲的姓名"，主要集中在围绕小汉斯个案的几次研讨会上，除了我们在前面已经提到的这一断言"象征父亲，就是'父亲的姓名'"[1] 之外，还提出了"'父亲的姓名'对于人类语言的任何表述来说都是基本性的[2]"这样的观点，由此把"父亲的姓名"概念与能指问题联系起来，进而通过"父亲的姓名"把弗洛伊德所倡导的父亲的象征功能理论推进到能指领域，开创了父亲问题新的理论领域。在接下来的1957—1958年《第5研讨班》中，具体来说，在1958年头两个月中，一方面，拉康引入"父性的隐喻"[3] 概念，开始尝试具体展开他的"父亲的姓名"理论，《论精神症任何可能治疗的一个初步问题》（1958年）一文中对于父性的隐喻或"父亲的姓名"隐喻机制的论证，可以视为拉康在这同一时期对"父亲的姓名"问题进一步思考的有力佐证；另一方面，拉康引入了"父亲的姓名之因逾期而丧失权利（forclusion du Nom-du-Père）"[4] 概念，进一步深入探讨他的"父亲的

---

① Ibid., p.364. Cf. aussi, p.324 et p.396.

② Ibid.

③ Jacques Lacan, Le séminaire de Jacques Lacan, Livre V, *Les formations de l'inconscient 1957-1958*, séance du 8 janvier 1958, Seuil, 1998, p.156 et «D'une question préliminaire à tout traitement possible de la psychose», dans les *Écrits*, Seuil, 1966, p.555.

④ Jacques Lacan, «D'une question préliminaire à tout traitement possible de la psychose», dans les *Écrits*, Seuil, 1966, p.563.

姓名"理论。这两大概念是拉康"父亲的姓名"理论的主要内容，我们将放在后面章节详细阐述。与大谈"父亲的姓名"问题形成对比的是，拉康在《第5研讨班》中几乎不再谈论三元父亲。

从"《狼人》个案研讨班"中提出三元父亲各概念和"父亲的姓名"概念以来，到"《鼠人》个案研讨班"，再到第1至第5研讨班，我们看到，三元父亲问题和"父亲的姓名"问题似乎以一种交替的面目——第3至第5研讨班表现得尤其清楚：《第3研讨班》强调"父亲的姓名"问题，《第4研讨班》突出三元父亲问题，《第5研讨班》重回"父亲的姓名"主题——出现，精神分析师埃里克·波尔热特别重视这一现象，称之为"拉康《讨论班》中'父亲的姓名'和'实在—象征—想象（RSI）'的交替"①，并且认为拉康在父亲问题上从一开始就设计了两个理论路向，"既然拉康在定位父性功能中一上来就引入了两条轴线（axes），即，由'父亲的姓名'所带来的轴线和实在的、象征的和想象的三元父亲的轴线，那么，问题就通过它们的连结（articulation）来提出"②。这一说法看起来符合我们从拉康前期研讨班中所看到的父亲理论的发展轨迹。问题是，如果一开始是两条轴线，后来发展为交叉（连结），那么，究竟是两条不同路向的轴线中间相交后继续往不同方向前行呢，还是两者终于相交？这里的相交，是不是意味着象征父亲就是"父亲的姓名"这个意思呢？我们从后面的文本中将看到，拉康后来把"父亲的姓名"置于连接三界的位置上，那么，这里的连结（交叉）是不是意味着"父亲的姓名"把三界连接起来的意思呢？再进一步说，拉康在"《狼人》个案研讨班"中第一次同时提出三界父亲概念和"父亲的姓名"概念，之后又把"父亲的姓名"与三界父亲其中之一的象征父亲等同起来，由此产生的理解困难，除了需要考虑我们在前面已经有所论及的临床源头之外，是不是也有拉康理

---

① Erik Porge, *Les noms du père chez Jacques Lacan. Ponctuations et problématiques*, ERES, 2006, p.30.

② Ibid., p.28.

论本身的考量呢？

拉康从一开始就同时提出上述两大概念，无疑是有其理论考量的。我们还是从兼具两可性的"象征父亲"——既是三元父亲本身，又是三元父亲其中之一的象征父亲——概念说起。拉康自 20 世纪 50 年代初接受和消化"结构"利器而来，主张从结构的视角来看待问题，父亲问题也不例外。说到拉康的结构观，我们不能不说拉康的拓扑学；一般认为，拉康从 20 世纪 70 年代开始具体、系统阐述其拓扑学思想，典型的标志有 1972—1973 年《第 20 研讨班》（1973 年 5 月 15 日和 10 月 22 日）中对"博罗米结"（le nœud bor-roméen）理论的详细探讨[①] 和 1974—1975 年《第 22 研讨班》[②] 中对"结"理论的具体探讨，从而进入其晦涩难懂的后期思想。然而，问题是，在拉康的前期思想中，是不是已经存在了拓扑学思想，是不是已经有了"结"的思想呢？答案是肯定的。1966 年，拉康于《文集》出版之际在"开场白"中以《被盗窃的信》为例阐述其行文风格（style）时这样说："这一'信之被盗（«vol de la lettre»）'……'锁之被盗（The rape of the lock）'，环之被盗（vol de la boucle）……我们的任务就是把这一迷人的环带到该词所具有的拓扑学的意义上：就是其一种轨迹被其颠倒的重叠所封闭的结（nœud），正如我们近来推动它来支持主体的结构一样"[③]，清楚地表明"结"的思想已经出现在他于 1955 年 4 月 26 日研讨会上所作的"关于《被盗窃的信》的研讨班"之中，这可以从该研讨班文本的重叠的三元结构中得到佐证。甚至在更早的罗马报告《语言和言语在精神分析学中的作用和领域》（1953 年）之中，拉康已经明确使用了结构之"结"的用法，"如果弗洛伊德为了在精神分析的精神病理学中承认一种症状（不管是神经症与否）而要求由一种双重意义——关于

---

① Jacques Lacan, Le séminaire de Jacques Lacan, Livre XX, *Encore 1972-1973*, texte établi par Jacques-Alain Miller, Éditions du Seuil, 1975, pp.107-123.

② Jacques Lacan, *R.S.I.,* Séminaire 1974-1975, inédit, version staferla.

③ Jacques Lacan, «Ouverture de ce recueil», dans les *Écrits*, Seuil, 1966, p.10.

一种消失了的冲突的象征符号，这一冲突超过其在一种'并非更少象征性的'当下冲突中的功能——所构成的最少的复因决定，如果他教导我们在自由联想的文本中跟随这一象征谱系的上升分支以便在各种言语形式相互重新交叉的地方认出该文本结构的各种结（les nœuds de sa structure），那么，已经非常清楚的是，症状在语言分析中完全被解决了，因为症状本身像一种语言一样具有结构，因为症状就是语言，而言语必须从那里被交付"[1]。有意思的是，拉康于20世纪50年代初在其理论中引入"结构"概念之前，就偏好使用"结（nœud）"一词，譬如在《家庭》（1938年）、《数字13和猜疑的逻辑形式》(1946年)、《谈谈心理因果性》(1946年)、《英国精神病学和战争》(1947年)、《精神分析之中的攻击性》（1948年）、《镜像阶段》（1949年）和《精神分析学在犯罪学中的诸功能之理论性导论》（1950年）中都有出现[2]，大都是在复杂或缠绕意义上、在想象的维度上来使用这一词的，同时表明我们需要有方法来解开结。尽管拉康在其中的《数字13和猜疑的逻辑形式》一文中谈到了剧的发展之"结"的三元性（tri）[3]，不过，这只是拉康在掌握"结构"武器之前对复杂情形的一种独自的理论探索；换言之，只有在引入"结构"概念之后，拉康对复杂情形的这些理论探索才发展成为其后来的三元扭结理论。

三元父亲理论正是在这一结构性三元扭结的框架内提出来的。我们都知道，为了说明"三界"这三元（三个维度）同时在场且连结在一起的情形，拉康后来求助于"博罗米结"，其最简化的形式便是数学中的三叶结（the trefoil knot），而三叶结其实由一根绳线穿成，我们把它解开来一看，便成了

---

[1]　Jacques Lacan, «Fonction et champ de la parole et du langage en psychanalyse» (1953), *repris dans les Écrits*, Seuil, 1966, p.269.

[2]　譬如称之为"现象学的结"（nœud phénoménologique），"实存主义戏剧的结"（second nœud du drame existentiel），等等。

[3]　Jacques Lacan, «Le nombre treize et la forme logique de la suspicion», dans les *Autres écrits*, Éditions du Seuil, 2001, pp.88-89.

我们通常用绳线两端折起来所打最简单的结，俗称海员结① ：

简言之，它既然是一条线，又是一个结点。结点是拓扑学的概念，传统几何学根本无法解释它。结是一种奇怪的东西，它不是几何学上的一个点，因为它并不是没有维度；它是一条线，但不是几何学意义上的一条线，因为它不只一个维度；由于它在扭曲的时候并没有发生相交或切割，故并不产生几何学意义上的面；它处于一种空间之中，但显然不是几何学意义上的空间。拉康认为，只有把由线构成的环面（tore）视为一种场所，而不再把它当作几何学意义上的面，结的产生才变得可能："不管你们用环面的平面做什么，你们都不会做成一个结。然而，刚好相反，运用这个向你们显示的环面的场所，你们就能做成一个结。"② 换言之，结是环面扭曲的结果。然而，有意思的是，如上图所示，一旦结摊开，从结中又分化出了三个环面（不是几何学的平面），这就出现了所谓的结的三个维度。"正是在这一意义上，我现在向你们指出的东西，一种扭曲的环面，我立即可以向你们指出，是关于我那天提及的像三位一体（Trinité）即一下子同时为一和三一样的东西的图像。"③ 既是一又是三的东西，是传统几何学无法理解的东西，唯有拓扑学才能解释它。从拓扑学的观点来看，结就是一种由一个圆圈或环折叠而成的、处于三维空间之中、又没有断裂的东西，它与圆圈或环是拓扑同形的（homeomor-phic）。

①　Jacques Lacan, Le séminaire de Jacques Lacan, Livre XX, *Encore 1972-1973*, Seuil, 1975, pp.111-112.

②　Ibid., p.111.

③　Ibid.

　　三元父亲共同构成了一个结点，拉康称之为"父亲的姓名"，也称之为象征父亲，当然这个象征父亲应当理解为广义上的、一般意义上的象征父亲，因为狭义上的象征父亲与想象父亲、实在父亲一起，共同形成了三个维度即"三界"。换言之，在拉康理论中，父亲问题是一，那就是"父亲的姓名"或广义上的象征父亲，也是三，即象征父亲、想象父亲和实在父亲。这种既是一也是三的"三位一体"理论构想是欧洲传统思想。拉康20世纪50年代初接纳"结构"利器以来，重新武装了其原先就偏爱的"结"的理论，发展成了后来可观的扭结理论。由此也不难看到，拉康在父亲问题上的理论设想一开始就是一条路向——而不像埃里克·波尔热所说的"一上来就引入了两条轴线"①——那就是"父亲的姓名"路向，因为，作为结点的"父亲的姓名"本身就统摄了三元父亲，统摄了三元父亲所展开的三个维度即象征父亲、想象父亲和实在父亲。只不过拉康一开始对于"父亲的姓名"这一结点还没有一个完整的构想，他只是提了出来，并没有具体展开；与此同时，我们也看到拉康在父亲问题上表现出其与弗洛伊德根本不同的理论路向，即他试图通过语言（语言与无意识是同形的）重新界定与探索父亲问题，但他一开始也没有说这种不同具体表现在哪里。相反，他对于三元父亲的三个具体维度即象征父亲、想象父亲和实在父亲则多有论述。我们之所以坚持"父亲的姓名"是拉康在父亲问题理论构想中的唯一路向的观点，另一个根本原因在于，三元父亲的三维的具体表述后来逐渐退出了拉康理论关注的重点领域，相反，

---

　　① Erik Porge, *Les noms du père chez Jacques Lacan. Ponctuations et problématiques*, ERES, 2006, p.28. 只不过他的一个图表（ibid., p.34.）清楚地支持了我们的观点，即象征父亲可以统摄三元父亲（其中象征母亲可以视为狭义象征父亲的变体）：

	施动者	缺乏	对象
象征父亲	实在父亲	象征的阉割	想象的菲勒斯
	象征母亲	想象的挫折	实在的乳房
	想象父亲	实在的剥夺	象征的菲勒斯

"父亲的姓名"一直占据着拉康理论关注的焦点领域。总之，拉康在 20 世纪 50 年代初同时提出三元父亲各概念和"父亲的姓名"概念，看起来含有矛盾和冲突，实际上都是围绕着"父亲的姓名"这一结点、这一理论枢纽。我们将在下面几章中具体展现这一结点的理论厚度。

第二章　父性的隐喻

第一节　拉康的能指革命

拉康的能指理论无疑继承自索绪尔。我们从《普通语言学教程》中看到，索绪尔是在谈到使用语言符号（signe ou signe linguistique）这一概念所面临的困难时引入所指（signifié）和能指（signifiant）这一对概念的：

> 很明显，我们无论是要找出拉丁语 arbor 这个词的意义，还是要找出拉丁语表示"树"的概念的词语，在我们看来只有语言（langue）所认可的各种联接才符合现实，我们排除我们所能想象到的不管什么样的联接。

> 这一定义对术语学（terminologie）提出了一个重要问题。我们把概念和听觉形象的结合叫作**语言符号**，但是在日常使用上，这个术语一般只指听觉形象……如果我们用一些彼此呼应同时又互相对立的名称来表示这里相对的三个概念，模棱两可就会消除。我们建议保留**语言符号**一词以便表示整体，用**所指**和**能指**分别代替**概念**（concept）和**听觉形象**（image acoustique）；这后两个术语的好处是既能表明它们彼此区别开来的对立，又能表明它们与它们从属的整体区别开来的对立。至于**语言符号**，如果我们对之满

意，那是因为我们不知道该用什么去代替它，日常语言并没有任

何别的术语。①

根据《普通语言学教程》一书的著名评注者意大利学者德·马罗（Tullio
de Mauro）的说法，"能指和所指作为名词性的分词在索绪尔之前在法语中
并没有传统"②，那么，这是否意味着这两个术语是索绪尔新造的术语呢？索
绪尔在学术上一向非常谨慎，尽可能避免使用任何技术性的新词汇，可以说
是其"典型"③的风格。当我们把眼光投向法语传统之前的年代时，就如后
来的研究者所指出的那样，我们发现所指和能指这一对概念其实有其理论渊
源：斯多葛学派的集大成者克律西波斯（Chrysippos ho Soleus）的著作中就
曾经出现过 "σημαινομένον-σημαῖνον"④（signifié-signifiant）这一对术语。为
此，德·马罗甚至毫不客气地称索绪尔的这一对概念是对"斯多葛学派的一
对术语的模仿"⑤。我们甚至还可以往前追溯到亚里士多德⑥。当然，哲学史传
统往往把所指和能指之间这一概念性的区分当作是斯多葛学派的成果⑦，而

---

①　Ferdinand de Saussure, *Cours de linguistique générale*, publié par Charles Bally et Albert
Sechehaye avec la collaboration de Albert Riedlinger, édition critique préparée par Tullio de Mauro,
postface de Loui-Jean Calvet, Paris, Payot & Rivages, 1985, pp.99-100. 中译文参见［瑞士］索绪
尔：《普通语言学教程》，高名凯译，商务印书馆 1980 年版，第 102 页。译文有改动，以后不
再一一标出。

②　Tullio de Mauro, *F. de Saussure. Cours de linguistique générale*, Édition critique préparée
par Tullio de Mauro, Paris, Payot & Rivages, 1985, pp.441-442, note 134.

③　Ibid., p.441, note 133.

④　Chrysippos, *Stoicorum veterum fragmenta*, *Volumen II - Chrysipp.Fragmenta, Logica et
Physic*, edited by Hans Friedrich August von Arnim, EDITIO STEREOTYPA EDITIONIS PRIMAE
(MCMIII), STVTGARDIAE IN AEDIBVS B.G. TEVBNERI MCMLXIV,1964, p.48, l. 17.

⑤　Tullio de Mauro, *F. de Saussure. Cours de linguistique générale*, Édition critique préparée
par Tullio de Mauro, Payot & Rivages, 1985, p.438, note 128.

⑥　参见黄作：《漂浮的能指——拉康与当代法国哲学》，人民出版社 2018 年版，第 171—
172 页。

⑦　Cf. Tullio de Mauro, *F. de Saussure. Cours de linguistique générale*, Édition critique
préparée par Tullio de Mauro, Payot & Rivages, 1985, pp.380-381.

在克律西波斯之后，圣·奥古斯丁、中世纪逻辑学家苏格（Suger）和德国哲学家戈玛贝兹（H.Gomperz）也是"**所指**和**能指**之间区分的先驱，是语言符号双重性的索绪尔理论的先驱"①。

正是在这些先驱者身上，索绪尔看到了使用所指和能指分别代替概念和听觉形象的好处。通过比较巴利和薛施霭整理编辑的《普通语言学教程》与后来发现的索绪尔手稿之间的一个不同之处，我们不难看到索绪尔所要表达的这一好处到底在哪里。根据戈德尔（Robert Godel）的《索绪尔〈普通语言学教程〉稿本溯源》一书第 82 页第 114 条注释（S.M. 82 n.114）②的记载，索绪尔第三期讲课（1910—1911 年）的 1911 年 5 月 2 日开始讲"语言"（La langue）部分的第二章（第一章标题为"与语言活动区分开来的语言"），首先他把标题定为"语言符号的性质"，在"语言符号"一词下写着"一种听觉形象与一种概念相连在一起"；而在两个星期之后的 5 月 19 日的讲课笔记的附件中（S.M. 85 n.124），索绪尔通过提出一种新的标题和引入两个新的术语（所指与能指）而更改了上述第二章的标题，新的标题为"作为语言符号系统的语言"（La langue comme système de signes）③。《普通语言学教程》的整理编辑者巴利和薛施霭不但忽视了上述第二章的这一新标题，不仅仍然保持着原有的旧标题即"语言符号的性

---

① Tullio de Mauro, *F. de Saussure. Cours de linguistique générale*, Édition critique préparée par Tullio de Mauro, Payot & Rivages, 1985, p.380.

② Robert Godel, *Les Sources Manuscrites du Cours de Linguistique Générale de F. de Saussure*, Genêve, 1957, p.82, note 114.

③ Cf. Rudolf Engler, *Ferdinand de Saussure, Cours de linguistique générale*, édition critique par R. Engler, tome 1, reproduction de l'édition originale (1968), Otto Harrassowitz, Wiesbaden, 1989, 1083-1084B. Cf. Tullio de Mauro, *F. de Saussure. Cours de linguistique générale*, Édition critique préparée par Tullio de Mauro, Payot & Rivages, 1985, p.438, note128. 有关 1911 年 5 月 2 日和 5 月 19 日这两次讲课的情况也可参见屠友祥译的《索绪尔第三次普通语言学教程》（上海人民出版社 2002 年版）中第 83—84 页和第 107—108 页。不过我们并不接受屠友祥把"langue"和"langage"分别译为"抽象的整体语言"和"具体的整体语言"这种译法，而主张把"langage"译为"语言活动"，同时保持"langue"译为"语言"的通常译法。

质"①，而且把老的术语"语言符号"与新的术语"所指"与"能指"混合放在一起，即"语言符号、所指、能指"②，这客观上不可避免地掩盖了索绪尔引入新的术语的意图："通过运用这两个术语即**能指**和**所指**，我们能够改善这些表述[5 月 2 日课程的那些表述]"③。索绪尔想要改善什么呢？他想用纯粹关系性或形式性的两个术语"所指"（signifié）和能指（signifiant）——动词（signifier：指，意谓）的过去分词和现在分词——来代替心理实体（entité psychique）④ 的两面即"概念"和"听觉形象"，以避免语言符号从心理实体过渡成为真正独立的语言实体。换言之，只有在引入"所指"和"能指"这两个术语之后，索绪尔才有可能中断关于各语言实体的推论（S.M. 83-84）⑤，从而提出"语言符号的任意性原则"和"能指的线性特征原则"这两个根本原则，才有可能清楚地道出这一章的主题不再是关于语言符号的性质的一般研究，而是转变为去解释语言作为符号系统的理论。德·马罗高度评价索绪尔所引入的"所指"和"能指"这两个术语，称它们为索绪

---

①　Ferdinand de Saussure, *Cours de linguistique générale*, publié par Charles Bally et Albert Sechehaye avec la collaboration de Albert Riedlinger, édition critique préparée par Tullio de Mauro, postface de Loui-Jean Calvet, Payot & Rivages, 1985, p.97. 中译文参见 ［瑞士］ 索绪尔：《普通语言学教程》，高名凯译，商务印书馆 1980 年版，第 100 页。

②　Ibid.[瑞士]索绪尔：《普通语言学教程》，高名凯译，商务印书馆 1980 年版，第 100 页。

③　Ferdinand de Saussure, *Cours de linguistique générale*, édition critique par R. Engler, tome 1, reproduction de l'édition originale (1968), Otto Harrassowitz, Wiesbaden, 1989, 1084B. Cf. Tullio de Mauro, *F. de Saussure. Cours de linguistique générale*, Payot & Rivages, 1985, p.438, note 128.

④　Ferdinand de Saussure, *Cours de linguistique générale*, publié par Charles Bally et Albert Sechehaye avec la collaboration de Albert Riedlinger, édition critique préparée par Tullio de Mauro, postface de Loui-Jean Calvet, Payot & Rivages, 1985, p.99. 中译文参见 ［瑞士］ 索绪尔：《普通语言学教程》，高名凯译，商务印书馆 1980 年版，第 101 页。

⑤　Robert Godel, *Les Sources Manuscrites du Cours de Linguistique Générale de F. de Saussure*, Genêve, 1957, pp.83-84. Cf. Tullio de Mauro, *F. de Saussure. Cours de linguistique générale*, Édition critique préparée par Tullio de Mauro, Payot & Rivages, 1985, p.438, note 128.

尔理论"最终系统化的两块拱顶石"①，认为引入这两个术语"事实上就是这样的一个标志，即，索绪尔在术语方面充分意识到语言与听觉的、声音的、概念的、心理的或它所组织起来的各种实体的对象的性质相比作为形式系统所具有的自主性"②。简言之，引入纯粹形式性的"所指"和"能指"两个术语正式宣告了索绪尔视语言为一种形式系统的决心。

有意思的是，索绪尔在引入"所指"和"能指"对子取代概念和听觉形象对子的同时，仍然坚持语言符号代表"所指"和"能指"的整体性③，就如他当初定义语言符号是"概念"和"听觉形象"的结合体一样。不过，在坚持整体性的同时，他坦言又遇到了老问题：很难找到一个词语来确切表示这一结合，这一整体性，因为，不管我们选择怎样的术语，如语言符号（signe）、项或要素（terme）、词语（mot）等等，都会滑到二合一其中的一边去，都会冒着只指明其中一边的风险，甚至悲观地感叹道，"这样的词语

---

① Tullio de Mauro, *F. de Saussure. Cours de linguistique générale*, Édition critique préparée par Tullio de Mauro, Payot & Rivages, 1985, p.438, note 128.

② Ibid., note 128.

③ 根据后来面世的索绪尔课程笔记，1911 年 5 月 19 日索绪尔在引入所指和能指这一对新术语的同时，就给出了具体的图示：

而大约两周前的课程（1911 年 5 月 2 日）中提出的首先是以下图示：

《普通语言学教程》的整理编辑者巴利和薛施霭篡改了这两个图示，导致后来很多人搞错，具体论述可参见黄作在《漂浮的能指——拉康与当代法国哲学》中的一个长注释。（人民出版社 2018 年版，第 175—176 页，注释 1）

有可能获取不到"①。这说明，我们在本节一开头所引用的《普通语言学教程》文中观点，即"我们建议保留**语言符号**一词以便表示整体，用**所指**和**能指**分别代替**概念**和**听觉形象**；这后两个术语的好处是既能表明它们彼此区别开来的对立，又能表明它们与它们从属的整体区别开来的对立"，仍然是整理编辑者巴利和薛施霭添加的观点，因为索绪尔实际上并没有因为引入"所指"和"能指"对子而解决了语言符号的整体性问题。为什么索绪尔会说"这是一个我们无法决断的问题"②呢？从根本上讲，语言符号的整体性疑难跟索绪尔试图去除语言符号实体性的观点是紧密相连的：如果不承认语言符号实体性，似乎很难确认语言符号的整体性。面对这一疑难，索绪尔另辟蹊径，在语言领域引入价值（valeur）概念。

早在第一期讲课（1907年）时，索绪尔就明确提出"应该行进得更远且把语言的任何价值视为对立性的，而非肯定的、绝对的"③。在第二期讲课（1908—1909年）时，又通过比较国际象棋中棋子的价值来说明"各种价值从来都不是简单的单元（des unités simples）"④，强调这种对立性或差

① Ferdinand de Saussure, *Troisième cours de linguistique générale (1910-1911): d'après les cahiers d' Emile Constantin =Saussure's third course of lectures on general linguistics(1910-1911): from the notebooks of Emile Constantin* , French text edited by Eisuke Komatsu, English translation by Roy Harris, Pergamon press, Oxford New York Seoul Tokyo, 1993, p.93 Cahier VIII. 中译文参见[瑞士] 索绪尔：《索绪尔第三次普通语言学教程》，屠友祥译，上海人民出版社 2002 年版，第108 页。

② Ibid., p.75 CahierVII.[瑞士] 索绪尔：《索绪尔第三次普通语言学教程》，屠友祥译，上海人民出版社 2002 年版，第 85 页。

③ Saussure, *Ferdinand de Saussure Premier cours de linguistique générale (1907): d'après les cahiers d'Albert Riedlinger = Saussure's first course of lectures on general linguistics (1907): from the notebooks of Albert Ried Author*, French text edited by Eisuke Komatsu, English translation by George Wolf, Pergamon press, Oxford New York Seoul Tokyo, 1996, p.116.

④ Saussure, *Ferdinand de Saussure Deuxième cours de linguistique générale (1908-1909): d'après les cahiers d'Albert Riedlinger et Charles Patois = Saussure's second course of lectures on general linguistics (1908-1909): from the notebooks of Albert RiedAuthor and Charles Patois*, French text edited by Eisuke Komatsu, English translation by George Wolf, Pergamon press, 1997, p.28.

异性价值。到了第三期讲课（1910—1911 年），索绪尔在突出语言作为一种差异性价值系统①的同时，进一步界定了价值概念："我们由此得出结论如下：不管一个词语起作用的关系次序如何，一个词语首先总是一个系统的成员，与其他词语是相互关联的，时而在一种关系次序中，时而在另一种关系次序中。这点对于构成价值者（ce qui constitue la valeur）而言将是需要被考虑的一件事情"②，直至得出"系统导致要素，要素导致价值"③这样的断言，最终都可以落到第三次讲课中"抽象语言的补充意见"之下第五章的标题"要素的价值与词语的意义。两个东西混淆和区别在哪里"④。从中不难看出，索绪尔在语言范围内寻找的是系统、要素和价值等等这些形式性东西⑤，而词语和意义可以说都不位于语言系统之中，因为，从根本上说，意义或含义属于言语或具体语言的范畴，而价值则属于结构性的语言范畴。问题是，价值概念的引入，最终有没有解决语言符号的整体性疑难呢？我们不妨拿"unité"这个词语来做个文字游戏。"unité"一词，一方面有"单元"的意思，这也是索绪尔在第二期讲课中把它与价值等同的

---

① 在 1911 年 6 月 11 日的研讨会上，索绪尔添加说"我们只能在最后的下一章中规定自己研究作为价值系统的语言"，下一章也就是后面的第五章。Ferdinand de Saussure, *Troisième cours de linguistique générale (1910-1911): d'après les cahiers d' Emile Constantin =Saussure's third course of lectures on general linguistics(1910-1911): from the notebooks of Emile Constantin*, French text edited by Eisuke Komatsu, English translation by Roy Harris, Pergamon press, Oxford · New York · Seoul · Tokyo, 1993, p.114 Cahier IX et p.134 Cahier X.

② Ibid., p.133 Cahier X.

③ Ibid., p.137 Cahier X.

④ Ibid., p.134 Cahier X.

⑤ 索绪尔在第二期讲课中几次强调"价值、同一性（identité）、单元／统一体（unité）、语言现实（realite linguistique）和具体语言因素（element concret linguistique）"在根本上没有什么不同。Saussure, *Ferdinand de Saussure Deuxième cours de linguistique générale (1908-1909): d'après les cahiers d'Albert Riedlinger et Charles Patois = Saussure's second course of lectures on general linguistics (1908-1909): from the notebooks of Albert RiedAuthor and Charles Patois*, French text edited by Eisuke Komatsu, English translation by George Wolf, Pergamon press, 1997, pp.28-29, p.30, p.125 etc.

原因，因为作为系统的单元正是差异性原则的体现；另一方面则有"统一性"的意思，也就是语言符号整体性。换言之，只要索绪尔坚持语言符号是"所指"和"能指"的统一体（已经替代了"概念"和"听觉形象"的统一体），即便从价值的角度出发，语言符号的整体性疑难仍然难以得到解决，而不仅仅是"这样的词语有可能获取不到"的问题。哪怕索绪尔在第三期讲课的最后阶段（1911 年 7 月 4 日）提出"所指"和"能指"的结合体"只是价值的副产品而已"①、"因此并不处于语言中的初始状态"②等等说法，仍然难以解决上述语言符号的整体性疑难。因为，归根究底，我们可以从索绪尔第三期讲课中的一句话看出点端倪，"价值观念曾经是从概念的未定性（l'indétermination des concepts）中演绎出来的"③：听觉印象无法锚定相应的概念是造成语言符号的整体性疑难的根本原因，所谓的任意性原则实际上在学理上强化了这种未定性。那么，索绪尔之后引入形式化的所指（signifié）和能指（signifiant）对子，这一什么内容也不表示而仅仅表示被指到的"signifié"（所指）概念是否可以破解上述语言符号的整体性疑难呢？答案看起来是否定的。进一步说，只要索绪尔仍然坚持作为统一体的语言符号观，这一疑难根本上是没办法克服的。这便是索绪尔的

　　① Ferdinand de Saussure, *Troisième cours de linguistique générale (1910-1911): d'après les cahiers d' Emile Constantin =Saussure's third course of lectures on general linguistics(1910-1911): from the notebooks of Emile Constantin* , French text edited by Eisuke Komatsu, English translation by Roy Harris, Pergamon press, Oxford New York Seoul Tokyo, 1993, p.139, Cahier X. 中译文参见[瑞士] 索绪尔:《索绪尔第三次普通语言学教程》，屠友祥译，上海人民出版社 2002 年版，第 159 页。

　　② Ferdinand de Saussure, *Troisième cours de linguistique générale (1910-1911): d'après les cahiers d' Emile Constantin =Saussure's third course of lectures on general linguistics(1910-1911): from the notebooks of Emile Constantin* , French text edited by Eisuke Komatsu, English translation by Roy Harris, Pergamon press, Oxford New York Seoul Tokyo, 1993, p.140 Cahier X. 中译文参见[瑞士] 索绪尔:《索绪尔第三次普通语言学教程》，屠友祥译，上海人民出版社 2002 年版，第 160 页。

　　③ Ibid., p.114 Cahier IX et p.140 Cahier X.

局限性和不彻底性。

后人沿着索绪尔革命性思想（语言是一种形式系统）方向前进：语言学莫斯科小组时期的雅各布逊（Roman Jakobson）与彼得堡诗歌语言研究会的同仁们一起共同推进了俄国形式主义运动，语言学布拉格学派的尼古拉·特鲁别茨柯伊王子（法文拼写为 Nikolaï Troubetzkoï，英文拼写为 Nikolai Trubetzkoy or Nikolai Troubetzkoy）和雅各布逊一起在结构音位学上实践某种彻底的形式化，语言学哥本哈根学派的创始人之一叶姆斯列夫（Louis Hjelmslev）发展了作为形式的语言理论，法国结构主义在结构主义之父列维-斯特劳斯的带领下从人文社会科学各领域出发共同推进了彻底的形式化运动。发端于列维-斯特劳斯且由拉康发扬光大的能指至上性理论既是结构主义—后结构主义运动的核心理论又集中体现能指游戏的彻底形式化。如果说结构音位学实践了某种彻底的形式化——只考虑音素（phonème①）之间的关系，不再把概念（或观念）纳入关系系统之中进行考察，从而在某种意义上实现了彻底的形式化——这一形式化也只是局限在音位系统领域；其真正的价值则体现为，它的彻底形式化可以为其他人文社会科学充当模板，正如列维-斯特劳斯正确地指出，"音位学面对各种社会科学，不会不发挥例如核物理学在所有精确科学中所发挥的那种革新的角

① 我们主张把"phonème"译为"音素"，把"phonèmes（各种音素）"组成的"phonologie"译为"音位系统"或"音位学"；同时，把"phonétique"译为"语音"，把"phonétiques（各种语音）"组成的"phonétique"译为"语音系统"或"语音学"。需要指出的是，"phonème"是"phonologie"这个系统的元素或单元的意思，有些汉译作品与中文著作中把"phonème"分为"音素"和"音位"两种情况，并不确切；虽然"音位"一词与"音位学"一词（"音位学"在汉译语境中已是约定俗成了）看起来更加相配，但"音位"并不能体现出其作为系统元素或单元的意思，相反，"音素"与"词素（morphème）"、"义素（sémantème）"、甚至列维-斯特劳斯所创造的"神话素（mythème）"一样，充分体现出系统元素或单元的意思，故我们主张把"phonème"译为"音素"。

色"①，也就是说，音位学革命为人文社会科学的结构化和形式化运动充当了先锋和典范。列维-斯特劳斯的结构人类学，拉康的结构主义精神分析学，阿尔都塞的结构主义马克思主义，巴尔特在文学上和福柯在思想史领域内对结构主义的探索，泛泛地说，都可以视为思想家们以结构音位学（或索绪尔的结构语言学）为模板在自身专长领域中实践某种形式化的尝试。只不过，由于能指的至上性理论本身蕴涵着的解构思想使得这些尝试形式化的运动最终都倒向了以德里达的解构主义为代表的能指游戏运动，从而背离了当初形式化道路的科学主义初衷——当《结构主义的历史》的作者弗朗索瓦·多斯（François Dosse）沿着列维-斯特劳斯的足迹称索绪尔的结构语言学为众多人文社会科学的"领航科学（la science pilote）"② 时，他实际上把之视为一种"科学性的模板（une modèle de scientificité）"③，而正是形式化造成的确定性使得语言学具有科学性。

在法国结构主义—后结构主义的运动中，拉康是个决定性的人物，起到了承上启下的关键性作用，那是因为，他在能指问题上展开了一场革命。拉康在 1957 年 5 月 9 日为索邦大学文科学生联合会的哲学小组所做的报告《无意识之中字母成分或自弗洛伊德以来的理性》之中提出以下公式："$\frac{S}{s}$它被读作：能指在所指之上，'在……之上'对应于分开这两层的横杠。"④ 其中拉康把位于上层的"signifiant（能指）"一词的缩写标示为大写的 S，同时把下层的"signifié（所指）"一词的缩写标示为小写且斜体的 s，虽没有专门

---

① Claude Lévi-Strauss, «L'Analyse structurale en linguistique et en anthropologie»,repris dans *Anthropologie structurale*, Plon, 1958, p.39. 中译文参见 ［法］列维-斯特劳斯：《结构人类学》1，张祖建译，中国人民大学出版社 2006 年版，第 36 页。

② François Dosse, *Histoire du structuralisme. Tome 1: Le champ du signe，1945-1966*, Paris, La Découverte, Le livre de poche ,1992, p.69.

③ Ibid., p.33.

④ Jacques Lacan, «L'instance de la lettre dans l'inconscient ou la raison depuis Freud», dans les *Écrits*, Seuil, 1966, p.497.

做出说明，但我们都知道，大写往往表示强调，它代表了他自 1956 年① 以来一直所称的“能指相对于所指的至上性”②。不同于索绪尔所用的术语“图式（schéma）”，拉康一上来就用一个数学术语“演算公式（algorithme）”③来称呼上述公式，试图通过引入结构的新利器——演算公式、函数等数学工具正是为了更好地说明结构问题——来解决或纠正索绪尔语言符号整体性疑难，就如他在接下来不远地方所指出，“演算公式本身只是纯粹能指函数（pure fonction du signifiant）”④，或者说，“演算公式只能表现出一种能指的结构(structure du signifiant)”⑤。乍一看来，拉康的这一公式最大的特征便是颠倒了索绪尔原先的 s/s（signifié/signifiant，所指／能指）图式。然而问题远远没有那么简单，通过颠倒索绪尔原先图式且用大写的 S 突显出能指的至上性地位，并不是拉康这一公式的全部内涵。如果说突显出能指的至上性地位是拉康能指革命中核心思想的话，那么，颠覆索绪尔语言符号整体性观点的做法（并不是仅仅在形式上颠倒索绪尔的上述公式），正是突显行为

---

① “如果我想描绘我于其中受到克劳德·列维–斯特劳斯的话语支持和支撑的意义特征的话，我会说，这就在他对于我称之为**能指**函数（la fonction du *signifiant*）的那种东西的强调之中——我希望他并不谢绝这一宽泛的公式，而我也不打算把他的社会学或人种学的研究简化到这一公式——这是在语言学中能指这一术语所具有的意义义而言，因为这一**能指**，我将说，它不仅通过它的各种法则出众，而且对所指占据优势，能指把它的各种法则强加在所指之上。”（Jacques Lacan, Intervention sur l'exposé de Claude Lévi-Strauss: «Sur les rapports entre la mythologie et le rituel» à la Société Française de Philosophie le 26 mai 1956. Paru dans le *Bulletin de la Société française de philosophie*, 1956, tome XLVIII, pages 113 à 119）以及“能指的至上性”（la primauté du signifiant）（Jacques Lacan, «Situation de la psychanalyse et formation du psychanalyste en 1956», la seconde version (la première n'existe qu'en tiré-à-part) est parue dans les *Études philosophiques*, no special d'octorbre-décembre 1956 pour la commemoration du centenaire de la naissance de Freud, repris dans dans les *Écrits*, Seuil, 1966, p.365）。

② Jacques Lacan, «L'instance de la lettre dans l'inconscient ou la raison depuis Freud», dans les *Écrits*, Seuil, 1966, p.467.

③ Ibid., p.497.

④ Ibid., p.501.

⑤ Ibid.

得以实施的保证。我们都知道，索绪尔图式"s/s"中的横线代表着一种结合，哪怕这是一种虚线的连接①。拉康则称中间的横线为横杠（barre），而且把横杠的作用定义为把上下两层分开，能指和所指分属于两个"一开始就不同的和相分离的次序"②，因为这是"一个抵制含义（signification）的横杠"③。不管拉康在此潜在地是不是有一个误解——不少人单纯从构词出发误认为"signification"（含义）是"signifiant（能指）"和"signifié（所指）"结合的自然产物，实际上，索绪尔本人从来没有讲过概念（所指）和听觉形象（能指）的结合会产生含义，因为含义或意义严格说来不处于作为形式系统的语言范围之内，相反，他一再声明语言符号是两者的结合体，尽管在他这里已经出现了这一结合体整体性的疑难问题——他把横杠视为抵制意义的行为在客观上造成了可以把含义甚至把所指驱逐在形式性语言系统之外的尝试。对所指和含义的这一驱逐与对能指的强调发生共振，开启了通向崇尚能指游戏（或文本游戏）的后结构主义思潮。当然，把所指和含义驱逐出形式性语言系统之外，并不是说不讨论所指和含义，相反，它旨在否定所指和含义出现的自然而然性（譬如能指和所指的结合自然产生含义），旨在否定靠任意性原则"强制"维持着的能指与所指的结合或对应关系，强调所指的不易被锚

①　拉康曾经这样来描述索绪尔文中的这一虚线连结："费尔迪南·德·索绪尔用一种图像说明了这一观念，这一图像很像《创世记》的手写本里细密画中上下两条水波起伏。在双重的水流中，细细的雨丝看起来就是标记，而描绘这些雨丝的各条垂直虚线被认为是来限制各种对应部分。"（Jacques Lacan, «L'instance de la lettre dans l'inconscient ou la raison depuis Freud», dans les *Écrits*, Seuil, 1966, pp.502-503.）Cf. aussi, Ferdinand de Saussure, *Cours de linguistique générale*, publié par Charles Bally et Albert Sechehaye avec la collaboration de Albert Riedlinger, édition critique préparée par Tullio de Mauro, postface de Loui-Jean Calvet, Payot & Rivages, 1985, p.156. 中译文参见［瑞士］索绪尔：《普通语言学教程》，高名凯译，商务印书馆1980年版，第157页。

②　Jacques Lacan, «L'instance de la lettre dans l'inconscient ou la raison depuis Freud», dans les *Écrits*, Seuil, 1966, p.497.

③　Ibid.

定的特征和含义（意义）的不可把握性，进而强调文本（广义上）的丰富性。由此我们也看到，拉康正是通过否定语言符号整体性而解决了上述整体性疑难，需要指出的是，他并不是仅仅通过否定来了事，相反，他通过强调能指的至上性进行了能指革命，开启了通向另一条更具广阔思潮的道路，从而把索绪尔所开启的形式化道路往彻底化方向推进。

需要指出的是，拉康的上述能指革命，并不是他个人独自的理论创新，而是有着其复杂的理论渊源：拉康于 1957 年提出著名的 S/s（Signifiant/*signifié*，能指 / 所指）公式，"一般被认为是对索绪尔 s/s（signifié/signifiant，所指 / 能指）公式直接的革命性颠覆，而近来的研究表明，这一颠覆其实经历了曲折的道路，不仅经由法国结构主义之父列维-斯特劳斯和结构音位学巨头雅各布逊，而且可以上溯至美国人类学巨人博厄斯有关语言与无意识关系的思想，从而我们可以看出，与其说这是一种简单的颠覆关系，还不如说这是一种继承和发展关系，只不过这里表现出一种形式主义彻底性的尝试"①。梳理这些理论渊源关系，一方面在于还原他们对拉康能指革命的巨大影响力，尤其是列维-斯特劳斯，拉康的能指革命思想可谓直接受惠于他；另一方面，通过这些梳理，我们反而更加清楚地看到，拉康在前人身上看到的恰恰是索绪尔的精神，他继承它并且试图把它彻底化。换言之，与其说拉康颠覆了索绪尔，还不如说拉康恢复了索绪尔思想中原本应有的面貌，这也就是为什么拉康在颠倒了索绪尔 s/s 公式且提出自己的 S/s 公式时这样说，"写成这样，应该归功于索绪尔"②，因为，在 S/s 的"形式化之中，语言学的现代阶段在各种各样的学派之中表现出自己特征"③。这一精神的继承或者说这一

---

① 参见黄作：《漂浮的能指——拉康与当代法国哲学》，人民出版社 2018 年版，第 30 页。

② Jacques Lacan, «L'instance de la lettre dans l'inconscient ou la raison depuis Freud», dans les *Écrits*, Seuil, 1966, p.497.

③ Ibid.

精髓的继承，具体表现在：拉康继承了结构音位学彻底的形式化手法，但并没有局限在音素的范围内，相反，他深受列维-斯特劳斯在 1950 年《莫斯作品导论》一文中提出的"能指先于且决定（précède et détermine）所指"①的洞见的启发，突显能指的至上地位——无所指的能指②——用能指代替音素来推进形式化道路，从而既有了结构音位学彻底的形式化的好处，又避免了倒向纯粹音素范畴进而与含义（意义）完全脱钩的危险。这便是拉康能指革命真正高明的地方。

第二节　隐喻与换喻——能指系统的两大运作机制

一旦拉康从能指函数的角度出发来探讨象征系统，这不仅意味着能指的结构在于"能指是依次连接起来的（articulé）"③，而且意味着各种能指服从一定的函数法则，换言之，结构中的这些单位元素既相互侵占又不断合并，它们"服从一种双重条件：还原到最后的一些差别性元素（des éléments différentiels derniers）和根据一种封闭的次序的各种法则而组成这些元素"④。

---

① Claude Lévi-Strauss, «Introduction à l'oeuvre de Marcel Mauss», dans M. Mauss, *Sociologie et anthropologie*, un document produit en version numérique par Jean-Marie Tremblay, p.28. 中译文参见［法］列维-斯特劳斯：《马塞尔·毛斯［莫斯］的著作导言》，见［法］马塞尔·毛斯［莫斯］：《社会学与人类学》，佘碧平译，上海人民出版社 2003 年版，第 15 页。

② 拉康在《第 3 研讨班》中提出"能指与所指之间的接扣点（point de capiton）"的说法（Jacques Lacan, Le séminaire de Jacques Lacan, Livre III, *Les psychoses 1955-1956,* Seuil, 1981, p.304），并不足以证明拉康支持能指与所指合成语言符号整体性的观点，不仅因为这一接扣点是一种临时的固定点，就像床垫上为了阻止填充物随意移动而接扣的钮扣那样，而且更因为，拉康用此概念旨在表示阻止含义的滑动，譬如他后来在《弗洛伊德的无意识之中的主体颠倒和欲望辩证法》一文中这样说，"通过这一接扣点，主体停止含义否则是无尽的滑移"，以及"这一接扣点，你们在句子的历时功能中发现它……"（Jacques Lacan, «Subversion du sujet et dialectique du désir dans l'inconscient freudien», repris dans les *Écrits*, Seuil, 1966, p.805）。

③ Jacques Lacan, «L'instance de la lettre dans l'inconscient ou la raison depuis Freud», dans les *Écrits*, Seuil, 1966, p.501. 法语动词"articuler"也有"说出"的意思，可参见第二章相关注释。

④ Ibid.

关于第一重条件，拉康认为，根据语言学的决定性发现，这些最后的差别性元素就是各种音素。在这些音素之中，我们不应该在语音的各种变化中寻找语音的（phonétique）任何不变性，而是应该寻找由各种差别性结合所构成的共时结构，在此，雅各布逊音位学理论对拉康的决定性影响清晰可见。拉康进一步指出，通过音位学理论，我们看到"言语本身之中的一种基本元素曾经命中注定在各种活字中铸成，这些迪多的或加拉蒙的活字（Didots ou Garamonds）聚集在排字字盘的下盘，这些活字有效地当下化我们称之为字母（lettre）的那种东西，即能指的基本上确定了位置的结构"①，换言之，拉康把能指的最小差别性元素也称为字母，当然，拉康提出字母说，并不是要把能指或能指的最小单位视觉化，而是为其书写（écriture）理论做准备，因为我们知道，一方面，能指可以进驻到无意识之中，另一方面，无意识之中起作用的恰恰就是书写②。至于第二个条件，能指结构中的各种单位元素根据一种封闭的次序的各种法则自身组织起来，拉康认为这就意味着"拓扑基质（substrat topologique）的必然性得到了肯定"③，而"指称链或能指链（chaîne signifiante）"术语就能说明这一拓扑基质的大概情况：这是一些环，由这些环所构成的项链被固定在由各环所构成的另一条项链的环上。简言之，各能指或各基本单位元素构成能指链，各能指链构成能指网络，它们按照一定的法则连接起来，而这些法则从根本上说都是无意识的，它们代表着无意识的运作机制。

拉康认为能指系统（亦即无意识系统）有两大运作机制：隐喻（métaphore）换喻（métonymie）。这两大运作机制显然不是拉康的理论发明，它们有其自身的理论渊源。首先，大家都知道，隐喻和换喻是传统修辞学里

---

① Ibid.

② 参见《漂浮的能指——拉康与当代法国哲学》（黄作，人民出版社2018年版）的书写部分。

③ Jacques Lacan, «L'instance de la lettre dans l'inconscient ou la raison depuis Freud», dans les Écrits, Seuil, 1966, p.502.

的两种修辞手法，譬如，法语"métaphore（隐喻）"一词源自具有相同词义的拉丁名词"metaphora"，而后者则源自希腊名词"μεταφορά"，其动词"μεταφέρω"具有"运输（transporter）"和"隐喻性地使用（employer métaphoriquement）"的意思；法语"métonymie（换喻）"一词来自拉丁名词"metonymia"（意思为"命名或名称"），后者源自希腊名词"μετωνυμία"[由"μετά（通过接替而连续）"和"ovoμα（名称）"组成]①。亚里士多德在《修辞学》里就大量谈到"隐喻"手法②；"换喻"手法则在后来多与其他修辞手法一起进行讨论。被阿兰·巴迪乌称之为"马拉美句法的直接继承者"③ 的拉康，对于这些修辞手法显然了如指掌。然而，一旦说到把这两种修辞手法上升到象征系统（能指系统）的两大运作机制层面，那就不是拉康的原创发明了。在这一方面，拉康无疑受到了雅各布逊的影响。拉康经由列维-斯特劳斯结识雅各布逊，20 世纪 50 年代初与后者交往密切。雅各布逊 1954 年在美国伊斯特姆小镇（Eastham, Cape Cod）写了著名的《语言的两个特征和两类失语症》（"Two aspects of language and two types of aphasic disturbances"）一文，首次发表在 1956 年出版的《语言的各种基本原理》（*Fundamentals of language*）一书中。在该文中，雅各布逊首先指出，一方面，在耳鼻喉科专家、小儿科医生、听力学家、精神病学家和教育学家呼唤通力合作共同研究儿童失语症问题的大背景下，"语言科学却保持着沉默"，这是"可悲的"④；另一方面，研究失语症问题相反会给语言学研究带来新的活力，"失语症言

---

① 参照法国"文本与词汇资源国家中心"（CNRTL）的《信息化的法语语言宝库》（TLFi）。

② André Wartelle, *Lexique de la «Rhétorique» d'Aristote*, Paris, Société d'édition «les belles lettres», 1982, pp.266-267.

③ Alain Badiou, «Panorama de la philosophie française contemporaine», Conférence à la Bibliothèque Nationale de Buenos Aires - 1 juin 2004.

④ Roman Jakobson, "Two aspects of language and two types of aphasic disturbances", in *Fundamentals of language*, with Morris Halle, The Hague, 1956, included in *Selected Writings, II, Word and Language*, Mouton, The Hague Paris, 1971, pp.239-240.

语样式的瓦解可能提供给语言学家语言的普遍法则的新洞见"①。从此理论考量出发，他对临床中各种失语症情形进行了分类，最后总结为两类：相似性失序（similarity disorder，第三章标题）和相邻性失序（contiguity disorder，第四章标题）。具体来说，前者表现为："当选择的能力强力受损，而提供给组合的礼物至少部分得到了保留，于是，相邻性决定患者的整个言语行为，我们可以把这类失语症定名为相似性失序。"②后者则表现为组合能力的丧失，"命题化能力的受损，或者一般来说，组合各种更为简单的语言实体为各种更为复杂的单元的能力的受损，实际上限于一类失语症……这种可以被称为相邻性失序的编织缺乏性失语症，使得各种句子的广度和变化消失了"③。不难看出，这两种失序对应于雅各布逊前面所谓的"语言的双重特征"（第二章标题）。具体来说：

任何语言符号包括两种排列模式。

1）组合（Combination）。任何语言符号由构成性符号组成，并且/或者只在与其他各种语言符号的组合中出现。这意味着，任何语言单元在同一时间为各种更加简单的单元充当语境，并且/或者在一种更为复杂的语言单元中找到它自己的语境。因此，任何现行的对于各语言单元的分组把它们结合进一种更为高级的单元：组合和编织（contexture）就是同一种运作的两面。

2）选择（Selection）。二者择一的选择暗含着一个对于另一个的替换（substitution）的可能性，替换与选择在一个方面是相等的，但在另一方面却与之不同。实际上，选择和替换就是同一种运作的两面。④

---

① Ibid., p.240.
② Ibid., p.250.
③ Ibid., p.251.
④ Ibid., p.243.

熟悉结构语言学历史的读者在此不难看到，正如雅各布逊随即明确指出，"这两种运作在语言中所扮演的根本角色被费尔迪南·德·索绪尔清楚地所认识到"①。在索绪尔"一切都基于各种关系的"②语言系统之中，语言要素之间的排列关系以两种方式展开：

一方面，在论说中，各个词语按照它们的连结在它们之中结成了基于语言线性特征的一些关系，这一线性特征排除了同时发出两个元素的可能性（参见第 103 页）。这些元素一些和另一些根据言语链相互排列在一起。这些为了支撑时间长度的组合（combinaisons）可以被称为**句段关系**（syntagmes）……一个被放置在句段关系之中的要素，只因为它与它的前一个或后一个，或者与前后两个相对立才取得其价值。

另一方面，在论说之外，呈现出某种共同东西的各个词语在记忆中联合起来且因此形成一些分组，在这些分组的中间，一些非常多样的关系起到支配作用……

人们看到，这些排列关系相比于前一些排列关系而言属于完全不同的种类。它们并不是为了支撑时间长度；它们的所在地位于大脑之中；它们是构成每个个体之中的语言的这一内部宝库的一部分。我们称它们为**联想关系**（rapports associatifs）。③

从中可以清楚地看到两者之间的理论渊源关系，雅各布逊所说的"组合"对应于索绪尔文中的"句段关系"，着重点在相邻性（contiguity）一面，而

---

① Ibid.

② Ferdinand de Saussure, *Cours de linguistique générale*, publié par Charles Bally et Albert Sechehaye avec la collaboration de Albert Riedlinger, édition critique préparée par Tullio de Mauro, postface de Loui-Jean Calvet, Payot & Rivages, 1985, p.170. 中译文参见 ［瑞士］索绪尔：《普通语言学教程》，高名凯译，商务印书馆 1980 年版，第 170 页。

③ Ibid., pp.170-171.［瑞士］索绪尔：《普通语言学教程》，高名凯译，商务印书馆 1980 年版，第 170—171 页。

"选择"（包含"替换"）则对应于"联想关系"，着重点在相似性（similarity）一面。至于索绪尔强调的这一点，即"句段关系是在场的（*in praesentia*）；它基于同等地出现在一个实际系列的两个或多个要素之上。相反，联想关系在一个潜在的记忆系列中把一些缺场的（*in absentia*）要素结合起来"①，雅各布逊更多的是从编码（code）和音信（message）的角度出发来加以理解，譬如选择（和替换）处理的是一些在编码中被共同连结但在所给出的音信中并没有被共同连结的单元，而组合处理的则是一些在两者都被共同连结的单元，或者一些只在实际的音信中被共同连结的单元②。这与他批评索绪尔在组合方面只看到"时间上的序列（the temporal sequence）"、只承认连续（concatenation）的一面而不承认共同发生（concurrence）的一面的观点是遥相呼应的，即，组合在雅各布逊看来并不一定是"在场的"，它可以是"缺场的"（共同发生的共时性）。换言之，雅各布逊并不局限于索绪尔所设定的在场与缺场的对立。由此出发，雅各布逊逐步走出了索绪尔所谓的"（语言）能指的线性特征"的局限，进入纯粹的语言符号系统或能指系统。也正是在这样的维度上，在两类失语症状况即相似性失序和相邻性失序的相关研究——譬如，"隐喻与相似性失序不相容，而换喻与相邻性失序不相容"③；"相似性失序与换喻性爱好捆绑在一起"[俄国作家乌斯宾斯基（Uspenskij）就有典型的换喻性爱好]④，等等——的基础之上，雅各布逊提出了符号系统运作的两大机制或论说展开的两大路向："一个论说的展开沿着两条不同的语义路径发生：一个话题可以导致另一个话题，或者通过它们的相似性，或者通过它们的相邻性。隐喻路径对于第一种情形而言会是最合适的术语，而

---

① Ibid., p.171.[瑞士]索绪尔：《普通语言学教程》，高名凯译，商务印书馆1980年版，第171页。

② Roman Jakobson, "Two aspects of language and two types of aphasic disturbances", in *Selected Writings, II, Word and Language*, Mouton, The Hague Paris, 1971, p.243.

③ Ibid., p.254.

④ Ibid., p.257.

换喻路径对于第二种情形而言会是最合适的术语，因为它们分别在隐喻和换喻之中找到了它们的最浓缩的表达。"①雅各布逊高度赞赏这种二分法，认为它们"事实上是具有启发性的"，只不过这一"两极"问题或两个路向问题"在大多数情况下被忽视了"，因为在学术研究中，"无论从观察工具还是观察对象"看，"隐喻都比换喻占据优势"，更不要说"诗歌修辞的研究主要朝向隐喻"②。

　　除了受到语言学家雅各布逊这一二分法的影响之外，弗洛伊德明确提出的凝缩（Verdichtung, condensation）与置换（Verschiebung, displacement）这两大无意识活动机制对拉康思想的形成同样造成了决定性影响。弗洛伊德在《释梦》第六章"梦的工作"中第一次提出这两大机制③。其中第六章第一节的标题就为"凝缩作用"，弗洛伊德一开始这样说："对于调查者来说清楚明白的第一件事情就是，当他比较梦的内容与各种梦的思想时，在此进行了大量的凝缩作用。"④拉普朗虚和彭大历斯在《精神分析学的词汇》一书中把各种凝缩作用总结为以下几种方式：一个元素（主题、人物等）因为多次出现在不同的梦的思想中而单独被保留（"结点"）；各种不同的元素能够被汇集到一个不协调的统一体上（例如拼凑而成的人物）；或者还有，多个图像的凝缩能够导致各种并不相符的特征变得模糊，以便保持且只增强共同特征或各种共同特征⑤。随后弗洛伊德赋予凝缩作用一种根本性的作用

---

① Ibid., p.254.

② Ibid., pp.258-259.

③ 根据弗洛伊德自己在注释中的说法，前人们已经提到梦中发生的凝缩作用，譬如杜·普里儿（Du Prel）。（Cf .Sigmund Freud, *L'interprétation du rêve*, traduit en français par Janine Altonnian - Pierre Gotet - René Lainé - Alain Rauzy - François Robert, dans Sigmund Freud, *Œuvres Complètes, vol. IV:1899-1900*, Puf, 2003, p.332 note1. 这一注释是弗洛伊德在 1914 年添加的。）

④ Sigmund Freud, *L'interprétation du rêve*, traduit en français par Janine Altonnian - Pierre Gotet - René Lainé - Alain Rauzy - François Robert, dans Sigmund Freud, *Œuvres Complètes, vol. IV:1899-1900*, Puf, 2003, p.321.

⑤ Jean Laplanche et J.B. Pontalis, *Vocabulaire de la Psychanalyse*, Puf, 1967, p.89.

和功能:"梦的形成基于一种凝缩,这是以不可动摇方式建立起来的事实。"①
后来又把凝缩作用与相似性联系,"在各种逻辑关系中,只有一种关系在广
义上受到梦的形成机制的厚待。这一关系就是相似、相符、接近的关系,
就是'恰似'的关系,后者比任何其他关系都能够通过多种方式在梦中被
呈现出来……梦的工作对于凝缩的倾向有助于相似关系的呈现"②。把凝缩作
用与相似关系起来,使得弗洛伊德有理由不再把凝缩作用局限于梦的领域
之中,譬如在《日常生活的精神病理学》(1901 年)和《风趣话及其与无意
识的关系》(1905 年)之中,弗洛伊德确定,凝缩是俏皮话、口 / 笔误、忘
词等等的基本因素之一③,进而把凝缩作用拓展到更为宽广的语言领域之内。
反之,"置换"概念则要出现得更早,弗洛伊德开始讨论神经症理论时这一
概念就已经出现了。它往往与能量以及能量投注联系在一起,譬如在《科
学心理学纲要》(1895 年)中,当弗洛伊德提出神经元装置模式时,根据神
经元惰性原则,能量必须是完全卸载的,也就是说,能量从一个表象撤回
来,又投注到另一个表象,这便是置换;而在后来的《释梦》中,弗洛伊德
则用"移情(transfert)"概念来表示能量从一个表象过渡到另一个表象。④
至于《释梦》第六章"梦的工作"第二节"置换作用",则是弗洛伊德对上
述置换概念的发展,"在梦的工作中很显然有一种心理力量,它一方面去除
具有高级心理价值的各种元素的强度,另一方面从具有较低价值的各种元
素出发通过复因决定建立各种新的价值,后者随后进入梦的内容。如果情
况如此,这是因为,在梦的形成中,发生了每一个元素的心理强度的移情
和置换——梦的内容和各种梦的思想之间的文本的不同版本便是它们的可
见后果。我们所设定的过程因此完全就是梦的工作的基本部分;它值得梦的

①　Ibid., p.323.

②　Ibid., p.364.

③　Cf. Jean Laplanche et J.B. Pontalis, *Vocabulaire de la Psychanalyse*, Puf, 1967, p.89.

④　Cf. ibid., pp.117-120.

置换之名"①。这一置换的"后果便是，梦的内容不再与梦的思想之核相像，梦只恢复为位于无意识之中的梦愿望的一种变形"②，而梦的变形必定与审查机制联系在一起，"把梦的变形带入审查的事实是我的梦构想的核心"③。由此，弗洛伊德把置换作用与凝缩作用并置在一起，不仅把它们视为支配梦的活动的两大机制，"梦的置换和梦的凝缩是两个能干的工人，我们尤其能够把梦的形成归因于它们的活动"④，而且进一步把它们视为无意识活动的两大机制。

一般认为，拉康创造性地把雅各布逊的隐喻与换喻和弗洛伊德的凝缩与置换连接起来——因为拉康在《第三研讨班》1956 年 5 月 2 日研讨会上明确这样说，"以一种一般的方式来说，弗洛伊德称之为凝缩的东西，就是人们在修辞学中称之为隐喻的东西，而他称之为置换的东西，就是换喻"⑤——从而发展出自己独特的、建立在能指函数基础之上的隐喻与换喻理论。然而，雅各布逊上述论文中的一个细节告诉我们，最初试图沟通修辞学理论和弗洛伊德理论之间联系的却是雅各布逊的设想，他于其中明确提到弗洛伊德的研究："在换喻的和隐喻的这两个机制之间的一种竞争，在任何象征过程（无论是个人内部还是社会性的）之中都是明显的。因此在一种对于梦的结构的探寻之中，决定性的问题是，各种象征符号和各种所使用的暂时序列是基于邻近性（弗洛伊德的换喻性的'置换'和提喻性的'凝缩'），还是基于相似性（弗洛伊德的'认同'和象征论）"，并且在注释中明确指出"弗

---

① Sigmund Freud, *L'interprétation du rêve*, traduit en français par Janine Altonnian - Pierre Gotet - René Lainé - Alain Rauzy - François Robert, dans Sigmund Freud, *Œuvres Complètes, vol. IV:1899-1900*, Puf, 2003, p.352.

② Ibid.

③ Ibid., p.353, note 1. 这一注释为弗洛伊德于 1919 年所补。

④ Ibid., p.352.

⑤ Jacques Lacan, Le séminaire de Jacques Lacan, Livre III, *Les psychoses 1955-1956,* Seuil, 1981, p.251.

洛伊德，《释梦》，第 9 版，维也纳，1950 年"①。从中可以看出，雅各布逊把置换与换喻联系起来，但并没有把凝缩与隐喻联系起来，相反，他把凝缩放在与换喻相同的地位即邻近性位置上。对此，拉普朗虚和彭大历斯在《精神分析学的词汇》一书的"置换"词条中总结"语言学家罗曼·雅各布逊能够把弗洛伊德所描述的各种无意识机制和隐喻与换喻的修辞过程（它们被雅各布逊视为任何语言的根本两极）联系起来"的说法并不精确——因为弗洛伊德所描述的两大无意识运作机制恰恰就是凝缩和置换——也容易引起误解，尽管他们随后又把雅各布逊的原话附了上去，"这样一来（ainsi），他使置换靠近换喻（其中就有作为原因的相邻性连结），而对应于隐喻维度（其中联想通过相似性占据支配地位）的则是象征论"，但"ainsi（这样一来或因此）"一词的推论实难令人信服。倒是下面这句话即"置换一词并不意味着它在弗洛伊德著作中独享它于其过程中实行的这类或那类的联想连结：通过相邻性或相似性的联想"，道出了相关情形的复杂性②：置换作用不仅进行相邻性联想，而且也进行相似性联想；与此同时，凝缩作用则往往聚焦相似性联想。换言之，弗洛伊德所描述的梦的运作机制与雅各布逊所谓的任何语言的根本两极之间并不存在简单的一一对应关系。

　　根据资深精神分析师乔埃勒·多尔（Joël Dor）的考证，拉康是在《第 3 研讨班》的 1956 年 5 月 2 日和 9 日两次研讨会上"引入了最初一些对于**隐喻和换喻**的**清楚的**（*explicites*）参照"③，就在雅各布逊发表上述论文同年，再考虑到雅各布逊的论文写于 1954 年以及两者在 20 世纪 50 年代初交往密切，我们可以怀疑，拉康很有可能受到了雅各布逊把弗洛伊德研究与修辞手法直接联系起来进行思考的这一做法的影响，只不过没有见到确切的文

---

　　① Roman Jakobson, "Two aspects of language and two types of aphasic disturbances", in *Selected Writings, II, Word and Language*, Mouton, The Hague · Paris, 1971, p.258 and note 30.

　　② Jean Laplanche et J.B. Pontalis, *Vocabulaire de la Psychanalyse*, Puf, 1967, p.119.

　　③ Joël Dor, *Introduction à la lecture de Lacan. 1. L'inconscient structuré comme un langage. 2. La structure de sujet*, Denoël, 1985, 1992, 2002, p.52 et note 1.

献资料支持。当然，拉康在此基础上进行了进一步的精简和提炼，以便适合其能指函数理论或能指集合理论的框架。正是在这一理论方向的构造中，拉康创造性地把凝缩与隐喻直接等同，而把置换与换喻直接等同，从而发展出独具自身特色的隐喻与换喻理论。换言之，正是在索绪尔的联想关系（相似性）和句段关系（相邻性）理论、雅各布逊的隐喻（选择、替换、相似）与换喻（组合、编织、相邻）理论和弗洛伊德的凝缩和置换理论的启发下，在前三位的研究成果基础之上，拉康在《无意识之中字母成分或自弗洛伊德以来的理性》一文中第一次提出了自己的能指系统两大运作机制理论。

具体来说，对于凝缩和隐喻，他这样说："Verdichtung，就是凝缩，这是各种能指迭放的结构；在此结构中，隐喻获得了自己的领域；其名称 Verdichtung，在其自身中凝缩了 Dichtung（密封或印封），显示了与诗歌在机制上具有共同的性质，直到这么一种地步，即它包含了诗歌特有的传统功能。"[1] 而对于置换和换喻，他这样说："Verschiebung，或称置换，这个德语术语与换喻所显示的这一含义转向更为接近，而且，从它在弗洛伊德文本中出现以来，就作为最适宜于使检查制度失败的无意识的方法呈现出来。"[2] 接着，拉康从能指的结构或能指的函数式的角度出发，用最简洁的方式重新界定了隐喻，"一词代替另一词（*un mot pour un autre*），这就是隐喻的公式……"[3] 并用其代数化的演算公式表示如下：

"$f\left(\frac{S'}{S}\right)S \cong S\,(+)_s$，隐喻的结构表示，正是在能指对能指的替换（substitution）中产生了一种含义（signification）效果，它是属于诗歌的或属于创造性的，换言之，它属于问题中含义的来临。被放置在括号'（）'之中的'+'

---

① Jacques Lacan, «L'instance de la lettre dans l'inconscient ou la raison depuis Freud», dans les *Écrits*, Seuil, 1966, p.511.

② Ibid.

③ Ibid., p.507.

符号此处表明横杠'—'之越过以及为了含义的浮现而由这一越过所构成的价值。"①

同样,拉康把换喻界定为这样,"正是在这种**词对词**(*mot à mot*)的连结中,换喻得到了支撑"②。用演算公式表示如下:"$f(s \ldots s')s \cong s(-)s$,这便是换喻的结构,它指出,正是能指与能指之间的连结(connexion),通过利用含义发回(renvoi)的价值以便用朝向欲望所支持的这一缺乏的欲望来投注含义,允许字母省略(l'élision),借助于这种省略,能指把存在的缺乏(manque de l'être)置于对象关系之中。被放置在括号'()'之中、在此表示横杠'—'之保持的'-'符号,它在最初的演算公式标志着不可克服性,在这种不可克服性之中,在能指与所指的各种关系之中,构成了对含义的抵制。"③

隐喻与换喻这两个根本性结构合起来就是以下演算公式:"$f(S)\dfrac{I}{s}$。正是从横向的能指链的各种元素以及它们的各种垂直的毗邻物在所指中的共同在场出发,我们指出了各种后果,它们根据换喻和隐喻中两种根本结构得以重新分布。"④ 我们不难看到,这一演算公式还是从第一个演算公式$\dfrac{S}{s}$转换而来。第一个演算公式中间的横杠表明指称关系并不自然产生含义,同时强调"能指对所指的影响(l'incidence du signifiant sur le signifié)"只有通过能指的函数式才能得到把握;对于后者,拉康认为,弗洛伊德在《释梦》中早就指出的作为梦的功能的普遍性前提条件的 Enstellung 即换位理论,正好说明了第一个演算公式中所指在能指下面的滑移,总是在话语之中以无意识

---

① Jacques Lacan, «L'instance de la lettre dans l'inconscient ou la raison depuis Freud», dans les *Écrits*, Seuil, 1966, p.515. "文本中 S' 表示能指效果或含义的一种生产性术语,我们看到,在隐喻中它是显现的,而在换喻中则是潜在的。"(ibid., p.515 note 2.)

② Ibid., p.506.

③ Ibid., p.515.

④ Ibid.

的活动形式进行着①。所指在能指下面总是不停地滑移，能指总是无法轻易地连接上其所指，这与我们在前面已经指出的拉康根本上主张的无所指的能指理论相符。对此，除了坚决反对能指与所指自然合成语言符号整体的观点之外，拉康其实还有其他理论指向和诉求，那就是反对传统形而上学的意义的可确定性理论。在拉康看来，所指在能指下面不停地滑移也预示着：一方面，意义或含义总是出乎预料的，因为它有时突然来到；另一方面，只有能指以某种方式可以预料意义，"能指生来总是通过以某种方式在其面前展示其维度的方法来预料意义"②，就像"我将永不……"这样的句子，在句子的层面上，通过能指的展示，在有含义的词语出现之前，意义同样可以预料。这就是说，不但能指与所指两者而且能指与所指的所谓结合都无法直接产生意义，相反，意义却在能指游戏之中产生，"意义正是在能指链（la chaîne du signifiant）之中**坚持**（*insiste*），而能指的任何元素却并不**包括**（*consiste dans*）它在某个时刻本身所产生的含义"③。至此，我们清楚地看到，拉康通过大写的 S 强调能指的作用和功能，就是强调能指对所指的支配作用以及对意义或含义的指引作用，当然，这种取决于能指游戏、取决于文本的意义，尽管通过能指的各种运作可以预料，但对于传统理性主体（我思）来说，却根本上表现为不可预料的。

第三节　从母亲能指到父亲能指

索绪尔的语言学思想与以前语言学思想有个截然不同的观点，那就是，他把语言视为一种接受系统，譬如他称语言是"通过言语实践被储存在同一

①　Ibid., p.511.

②　Ibid., p.502.

③　Ibid.

个共同体的各个主体之中的一个宝库（trésor）"①，这一储存所是一种从外面接受而来的东西，"任何一个社会只知道且从来只知道语言作为从前代继承来的产物且就这样地加以接受"②，等等。这一观点一方面说明，索绪尔的语言思想在强化常识即"语言总是习得的"的同时，反对理性主义语言学的先验论，强调语言（langue）是言语（parole）的产物，另一方面，储存所之中接受而来的暂时的、变化着的所有个体言语之和，与他的共时语言学倡导的稳定的结构不可避免地存在着冲突，从而引起一些理论上困难③。拉康无疑继承了索绪尔这一观点，不仅认为语言（制度化语言）是一种接受系统，而且认为无意识——根本上的语言，牙牙学语——首先也是一种接受系统。用拉康的术语来讲，无意识是在能指作用下形成的结构与系统。

在拉康的理论中，主体（孩童）接受语言的过程就是他介入象征次序且成为说话主体的过程。而主体（孩童）介入到象征次序，首先需要象征维度的开启或打开。拉康从呼唤与回应结构出发，结合弗洛伊德后期文本中一个游戏例子，创造性地阐明了象征维度的开启以及主体（孩童）进入象征次序的过程。精神分析学强调主体的发生，非常强调主体的个体历史。母婴关系代表着从同一状态逐渐走向与他人相处状态，其重要性历来为各派精神分析理论所重视。拉康尤其强调"走向与他人相处状态"这点，认为母亲

---

① Ferdinand de Saussure, *Cours de linguistique générale*, publié par Charles Bally et Albert Sechehaye avec la collaboration de Albert Riedlinger, édition critique préparée par Tullio de Mauro, postface de Loui-Jean Calvet, Payot & Rivages, 1985, p.30. 中译文参见 ［瑞士］索绪尔：《普通语言学教程》，高名凯译，商务印书馆 1980 年版，第 35 页。

② Ibid., p.105.［瑞士］索绪尔：《普通语言学教程》，高名凯译，商务印书馆 1980 年版，第 108 页。

③ 我在《漂浮的能指——拉康与当代法国哲学》一书第五章第一节"语言与言语"的最后一段已经指出："如果不了解索绪尔在此有一个理论的隐藏，我们就无法理解语言是言语的产物这一推论。这一理论的隐藏便是索绪尔言语概念的'模棱两可性'……我们可以这样说，索绪尔一方面试图把他的言语概念局限在个体说话行为，另一方面又把言语概念在传统上所蕴含的某种含义——即，言语是逻各斯的代名词，言语是意义与真理的传递者——隐藏在语言符号的听觉形象(能指)与概念(所指)之间的联结上。"(人民出版社 2018 年版，第 333 页。)

已经代表着开启他性和相异性的维度，用其理论术语来说，母亲代表着第一个能指①，代表着象征维度的开启，这是拉康派精神分析学颇有特色的一个特征。我们知道，从婴儿一落地起，婴儿的需要（besoin）并不能时时刻刻都得到满足，往往受挫；与此同时，婴儿还不会用言语来表达自己的需求（demande）。一旦主体（婴儿）把得不到满足视为得不到母亲的爱，那么受挫就成了精神分析学意义上的挫折（frustration），就如拉康所说："挫折，让我们说，它首先不是纯粹意义上的满足对象之拒绝。满足就是一种需要之满足，我无须在这一点上多说了……让我们说，在原初意义上，挫折——不是说不管哪种挫折，而是在我们辩证法中可行的那种挫折——只有作为无偿给予（就无偿给予是爱的象征符号而言）之拒绝才能被理解"②。母婴关系集中体现为纯粹的爱的关系，从母亲的角度来看，这是一种无偿给予（don），而从婴儿的角度来看，这里有一种呼唤（appel），是对母亲之爱的呼唤，希冀得到母亲回应的呼唤，于是就有了呼唤与回应结构③。如果呼唤的对象即母亲没有给出无偿给予，呼唤就是要让她听到。如果母亲在场，呼唤的对象就表现为一种爱的标记，同时也是满足的对象。每一次婴儿在呼唤母亲中受到挫折，都希望在随后的需要满足中得到补偿。在无偿给予与需要满足之间，似乎存在着一种均衡与补偿④。然而问题是，需要层面上的满足是否能够真正补偿由母亲的缺场所导致的挫折吗？诚然，纯粹需要层面的满足无助于解

---

①　Jacques Lacan, Le séminaire de Jacques Lacan, Livre V, *Les formations de l'inconscient 1957-1958*, Seuil, 1998, p.175.

②　Jacques Lacan, Le séminaire de Jacques Lacan, Livre IV, *La relation d'objet 1956-1957*, Seuil, 1994, pp.180-181.

③　马里翁（也译马礼荣）2017 年在华南师范大学交流会上大谈"呼唤与回应结构"，把之视为一种普遍性结构。（参见马里翁等：《一切真实的东西都是普遍的——马里翁（Marion）与中国学者对话录》，载《华南师范大学学报》2018 年第 6 期，第 15 页。该对话录后收入"三联精选"系列之方向红、黄作主编：《笛卡尔与现象学——马里翁访华演讲集》，三联书店2020 年版。）

④　Jacques Lacan, Le séminaire de Jacques Lacan, Livre IV, *La relation d'objet 1956-1957*, Seuil, 1994, p.174.

决挫折问题。原因很简单，婴儿无论再怎么紧紧地吮着奶头，都阻挡不住母亲随后可能离开的步伐。婴儿渐渐地明白，要想真正解决挫折的困扰，唯一的办法就是要默认和接受母亲的离开，换言之，要把补偿性的需要之满足当作是对母亲缺场的接受。拉康这样说："需要之满足在此就是爱之挫折的补偿，同时它开始变成了，我差不多要说，母亲的缺场。"① 那么，母亲的缺场具有什么样的价值和意义呢？对于刚到世间的婴儿来说，母亲除了给予他满足和爱以外，也是他身边那个来来往往（les allées et venues）的人，婴儿（主体）由此同时感受到了在与不在②，换言之，母亲成了代表着在场与缺场的象征符号。在与不在，在场与缺场，就如一个切口，象征诞生于其中。这一象征切口意义重大，它第一次为主体打开了象征维度，其他的切换如白天与黑夜等等其实都是在这一首要象征切口基础上形成的。拉康这样说："通过这种象征化活动，婴儿使得对于母亲欲望的有效依赖从这种依赖的完全的实际经验中脱离出来。某种在首要与原初的层面上被主体化（subjectivé）的东西在此建立了。这种主体化活动仅仅在于把母亲设定为既可能在此也可能不在此的首要的存在。"③ 简言之，象征母亲就是最初的象征化活动④，母亲能指是象征活动中第一个能指。

象征次序的切口开启后，仍然存在着一个象征秩序如何切入主体的问题，或者说主体性如何确立的问题。象征切口的开启只为主体性的确立创造了条件，并不意味着主体当然地进入了象征秩序。呼唤打开了象征的维度，但就其本身来说，它还远远不是一种言语的表达；同样，把母亲象征化，是一种最初的象征化，也还不是一种说出（articulation）。只有当主体开始能

---

① Ibid., p.175.

② Jacques Lacan, Le séminaire de Jacques Lacan, Livre V, *Les formations de l'inconscient 1957-1958*, Seuil, 1998, p.175.

③ Jacques Lacan, *Écrits*, Éditions du Seuil, 1966, p.181-2.

④ Jacques Lacan, Le séminaire de Jacques Lacan, Livre V, *Les formations de l'inconscient 1957-1958*, Seuil, 1998, p.181.

用言语来表示这种在场与缺场之间的关系，用言语来表示象征维度，说明主体已经进入象征秩序。拉康借助于弗洛伊德文本中的一个游戏例子形象地说明了这一问题。弗洛伊德曾在《超越快乐原则》一文中讲到过一个非常有趣的儿童游戏，在精神分析学的历史上非常出名，我们姑且称之为"Fort!……Da!"游戏①。这是儿童玩线轴的游戏，儿童一手执着线，另一手拿着线轴，当他把线轴扔开，滚入床底不见时，就发出一串"Fort!……"（"噢……"即"没有了"）的声音；当他用线把线轴重新拉回到视线之内时，嘴里就发出一串"Da!……"（"嗒……"即"在这儿了"）的声音。观察发现，这是儿童在母亲外出时乐意玩的一种游戏。弗洛伊德认为，线轴可以说代表母亲，线轴的出没代表着母亲的在场和缺场。儿童乐此不疲地玩这一游戏，表明他已坦然接受了与母亲的分离这一现实，并且把分离当作自己能够控制自如的一种游戏来玩。弗洛伊德在这一例子后面的一个注释中进一步讲到，儿童甚至可以玩使自己不见的游戏，这说明，这类游戏的意义在于其"不见"的意义上②，也就是说，在于在场与缺场的转换上，就如我们刚刚已经指出，在于象征切口的开启或象征维度的打开。而在拉康看来，这一游戏的价值，并不仅仅表现为，儿童通过玩游戏的形式把母亲象征化了，更重要之处还在于，儿童开始会用言语来表示对分离的接受，即，他说出了"Fort!……Da!"。对于"Fort!……Da!"游戏，弗洛伊德既否认游戏的目的在于期盼母亲的返回，即否认快乐在"Da!"之上，也否认把"使不见"（"Fort!"）视为一种报复的冲动，而是把其意义归于某种超越快乐原则的倾向上，说明弗洛伊德非常看重这一游戏的价值。拉康承续弗洛伊德在这一问题上的思考，其贡献主要在于，他不仅把弗洛伊德的观点清晰地表达了出来，而且进一步发

---

① Sigmund Freud, «Beyond the pleasure principle» (1920), in *S.E.*, *XVIII*, Translated form the German under the General Editiorship of James Strachey, The Hogarth Press and the Institute of Psychoanalysis, 1953, pp.14-15，中译文《超越快乐［唯乐］原则》，参见［奥］弗洛伊德：《弗洛伊德后期著作选》，林尘等译，上海译文出版社 1986 年版，第 11—13 页。

② Ibid., p.15, note 1.

展了弗洛伊德的观点，直接道出"Fort!……Da!"就是象征地说出，就是主体（儿童）开始会用言语来表示他与母亲的分离，或者说，开始会用言语来表示他接受与母亲的分离，从而进一步说明主体开始进入象征秩序，开始成为一个说话主体。

默认和接受母亲的缺场的做法，等于把母亲象征化。所谓把母亲象征化，也就是说，不再把母亲看作想象意义上的一个对象即他人，而是把她看作处于想象关系彼岸的大他者（L'Autre）。大他者是拉康理论中几个核心概念之一，兼有很多含义：它处于象征秩序的端点，是言语的场所，能指的宝库，主体言说真正的对象等等。在主体发展的历史中，大他者的位置有一个发展的过程，母亲是最初的大他者，随后象征父亲占据了大他者的位置。人们通常把大他者与象征父亲相等同，这本也无可厚非，因为象征父亲才是大他者位置最终的占有者；然而，如果因此而忽略了母亲角色的重要性，不知道最初的大他者位置是由母亲所占据，那么，就根本无法理解拉康关于象征秩序是如何被引入及主体性是如何确立起来等等对主体成长历史而言至关重要的问题。在拉康的理论中，从母亲能指到父亲能指，从母亲大他者到父亲大他者，经历了他称之为"父性的隐喻（métaphore paternelle）"的运作过程。

拉康在写于 1957 年 12 月至 1958 年 1 月间的《论精神症任何可能治疗的一个初步问题》（首发在 1958 年《精神症》杂志第 4 期，后收录 1966 年的《文集》）的一文中第一次清楚地提出了"父性的隐喻"的公式：①

$$\frac{\text{Nom-du-Père}}{\text{Désir de la mère}} \cdot \frac{\text{Désir de la Mère}}{\text{Signifié au Sujet}} \rightarrow \text{Nom-du-Père} \left(\frac{A}{\text{Phallus}} \right)$$

首先需要指出的是，这是隐喻运作机制的具体展现。我们先看箭头的左边，其中横线之上的"父亲的姓名（Nom-du-Père）"和"母亲的欲望（Désir de la mère）"以及横线之下的"母亲的欲望"都表示能指（S），横线之下的"对

---

① Jacques Lacan, «D'une question préliminaire à tout traitement possible de la psychose», dans les *Écrits*, Seuil, 1966, p.557.

于主体而言的所指（Signifié au sujet）"则表示所指（s）。再看箭头的右边，"父亲的姓名"为能指（S），横线之上大写的"A"表示大他者（Autre），横线之下则是菲勒斯（Phallus），外面的"（）"应该理解为函数符号，就如我们在前面能指函数的各个演算公式中见到的一样。从箭头的左边到右边，便是隐喻的运作结果："父亲的姓名"能指取代了"母亲的欲望"能指，正如拉康在前面隐喻的公式中所言"一词（能指）代替另一词（能指）"。而函数符号"（）"则进一步规定了"父亲的姓名"能指这一替代结果。

拉康为此专门提出了不同于我们在前一节已经列出的隐喻的演算公式（algorithme）[①] 的隐喻运作公式："$\frac{S}{S'} \cdot \frac{S'}{x} \rightarrow S(\frac{I}{s})$。在这里，各个大写的 S 都是能指（S），$x$ 是未知的含义（signification inconnue），s 是通过隐喻归纳得出的所指，而隐喻就在于从 S 到 S' 的指称链（chaîne signifiante）中的替换。S' 的省去（élision），在此由它的划去（rature）所代表，就是隐喻成功的条件。"[②] 另外，函数符号"（）"之中横线之上的"I"便是无意识（inconscient）的缩写。对于隐喻的这一运作公式，结合上述"父性的隐喻"的公式，我们可以从以下几个方面来进行阐述：

其一，能指"S"之所以能够替换能指"S'"，是因为"S'"是省去的或被划掉了的；具体到"父性的隐喻"的公式之中，那就是能指"母亲的欲望"的省去和划去。为什么能指"母亲的欲望"会省去和被划去呢？我们在第一章已经指出，拉康的欲望理论区别于经典的对象化的认识理论：儿童（主体）的欲望并不指向母亲本人，也就是说母亲不是儿童（主体）欲望的对象；相反，儿童（主体）的欲望是对一种欲望的欲望，是欲望满足母亲欲望的欲望；由此得出，儿童（主体）的欲望对象就是母亲的欲望对象（所谓主体的欲望

[①] Jacques Lacan, «L'instance de la lettre dans l'inconscient ou la raison depuis Freud», dans les *Écrits*, Seuil, 1966, p.515.

[②] Jacques Lacan, «D'une question préliminaire à tout traitement possible de la psychose», dans les *Écrits*, Seuil, 1966, p.557.

就是他人/他者的欲望)。在此,能指"母亲的欲望"恰恰就是能指"儿童(主体)的欲望",因为它们具有共同的欲望对象即菲勒斯。如果说菲勒斯是满足母亲欲望的独一无二的对象的话,那么儿童(主体)的欲望就是要去成为这一独一无二的对象。不过,由于奥狄浦斯情结第二阶段父亲作为母亲的剥夺者很快介入,儿童(主体)实际上无法直接成为菲勒斯。摆在儿童(主体)面前的只有一条道路,那就是认同作为母亲的欲望的提供者的父亲,认同父亲的法则,进而自己成为一个"主体",不仅能够拥有菲勒斯,而且仍然有可能成为菲勒斯。儿童(主体)自己成为一个"主体",就是说自己进入语言社会,成为一个说话主体。儿童(主体)主体性确立的过程,就是从象征维度的开启到自主地说出"Fort!……Da!"的过程,就是从服从到控制的过程。对于最初的服从时刻,拉康这样说,"儿童开始显露为服从者(*assujet*)。这是一个服从者,因为他首先体验为和感到深深地服从于他所依赖的东西的无常,即使这一无常是一种被表述的无常(un caprice articulé)",并配下图以说明:①

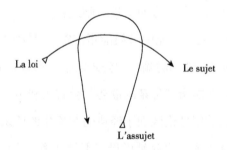

与之相对的是,儿童(主体)通过反复说出"Fort!……"("噢……"即"没有了")和"Da!……"("嗒……"即"在这儿了")的声音,不仅表

---

① Jacques Lacan, Le séminaire de Jacques Lacan, Livre V, *Les formations de l'inconscient 1957-1958*, Seuil, 1998, p.189. 本图与《弗洛伊德的无意识之中的主体颠倒和欲望辩证法》一文中第一个欲望图式有些不同。(Cf. Jacques Lacan, «Subversion du sujet et dialectique du désir dans l'inconscient freudien», repris dans les *Écrits*, Seuil, 1966, p.805.)

示他已经接受了母亲缺场或离去的事实，接受与母亲的分离事实，而且更重要的在于，他能够把母亲的缺场（＝不见了的线轴＝丧失的对象）象征化、语言化，自主地加以控制。正是因为他在控制丧失的对象的过程——既是扔线轴的动作操控，又是象征化的语言操控——享受到了极大的乐趣，他才乐此不疲地玩这一"Fort!……Da!"游戏。反过来说，正是他通过反复地说出，反复的语言操控，他逐渐获得了自主性的控制能力，从而获得了主体性的确立。然而，要想进入语言与象征次序，要想确立为说话主体，需要经历一种原初的压抑（refoulement originaire），就如拉康这样来描述儿童（主体）的第一次说出，"从他说话的那一时刻起，从这一非常确切的时刻（而非之前）起，我理解这里有压抑（refoulement）"。① 儿童（主体）第一次象征地说出，就是说出"Fort!……Da!"的那一时刻，从此，说话主体发生了，儿童（主体）进入了语言能指游戏，进入了象征文化社会。正是在这一意义上，拉康认为无意识的"指称链"（无意识像语言一样具有结构）就已经是一种"原初压抑（*Urverdrängung*, refoulement primordial）"②。资深精神分析师乔埃勒·多尔从义理上进一步展开阐释，"原初压抑那么就显现为内心理的介入，它将保证从即时体验到的实在之物到其在语言中的象征化的过渡。而且拉康用下列情形惯用语来强调这一根本的事件：'言语就是对事物的谋杀'和'如果人们不能拥有事物，他就通过言语在象征化之中杀了它'。"③ 需要指出的是，主张"言语就是对事物的谋杀"并不是拉康的独创思想；我们知道，19 世纪后半叶法国象征派诗人马拉美其实早就提出了这一观点。

一旦我们看到拉康把原初压抑与语言能指第一次切入主体（儿童）情

---

① Jacques Lacan, Le séminaire de Jacques Lacan, Livre XX, *Encore 1972-1973*, Seuil, 1975, p.53.

② Jacques Lacan, «Subversion du sujet et dialectique du désir dans l'inconscient freudien», repris dans les *Écrits*, Seuil, 1966, p.816.

③ Joël Dor, *Introduction à la lecture de Lacan. 1. L'inconscient structuré comme un langage. 2. La structure de sujet*, Denoël, 2002, p.117.

形联系起来，就不难明白他在《菲勒斯的含义》一文中对原初压抑所做的界定："因而，在各种需要（besoins）之中是异化的那种东西构成了一种通过假设也无法在需求（demande）中进行表述的原初压抑（Urverdrängung）：但是它显现在一种新枝之中，它就是在人之中显现为欲望（das Begehren，le désir）的那种东西。"① 这里涉及需要、需求、欲望和能指之间的复杂关系：1. 拉康在前段指出，"能指的在场的各种后果"之所以来自人的各种说话需要的"一种偏离"，那是因为，"只要人的各种［说话］需要服从于需求，它们就重回到人身上而成为异化的"②，简言之，异化是需要与需求不一致的结果。2. 正是在这种不一致之处，在这种异化之处，诞生了人的欲望，拉康在《弗洛伊德的无意识之中的主体颠倒和欲望辩证法》中直接这样说："在需要与需求的彼此撕裂的边缘之处，欲望开始显露：这一边缘就是，需求（其呼唤只有在大他者的场所内才能是无条件的）在需要在此能够带来的可能缺席的形式下，在无法普遍满足（人们称之为焦虑）的形式下开启了。"③3. 由此可见，异化的需要正是欲望。欲望最初借助于像而浮现，"在与像的遭遇中，欲望浮现了出来"④，故"欲望最初是在他人中被把握，而且以一种最为混乱的形式出现"⑤，所谓混乱的，就是说，欲望根本上是一种他人的欲望，却以自我的欲望形式出现。当然，像并不是欲望的真正对象，一旦象征秩序介入，主体的欲望就从依附于想象之像转移到依附于言

---

① Jacques Lacan, «La signifiacation du phallus», repris dans les Écrits, Seuil, 1966, p.690.

② Ibid.

③ Jacques Lacan, «Subversion du sujet et dialectique du désir dans l'inconscient freudien» (1960), repris dans les Écrits, Seuil, 1966, p.814. 在两年前的《菲勒斯的含义》一文中，拉康这样来形容三者之间的关系："因此欲望既不是满足之欲念，也不是爱之需求，而是前者摆脱后者造成的差异，就是它们的劈裂（Spaltung/ 分裂）现象本身。"（Jacques Lacan, «La signification du phallus» (1958), repris dans les Écrits, Seuil, 1966, p.691.）

④ Jacques Lacan, Le séminaire de Jacques Lacan, Livre I, Les écrits techniques de Freud 1953-1954, texte établi par Jacques-Alain Miller, Éditions du Seuil, 1975, p.212.

⑤ Ibid., p.169.

词或能指，"欲望通过象征符号学着辨认出自己（se reconnaître）"①，于是欲望进入了能指之链，那就是能指的换喻，就如拉康所说，"欲望是一种换喻"②。4.能指的换喻是欲望运作的机制，但是能指或言词也不是欲望的真正对象。由于原初的异化，欲望根本上就没有对象，或者说其对象是一种缺乏（manque）。5.与之对应的是，能指的隐喻（严格说来是作为第一能指的母亲能指的隐喻）就是原初压抑，因为，语言能指由于言词谋杀了事物的"原罪"而无法表述事物，这也是拉康所谓"通过假设也无法在需求中进行表述"的意思。不难发现，尽管拉康坚持用德语来标示"原初压抑"一词，以示它与弗洛伊德的渊源关系，但他的这一概念与弗洛伊德的原初压抑概念已相去甚远③。

由此可见，这里的能指"母亲的欲望"的省去和划去，就是一种压抑，而且还是一种原初压抑，而不是一般的压抑（*Verdrängung*, refoulement），因为能指"母亲的欲望"是第一个能指即母亲能指。换言之，"父性的隐喻"的公式实际上表示的是最初的能指的隐喻活动，甚至可以说，它代表的就是能指的隐喻本身，所有后续的具体的能指的隐喻活动，都依据于"父性的隐喻"这一最初的能指的隐喻，都是对后者的模仿。

其二，在"父性的隐喻"公式中，能指"母亲的欲望"横线之下是"对于主体而言的所指"即所指（s），而在隐喻运作公式之中，能指"S $\mathbf{S}$'"的横线之下则是未知的含义"x"，这里有些许不同。拉康在 1957—1958 年度《第 5 研讨班》的一次研讨会（1958 年 1 月 15 日，后来被米勒冠名为《父性的隐喻》研讨会）中也曾经给出相似的公式：

---

①　Ibid., p.193.

②　Jacques Lacan, *Écrits*, Éditions du Seuil, 1966, p.528.

③　关于弗洛伊德的原初压抑（*Urverdrängung*）概念，可参见 Jean Laplanche et J.B. Pontalis, *Vocabulaire de la Psychanalyse*, Puf, 1967, pp.396-398. 需要指出的是，正是因为弗洛伊德对原初压抑没有明确的定义，才使得拉康有了进一步加以发挥的余地。

$$\frac{\text{Père}}{\text{Mère}} \cdot \frac{\text{Mère}}{x}$$

其中拉康明确指出，x 是与母亲能指"S'"相连的某种东西，就是"在与母亲关系中的所指"。紧接着他又问道："问题是，所指是什么呢？母亲意愿的是什么呢？"他对此回答道："我很想她意愿的是我，可是很清楚的是，她意愿的不是我。有另外东西煽动了她。煽动她的，就是 x，就是所指。而母亲的各种来来往往之所指，就是菲勒斯。"① 这就是说，x 不是别的什么东西，而正是母亲能指的所指，正是菲勒斯。一方面，菲勒斯是母亲能指的所指，是母亲欲望的对象，也是主体（儿童）欲望和母亲欲望的共同对象；另一方面，欲望本身是一种缺乏，但它也有自己的能指，菲勒斯正是标示欲望的能指。如果我们仅仅从字母意思去理解拉康的这些话，就会陷入混乱。拉康这里所谓的"所指（signifié）"，既没有索绪尔之前所用的"听觉形象—概念"对子中"概念"的意思，也丝毫不涉及含义的意思，真正体现了索绪尔后来所用的"所指—能指"对子中"所指"的意思②，也就是能指所指向的那个东西，即欲望能指朝向的对象。正是在这一意义上，拉康才说，x 代表未知的含义。这不仅体现了索绪尔后来所用的"所指—能指"对子的思想精髓，亦即所指仅仅关涉能指所指向者却并不涉及概念和含义，而且也彰显出拉康的欲望理论的核心思想，即欲望并没有真正的对象，其对象总是处于欲望的换喻活动之中，进一步确认了含义的未定性。拉康随后给出如下公式：

$$\frac{S}{S'} \cdot \frac{S'}{x} \rightarrow S\left(\frac{1}{s'}\right)$$

---

① Jacques Lacan, Le séminaire de Jacques Lacan, Livre V, *Les formations de l'inconscient 1957-1958*, Seuil, 1998, p.175.

② 索绪尔理论中"听觉形象—概念"对子和"所指—能指"对子前后的区别，可参见黄作：《漂浮的能指——拉康与当代法国哲学》（人民出版社 2018 年版）第三章第一节"索绪尔引入 signifié/signifiant 对子"。

　　并且说明道："中间的能指元素掉落，能指 S 通过象征道路拥有了母亲欲望的对象，后者在菲勒斯的形式下自身呈现。"[①] 我们看到，本次研讨会的时间（1958 年 1 月 15 日）与上述《论精神症任何可能治疗的一个初步问题》一文的成文时间几近一致，但是对比两个公式，还是有个细微的差别：在此，右边函数符号"（）"之中横线之下出现的"s'"，而非"s"。也就是说，这里涉及能指 S 的所指"s"，还是涉及能指"S'"的所指"s'"？为了弄清楚这一问题，单看这两个公式是不够的。拉康于 1960 年 6 月 23 日对比利时哲学家佩雷尔曼 (Chaïm Perelman) 名为"合理性的典范和公正的规则"（«L'idéal de rationalité et la règle de justice»）的报告做了一个长长的介入发言（1961 年 6 月重写这一文本，首发于 1961 年第 53 期《法兰西哲学年鉴》，后又作为附录 II《主体的隐喻》（«La métaphore du sujet»）收录在 1966 年出版的《文集》），其中提出了以下公式：

$$\frac{S}{S_1'} \cdot \frac{S_2'}{x} \rightarrow S\left(\frac{1}{s''}\right)$$

　　我们不难发现，在此，1. 右边函数符号"（）"之中横线之下出现的既不是"s"，也不是"s'"，而是"s'''"；2. 能指"S"分成了"S'1"和"S'2"。[②] 这不是拉康在耍花招，故意不断地变换公式符号以博眼球。我们不妨从拉康介入评论佩雷尔曼报告的这篇小短文入手。佩雷尔曼既是哲学家，又是法理学家，尤其在法律论证理论方面有较高的造诣，被认为是"新修辞"（«Nouvelle Rhétorique»）的创立者，也是布鲁塞尔学派的领袖之一。拉康与佩雷尔曼的交锋主要集中在作为修辞方式的隐喻之上。拉康在这一文本中明确讲道："正是从我作为精神分析师所从事的无意识的各种显示出发，

---

① Jacques Lacan, Le séminaire de Jacques Lacan, Livre V, *Les formations de l'inconscient 1957-1958*, Seuil, 1998, p.176.

② Jacques Lacan, *Écrits*, Éditions du Seuil, 1966, p.890.

我来发展一种能指的各种效果理论,在这一理论中,我重新发现了修辞。"①
简言之,拉康认为他提出的也正是一种修辞理论。由此,交锋是不可避免
的。拉康一上来用了貌似婉转的语气,"我并不是不同意佩雷尔曼先生通
过宣称这里有一种四项运作(une opération à quatre termes)来处理隐喻的
方式",之后立即就宣战了,"我并不认为他有充分理由相信能把隐喻归并
为类比功能(la fonction de l'analogie)"——还在页下注释 2 中特别指出
参看佩雷尔曼名著《论证论——一种新的修辞》(*Traité de l'argumentation,
la nouvelle rhétorique*)第二卷第 497—534 页——因为,"如果人们在这一
[类比]功能中把以下事实视为经验获得的,即 $\frac{A}{B}$ 和 $\frac{D}{C}$ 之间各种关系在它
们的固有的异质性效果(它们在此被分配为主题和被传送者)之中相互支
持,那么,这一形式主义对于隐喻来说就不再是有效的,最佳的证据就
是,形式主义在佩雷尔曼先生所带来的各种插图本身之中变得模糊了"②。
换言之,尽管传统观点即亚里士多德主义一直认为隐喻这种修辞形式建立
在类比基础之上,但是拉康明确反对把隐喻归结为一种类比,相反,他继
承了索绪尔在反对分类命名集的基础上提出的形式主义道路,坚持从形式
化角度出发来理解和谈到隐喻问题。由此,他认为上面的"一种四项运作"
实际上并不成立,因为"它们的异质性经历了一条共享之线(une ligne
de partage)即三对一(trois contre un),而且与从能指到所指的线区分了
开来"③。

　　拉康在此说得非常清楚,隐喻这一修辞活动主要表现为一能指对另一
能指的替换,所谓"三对一",也就是说三个能指对一个所指,而不是说一
对能指 / 所指对另一对能指 / 所指,进一步说,这里并不存在所指的替换

---

① Ibid., p.889.

② Ibid., pp.889-890.

③ Ibid., p.890.

问题。原因在于，正如《拉康与哲学》一书的作者阿兰·朱拉维勒（Alain. Juranville）正确地概括了拉康的能指的根本特征："他［拉康］超越了索绪尔曾经描述的能指与所指的这一同辈者即符号，且确定一种语言平面图，其中只有能指显现。如果人们要追随拉康，这就是必须要接收的东西。远非所指先于能指，完全是能指首先给出自身。纯粹的能指（Signifiant pur）。也就是说，**没有所指的**（*sans signifié*）能指。因此拉康引入了能指的自主性观念……所指由能指**所产生**。应该与'能指'特有的动词特征联系起来。能指就是进行指称的那个东西，就如战士就是在进行战斗的人。因此'能指'就是施动者（agent）。"① 所谓"没有所指的能指"，是说能指在根本上并没有确定的所指，既没有天然连结的所指（分类命名集），也没有约定连结的所指（辉特尼的语言符号约定主义），甚至也没有非约定主义的任意连结的所指（索绪尔的语言符号任意性理论），而是表现为纯粹的能指，追求比索绪尔更为彻底的形式主义。也正是在这一意义上，拉康批评佩雷尔曼的新修辞理论并没有贯彻彻底的形式主义。没有所指的能指必然导致能指的至上性以及含义的增生；没有确定的所指必然导致所指的滑移；由此，虽说所指与含义不在同一个范畴之中，但所指的不确定和含义的不确定却是遥相呼应的。

综上，"三对一"之中的三个能指，无论标示能指 S、"S'"和"S'"，还是能指 S、"S'1"和"S'2"，都没有根本性的区别，因为它们代表的是能指的替换链或共享之线。强调能指的替换链或共享之线，正是正确理解拉康的"父性的隐喻"运作公式的钥匙。乔埃勒·多尔试图用一语言符号（能指 S2/ 所指 s2）替换另一语言符号（能指 S1/ 所指 s1），进而用这另一个语言符号（能指 S1/ 所指 s1）整个占据了前一语言符号的所指位置，于是新的语言符号就变成了"能指 S2/ 能指 S1/ 所指 s1"，而所指 s2 因为隐喻活动而被

① Alain Juranville, *Lacan et la philosophie*, Paris, PUF, 1984, pp.47-48.

排除了出去，最终需要一种分析的思维活动才能把它找回来[1]。但是这一图解显然是错误的，他不仅把拉康对隐喻的定义即“一个能指代替另一能指”偷换为“一个语言符号代替另一个语言符号”，不仅没有能理解上述拉康所谓“共享之线”与“从能指到所指的线”的不同，而且在根本上没有理解拉康能指的至上性理论，相反仍然陷于索绪尔所谓语言符号统一性泥潭，甚至相信含义（siginfication）出自能指与所指结合的幻想。

其三，“父性的隐喻”公式运作的结果便是能指“父亲的姓名”的函数即 Nom-du-Père $\left(\dfrac{A}{Phallus}\right)$；结合隐喻运作公式，那就是能指 S 函数即 $S\left(\dfrac{I}{s}\right)$。这一函数公式无疑对应于前面已经列出的能指函数的演算公式 $f(S)\dfrac{I}{s}$，而后者还是来自最初的能指演算公式 $\dfrac{S}{s}$。我们在前面已经指出，能指函数的演算公式 $f(S)\dfrac{I}{s}$ 可以具体表示换喻（“横向的能指链的各种元素”）和隐喻（“它们的各种垂直的毗邻物”）两种情形，也就是说，函数 f（S）中的变量能指 S 既可以表现为横向连结的形式（换喻），也可以表现为纵向替换的形式（隐喻），但是，能指 S 函数的值域——如果严格按数学中函数公式的术语来称呼的话——却总是表现为“$\left(f(S)\dfrac{I}{s}\right)$”的形式：横线上面的“I”是“（inconscient）无意识”一词的缩写，表示能指 S 在无意识场所（也就是根本化的而非制度化的语言领域）中进行运作；小写的斜体的 s 就是能指 S 的所指，就如拉康的能指 S 演算公式 $\dfrac{S}{s}$ 中已经明确指出：根据能指 S 至上性理

---

① Joël Dor, *Introduction à la lecture de Lacan. 1. L'inconscient structuré comme un langage. 2. La structure de sujet*, Denoël, 2002, p.55 et p.117. 图示如下：

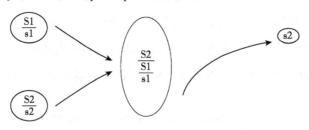

论，能指 S 决定所指 s，能指 S 在无意识场所中的漂浮决定了所指 s 于其中的滑移。结合上述隐喻和换喻的演算公式，我们发现，一能指与另一能指的替换运作（隐喻）以"+"符号形式——即新能指 S 越过能指 S 与所指 s 之间的横杠"—"——表现出来，进而促成了含义的来临或产生；一能指与另一能指的连结运作（换喻）以"-"符号形式——即能指 S 与所指 s 之间仍然保持为不可克服的横杠"—"——表现出来，从而构成了对含义的抵制。需要指出的是，无论是隐喻运作中含义的来临，还是换喻运作中对含义的抵制，都在于说明，在拉康的语言理论中，含义的产生并非能指 S 和所指 s 自然结合的产物，相反，它是能指决定所指的产物或效果，要么由于能指 S 突破横杠"—"而表现为出乎意料的来临，要么由于能指 S 无法突破横杠"—"而表现为得到了抵制。从义理上说，能指函数的演算公式 $f(S)\dfrac{\mathrm{I}}{s}$ 实际上只是能指的演算公式 $\dfrac{S}{s}$ 的强化和进一步具体化，它们强调的都是能指 S 的至上性以及所指 s 和含义的未定性。简言之，拉康用隐喻和换喻的演算公式试图概括能指 S 的演算或运作。

只有在理解了拉康的能指的演算公式 $\dfrac{S}{s}$ 和能指函数的演算公式 $f(S)\dfrac{\mathrm{I}}{s}$ 的基础之上，我们才能理解上述隐喻演算公式

$$f\left(\frac{S'}{S}\right)S \ \cong \ S\ (+)s$$

和上述隐喻运作公式 $\dfrac{S}{S'}\cdot\dfrac{S'}{x} \to S\left(\dfrac{I}{s}\right)$ 之间的对应关系。具体落实到"父性的隐喻"公式即能指"父亲的姓名"的函数之上，我们不难发现，能指"父亲的姓名"函数的值域表现为 Nom-du-Père $\left(\dfrac{A}{Phallus}\right)$，也就是说：横线上面的"A"是"（Autre）大他者"一词的缩写，大他者 A 是能指的宝库，也是无意识的场所，"无意识是大他者的论说"，表示能指"父亲的姓名"要在大他者 A 这一能指的宝库中进行运作；横线下面的"菲勒斯（phallus）"，本来是母亲能指的所指——拉康在《第 5 研讨班》中称之为"母亲的各种

来来往往之所指"①——作为一种典型的对象之缺乏，处于对象关系的中心，处于想象三角形的中心。面对这一"在场／缺场"切口之所指，儿童（主体）深深地体验到某种无常。为了克服这种无常，儿童（主体）实施了某种"想象的道路（voie imaginaire）"：儿童（主体）运用某种窍门，很早就觉察到"想象的 x 所是"，而且一旦他认识到这点，就意愿使自己成为菲勒斯；"然而想象的道路并不是正常的道路"，因为想象的道路会"招致人们称之为各种固着（fixations）的东西"，还会"留下某种粗略的、深不可测的、甚至对立的东西"，"后者造成了倒错的整个多样性"②。想象的道路对应于奥狄浦斯情结第一阶段，即儿童（主体）意欲成为想象的菲勒斯（φ）。

随着父亲的介入，想象道路让位于象征的道路，"什么是象征的道路呢？那就是隐喻的道路（voie métaphorique）"③。我们看到，在上述"父性的隐喻"运作之后，能指"父亲的姓名"替换了母亲能指，成为能指"父亲的姓名"函数的值域之后，括号"（）"中横线之下的"菲勒斯"也悄然发生了变化：它不再是"是或不是"意义上的菲勒斯，不再是儿童（主体）意欲成为的想象的菲勒斯（φ）；相反，它成了"拥有或不拥有"意义上的菲勒斯，成了象征的菲勒斯（Φ）。所指的这一变化正是能指函数（"父亲的姓名"能指函数）运作的结果，或者说，正是各能指的结构或能指链的结构决定着所指，决定着含义，因为各能指的功能就是"通过向所指强加它们的结构而在所指中引入含义"④。正是在这一意义上，拉康才说"菲勒斯的含义应该通过父性的隐

---

① Jacques Lacan, Le séminaire de Jacques Lacan, Livre V, *Les formations de l'inconscient 1957-1958*, Seuil, 1998, p.175.

② Ibid.

③ Ibid., p.176.

④ Jacques Lacan, «D'une question préliminaire à tout traitement possible de la psychose», repris dans les *Écrits*, Seuil, 1966, p.550.

喻在主体的想象界之中得到展现"①。同理，正是随着"父性的隐喻"运作的展开，儿童（主体）开始转向父亲，希冀与父亲进行象征认同，希冀自身拥有菲勒斯来回应母亲的欲望问题。至于能指"父亲的姓名"与大他者 A 之间的关系，我们从图 R 不难看出，

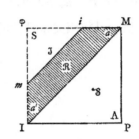

SCHÉMA R :

一方面，拉康并没有让"父亲的姓名"与大他者 A 相重合，位于象征三角形一个顶点的"P 作为大他者 A 之中'父亲的姓名'的位置"②，区别于作为能指宝库的大他者 A；另一方面，拉康明确说道，"应该承认，'父亲的姓名'在大他者的位置中与象征三元的能指本身相重叠，因为它构成了能指的法则"③。精神分析师埃里克·波尔进一步指出"父亲的姓名"与象征三元中的象征父亲这一能指（父亲能指）本身相重叠，因为能指"父亲的姓名"和父亲能指都是能指，而不是名字，"'父亲的姓名'没有与大他者中象征父亲相同一（identique）。他与大他者之中的父亲能指相重叠（redouble）。理解这一点的第一个线索来自'父亲的姓名'（Nom-*du*-Père）不是'父亲之名'（Nom *de* Pere）这一事实。'父亲的姓名'与象征三元中的父亲（象征）能指相重叠"④。而拉康这样来总结能指"父亲的姓名"与大他者 A 之间的关系："父亲的姓名"就是"能指，它在作为能指场所（lieu du signifiant）的大他者之

---

①　Ibid., p.557.

②　Ibid., p.553.

③　Ibid., p.558.

④　Erik Porge, *Les noms du père chez Jacques Lacan. Ponctuations et problématiques*, ERES, 2006, p.40.

中就是作为法则的场所（lieu de la loi）的大他者的能指"①。

综上不难看出，拉康在此实际上是把能指函数与隐喻公式结合了起来。能指"父亲的姓名"集中体现了这种结合：一方面，能指"父亲的姓名"是父性的隐喻运作的结果（从母亲能指到父亲能指）；另一方面，能指"父亲的姓名"服从能指函数的演算（能指的至上与所指的滑移）。此处也再次说明了，"父亲的姓名"概念是拉康父亲理论的核心概念，足以涵盖一切父亲问题。

---

① Jacques Lacan, «D'une question préliminaire à tout traitement possible de la psychose», repris dans les *Écrits*, Seuil, 1966, p.583.

第三章 反例:"父亲的姓名"的 "因逾期而丧失权利"

第一节 从"Verneinung"(矢口否认)到 "Bejahung"(肯定)

一般来说,通过"父性的隐喻"("父亲的姓名"能指替代母亲能指)这一运作机制,主体就顺利经过了奥狄浦斯阶段,这便是所谓的奥狄浦斯情结的落幕。然而,这里有异常的情形,其中一个就是"父亲的姓名"的"因逾期而丧失权利"。要想讲清楚拉康的"因逾期而丧失权利(forclusion)"概念,还是需要从弗洛伊德的"Verneinung"(矢口否认)概念讲起。1925年,弗洛伊德写了一篇名为《矢口否认》(Die Verneinung)的小论文,首次发表在精神分析学最初两大杂志之一的《成像》(Imago)第 10 卷第 3 期第 217—221 页,后来收录在德文《全集》(Gesammelte Werke)第 14 卷的第 11—15 页和英译《标准版全集》(Standard Edition)第 19 卷第 235—239页。法文第一个译文由欧斯里(H. Hoesli)译出,发表在《法国精神分析杂志》1934 年第 7 卷第 2 期第 174—177 页。根据拉康的说法,"这一作品再一次显示了弗洛伊德所有作品的根本价值。每一个词都值得根据其确切的影响、根据其重音以及根据轮到它时的特别顺序来进行决定,都值得被插入到最严格的逻辑分析之中"①；这一"严谨的文本"，其所探讨的问题，涉及的"如果不是认识理论的话，那至少也是判断理论"；因而对于没有哲学学科训练的一般精神分析师来说"有一些困难"②。根据当时法国著名的黑格尔专家让·伊波利特（Jean Hyppolite）的说法：这一小论文"有一个绝对奇特的结构，实际上非常高深莫测"，可谓鬼斧神工之作，"其构造根本不是一个教授的构造"，与此同时，上述法译文"并不非常确切"，因此，"如果没有德文文本的话，根本理解不了法文文本"③。伊波利特的说法也道出了某种实情：弗洛伊德的这一小论文由于文本本身的难度和译文质量的不尽人意④——文本本身的难度无疑是翻译质量不好的直接原因——一直以来未受到研究者们的关注。与此同时，这一小论文文本结构奇特，蕴涵着深刻思想，迟早必定引起有识之士的挖掘与阐释。拉康是很早注意到这一小论文巨大学术价值的有识之士。鉴于这一文本带有的浓厚哲学味，他于1953—1954年度《第1研讨班》1954年2月10日研讨会上专门邀请伊波利特来进行讲解，请求他"不但来补充我，而且带来唯有他才能带给《矢口否认》这一严谨文本的东西"。伊波利特的《口头评论》加上拉康的《导言》和《回应》，一共有三个文本⑤，收录于拉康的《文集》之中。可以毫不夸张地说，正是因为拉康的问题引入、伊波利特的评论以及两者的深入阐释，弗洛伊德的这一小论文才引发了广泛的关注，譬如之后甚至出现了大

---

① Jacques Lacan, Le séminaire de Jacques Lacan, Livre I, *Les écrits techniques de Freud 1953-1954*, Seuil, 1975, p.67.

② Ibid., p.66.

③ Jean Hyppolite, «Commentaire parlé sur la *Verneinung* de Freud», dans les *Écrits*, Seuil, 1966, Appendice I, p.879.

④ 伊波利特称上述法译文"相比于其他各译本还是足够忠实的"，可见其他译文的不尽人意。（Ibid.）

⑤ 拉康的《第1研讨班》文本把拉康的《导言》和《回应》合二为一，文本更多地体现了现场的情况，与《文集》中的两个文本有较大出入。

量的法译文①，带动了世界其他地区对这一文本的热议。

　　根据《第 1 研讨班》中拉康《导言》部分的记载，伊波利特在做评论之前就有跟拉康聊起弗洛伊德的这一小论文的标题——也就是"Verneinung"概念——的法译的错误情况，"'Verneinung'，正如伊波利特刚刚（tout à l'heure）向我指出的那样，这是'矢口否认'（dénégation），而不是像人们翻译为法文那样是'否定'（négation）"②。伊波利特在他的评论一开始则表示他是在拉康之后发现这一更佳译法的："弗洛伊德从提出标题 Die Verneinung 开始。我发觉——在拉康博士之后发现了这一点——用'la dénégation'（矢口否认）来翻译它更佳。"③ 伊波利特在此倒不是谦虚，相反，他道出了实情，因为拉康之前早就主张改用法文单词"dénégation"（矢口否认）来翻译弗洛伊德的"Verneinung"一词，至少有两处明显的文本依据：其一在《关于心理因果性》（1946 年 9 月 28 日在 Bonneval 举行的精神病学讨论日上的发言，首发在 1950 年的论文集《神经症和精神症的心理起源问题》），"……'Verneinung'的场所本身，就是这样的现象，即主体由此通过它所带来的矢口否认（dénégation）本身和它带来的那一时刻本身来揭示其各种运动中的一种"④；其二在《犯罪学中精神分析功能的理论导论》（1950 年 5 月 29 日第 13 届法语精神分析大会报告），"弗洛伊德从这样的一种招认中所认出的形式，它具有他所表象的最有特点的功能：这就是'Verneinung'，就是'la

---

① 根据法国老朋友吉布尔（Michel Guibal）先生生前所说，有多达二十几个法译文本。笔者所依据的主要法译详注本——J.C. Capèle & D. Mercadier 德法对照译本（Première parution du texte français in: *Le Discours psychanalytique*, Paris, 1982）——正是老先生 2000 年年初提供给我的。

② Jacques Lacan, Le séminaire de Jacques Lacan, Livre I, *Les écrits techniques de Freud 1953-1954*, Seuil, 1975, p.66.

③ Jean Hyppolite, «Commentaire parlé sur la *Verneinung* de Freud», dans les *Écrits*, Seuil, 1966, Appendice I, p.879.

④ Jacques Lacan, «Propos sur la causalité psychique», dans les *Écrits*, Seuil, 1966, p.179.

dénégation'（矢口否认）"①。从义理上来说，拉康的这一想法甚至可以追溯到《超越〈快乐原则〉》（1936年）一文，在"精神分析经验的现象学描述"一章中，拉康首先指出，对于分析师来说，语言经验不能脱离对话情景，因为这里有一个"简单的事实，即语言在指称某个东西之前是为了某个人而进行指称（signifie pour quelqu'un）"；换言之，患者对分析师言说，他强迫自己论说"不愿意说任何东西"，但却保留了他"愿意对分析师说话"这一事实，于是，患者主体所说的可以说没有任何意义，而"他对分析师说话"这一事实隐藏着"某个意义"；正是在分析师对患者主体的回答运动中，分析师作为听者"感受到了这一点"，"正是通过悬搁这一〔回答〕运动分析师理解了论说的含义"，这样一来，分析师就能于其中认出了一种"意图（intention）"。接着，拉康分析了语言如何来传递意图的问题，认为精神分析在这一方面已经教给我们太多东西，主要涉及两种方式：其一，"意图在论说用实际经验（vécu）所报告的东西之中被表达出来，但是并不被主体所理解，而且，只要主体设定表达的道德匿名性，这一点就是这样：这是象征主义的形式"；其二，"意图在论说用实际经验所肯定的东西之中被构想，但是被主体所否认，而且，只要主体系统化他的构想，这一点就是这样：这是矢口否认（dénégation）的形式"。最后，拉康总结道："因而，意图在经验之中因为被表达而显得是无意识的，因为被压抑（réprimé）而显得是意识的。"② 这说明，拉康很早就留意到精神分析中这一独特的"矢口否认"现象。

伊波利特一上来就从哲学的高度出发为解读弗洛伊德的《矢口否认》一文定调："你们将进一步看到'判断中对某物的矢口否认'（*etwas im Urteil verneinen*）被使用的情况，它不是判断（jugement）中对某物的否定（négation），而是一种变卦（déjugement）。在整个这篇文章中，我认为我们应该在

---

① Jacques Lacan, «Introduction théorique aux fonctions de la psychanalyse en criminologie», dans les *Écrits*, Seuil, 1966, p.140.

② Jacques Lacan, «Au- delà du «princip.de réalité», dans les *Écrits*, Seuil, 1966, pp.82-83.

内在于判断的否定与否定的态度之间做出区分：否则在我看来是无法理解的。"① 结合《矢口否认》一文一开头的几个例子——"在分析工作中，我们的患者表示突发念头的方式给了我们进行某些值得关注的观察的机会。'您想现在我会对您说些伤人的话，但实际上我并没有这一意图'。我们知道，这是通过投射来拒绝一种萌生念头。或者：'您问梦中的那个人会是谁？她当然不是我的母亲'。我们更正：这因此肯定是他母亲。"②——我们不难看到，伊波利特告诉我们，"矢口否认"并非负负得正从而表示肯定那么简单，相反，它代表了一种"否定的态度"（为此他用了"变卦"一词），而不是一种判断，也就是说，既不是肯定也不是否定。他随即正确地指出，正是弗洛伊德留意到了这一特殊现象，"然而这一留意把弗洛伊德带向一种极其胆大的一般化，在其中，他将提出有关矢口否认的问题，因为矢口否认可能是理智（l'intelligence）的源泉本身。我就是这样在其所有哲学密度中来理解文章的"③。

一旦"矢口否认"被视为理智的源泉，其理论价值一下子就突显了出来。如何理解"矢口否认"的这一巨大理论价值呢？我们还是需要回到《矢口否认》文本本身。弗洛伊德在第 3 段落中继续说："只要被压抑的表象或想法的内容能够被矢口否认，它就能开辟道路进入意识"。换言之，矢口否认是被压抑者的内容能够开辟道路进入意识的某种方式或道路。用弗洛伊德自己的话来说，"矢口否认是注意到被压抑者的一种方式"。那么，这是不是说压抑得到了解除呢？弗洛伊德在此做了个富有哲理的回答，"事实上，这

---

　　① Jean Hyppolite, «Commentaire parlé sur la *Verneinung* de Freud», dans les *Écrits*, Seuil, 1966, Appendice I, pp.879-880.

　　② 《矢口否认》第 1 段落。凡是涉及《矢口否认》文本本身，我们参照了几个法译本，包括 J.C. Capèle & D. Mercadier 德法对照译本、Henri Hoesli 译本和 Thierry Simonelli 译本等，所以只注段落，不标页码。

　　③ Jean Hyppolite, «Commentaire parlé sur la *Verneinung* de Freud», dans les *Écrits*, Seuil, 1966, Appendice I, p.880.

已经是一种压抑之扬弃（Aufhebung），然而，当然，这并不是说接受了被压抑者"，因为，"在矢口否认的帮助下，压抑过程的各种后果之中只有一种后果被回绝或中途折返，以至于其表象的内容无法到达意识。其结果便是对压抑者的一种理智的接受（*Art intellektueller Annahme des Verdrängten*, une sorte d'acceptation intellectuelle du refoulé），同时压抑的主要部分却固执地维持着"，或者说，"我们也成功地战胜了矢口否认，成功地迫使对被压抑者的理智的接受，然而，压抑过程本身仍然没有因此而被解除"①。需要指出的，其一，这里涉及压抑之扬弃，就"扬弃（Aufhebung）"这一词汇，伊波利特称之为"再熟悉不过了"，因为"这是黑格尔的辩证法词语，它同时意味着否定(nier)，压制(supprimer)、保持(conserver) 和根本上的涌起(soulever)"②。其二，压抑并没有被解除（尤其压抑的主要部分固执地维持着），因此，无论是欧斯里（Henri Hoesli）译本中"suppression（撤销，取消）"，卡佩勒和梅卡迪耶（J.C. Capèle & D. Mercadier）译本中的"levée（解除，撤去）"，还是西莫内利（Thierry Simonelli）译本中的"annulation（废除，撤销）"，都不足以翻译"压抑之 Aufhebung (扬弃)"之中的"Aufhebung (扬弃)"一词，甚至还极易造成深深的误解，使得读者误以为压抑已经被解除，进而与文本中"压抑过程本身仍然没有因此而被解除"这样的表述形成矛盾和冲突。其三，这里涉及理智的接受或承认。弗洛伊德一方面说"这并不是说接受了被压抑者"，另一方面又说"对被压抑者的理智的接受"，这并不自相矛盾，因为，前者说的是，压抑并没有被解除，被压抑者也没有到达意识，后者说的则是，只是理智承认和接受了被压抑者（*des Verdrängten*, le refoulé）。

只是理智承认或接受了被压抑者，这意味着什么呢？这意味着，这只是理智的一种承认或接受，或者借用伊波利特的术语，这只是"理智的肯定

---

① 《矢口否认》第3段落。

② Jean Hyppolite, «Commentaire parlé sur la *Verneinung* de Freud», dans les *Écrits*, Seuil, 1966, Appendice I, pp.880-881.

(l'affirmation intellectuelle)"①。我们不难发现，这一理智的肯定正是黑格尔辩证法中"Aufhebung（扬弃）"一词蕴涵的"保持和涌起"的含义。从黑格尔主义的角度来看，这里不可避免地涉及存在（是）的问题，人们试图"在一种表现我们以某种我们所不是的方式所是的方式中找到其基础"，而弗洛伊德式的表述如"我要告诉您什么是我所不是；当心了，这正是我所是"正是构成这一基础的东西，弗洛伊德本人也正是这样进入上述矢口否认的功能的②。对此，伊波利特宣称，"在此，弗洛伊德分析中真正奇特的东西开始出现了"③，这不但是在说，"以某种其所不是的方式表现其存在，在并非一种对被压抑者的接受而是一种压抑之扬弃中，所涉及的正是这点"④，而且更是意味着，"我由此得出，应该把一个哲学名词赋予此处所产生的东西。这个名词弗洛伊德不曾表述过，它就是否定之否定（la négation de la négation）。从字面意义上看，此处出现的东西就是理智的肯定，不过理智只能是作为否定之否定的理智"⑤。伊波利特随即补上一句，"这些术语并不出现在弗洛伊德文本中，不过，我认为，我们只能对他的思想进行延伸，以这样的方式把它表达出来"⑥。我们应该承认，伊波利特对此所做的创造性阐释，既有文本依据，看起来也符合行文义理，"矢口否认"的后果就是对被压抑者的一种理智的肯定。唯一的不当之处在于，我们都知道，黑格尔的"否定之否定"是经过了肯定阶段（正题）和否定阶段（反题）之后的最终阶段（合题），而弗洛伊德在这里涉及的理智的肯定只是一种第二性的肯定，并"不是一种真正的肯定"⑦，就如我们即将看到，这不是弗洛伊德在《矢口否认》第 8 段

---

①　Ibid., p.882.

②　Cf. ibid., p.880.

③　Ibid., p.881.

④　Ibid.

⑤　Ibid., p.882.

⑥　Ibid.

⑦　Sao Aparicio, «Note sur la *Verneinung*», *EPFCL-France| Champ lacanien*, 2006/2 (N° 4), p.153.

落讲到的原初肯定（Bejahung）。事实上，伊波利特也已经看到了两者之间的差别，"弗洛伊德在此所讲到的矢口否认，就其与理智于其中构成自身的理想的否定不同而已，正好向我们指出了这种起源"①，只不过，他在承认矢口否认（理智的肯定）与理想的否定（否定之否定）的差别的同时，更加关注某种起源问题。是什么起源问题呢？那就是弗洛伊德在《矢口否认》中所谓的"理智的判断功能"的"心理根源（*psychologischen Ursprung*, l'origine psychologique）"②问题，或者"理智功能的起源（*die Entstehung einer intellektuellen Funktion*, la naissance d'une fonction intellectuelle）"③问题。

理智功能的起源问题，在《矢口否认》第 4 段落中也表述为："既然肯定和矢口否定各种思维内容是理智的判断功能的一项任务，那么，前面的论述就把我们带到了这种功能的心理根源。"④虽然弗洛伊德在此同时说到了肯定和（矢口）否认这两种判断形式，不过，我们从整篇小论文来看，弗洛伊德无疑强调的是矢口否认的理智功能，也就是说，他是从矢口否认现象出发，而不是从肯定现象出发来探讨理智功能的起源问题的。他在第 4 段落中随后具体表述道："判断中矢口否定某物其实意味着：这里有某种我宁愿压抑它的东西。排斥（Verurteilung, condamnation）是压抑的理智性替代物，它的'不'（*Nein*, 'non'）是一种压抑的标志，一种产地证明书，差不多就像'德国制造'。"⑤这里有三点值得指出，其一，前面所谓理智的承认或理智的肯定，实际上就是理智对一种排斥的承认或肯定，或者说，理智以排斥的形式表现承认或肯定，因为，排斥在那时已经替代了压抑，虽然说压抑在根本上仍然没有被解除，但排斥替代压抑之后，思维就可以脱离压抑，从而使得

---

① Jean Hyppolite, «Commentaire parlé sur la *Verneinung* de Freud», dans les *Écrits*, Seuil, 1966, Appendice I, p.880.

② 《矢口否认》第 4 段落。

③ 《矢口否认》第 8 段落。

④ 《矢口否认》第 4 段落。

⑤ 《矢口否认》第 4 段落。

思维进行下去，用弗洛伊德自己的话来说，"在矢口否认的象征符号的帮助下，思维脱离了压抑的界限，用实现思维所必需的内容丰富了自己"①。与此同时，"矢口否认的象征符号"所表示的这一排斥，对被压抑者的这种排斥，我们在前面已经反复指出，恰恰就是理智对被压抑者的承认或肯定。其二，排斥所标示的这种"不"，并不是来自无意识领域的一种音信，相反，它是意识领域的一种否定形式，是理智运作的结果，就如弗洛伊德在《矢口否认》第9段落中明确说道，"这种关于矢口否认的构想，与以下事实非常相合，即，我们在分析中无法找出来自无意识的一个'不'，而且，自我对无意识的承认以一种否定的形式表达出来"②。早在1915年著名的《无意识》一文中，弗洛伊德就已经明确指出这点："在这一系统［无意识系统］中，没有否定，没有可疑的东西，没有变化着的确定性程度：整个这一点只有通过存在于无意识系统和前意识系统之间的稽查工作才能被输入。否定在更高的层面上是压抑的一种替代者。在无意识系统中，只有或多或少强力被投注的内容。"③正是在这一意义上，以"不"的形式出现的矢口否认与黑格尔的"否定之否定"虽说结果都导向肯定判断，但其中蕴涵的思维结构和理论旨趣却是相异的，当然，我们也可以说，它们在某种意义上有着异曲同工之妙。而正是从这一"不"的形式出发，弗洛伊德认为我们可以看到理智功能的心理根源。其三，排斥或排斥判断——拉普朗虚和彭大历斯在《精神分析学的词汇》中把"Verurteilung"译为"排斥判断（le jugement de condamnation）"④——弗洛伊德把之视为"一种比压抑更加精心构思的和更加合适的防御方式"⑤，早在《小

① 《矢口否认》第4段落。

② 《矢口否认》第9段落。

③ Sigmund Freud, «The Unconscious», in *Collected Papers, Vol.IV*, Authorized Translation under the Supervision of Joan Riviere, New York:Basic Books Inc. Publishers, 1959, p.119.

④ 《精神分析词汇》把之定义为："主体完全意识到一欲望，但主要出于一些道德的理由或机会理由而禁止自己实现它的运作或态度。"（Jean Laplanche et J.B. Pontalis, *Vocabulaire de la Psychanalyse*, Puf, 1967, p.218.）

⑤ Cf. Jean Laplanche et J.B. Pontalis, *Vocabulaire de la Psychanalyse*, Puf, 1967, p.218.

汉斯》个案中，他就讲到分析"通过各个高级精神行动者之上一种有节制的和有目的的控制，取代乃是一种自动的和过度的过程的压抑过程。简言之，分析用排斥（condemnation）取代压抑"①。在《论压抑》一文中，弗洛伊德不仅把"Verurteilung（排斥）"与"Urteilsverwerfung（判断弃绝）"等同起来，而且认为"Verurteilung（排斥）"是比压抑等级更高的一种防御方式②。简言之，从弗洛伊德的思想历程可以看出，排斥（Verurteilung）既是自我的一种高级防御手段，更是理性的一种策略。

然而，为什么我们只有在"不"这一否定形式下才能探讨理智的起源呢？伊波利特从相反的角度提出了相同的问题："为什么弗洛伊德没有告诉我们：判断的功能通过肯定而成为可能呢？"③为了回答这一疑问，他先提出了弗洛伊德文本中的依据，"弗洛伊德告诉我们：'判断功能的实现只有通过创造矢口否认的象征符号（*la création du symbole de la négation*）才能成为可能'"④。需要指出的是，我们对照弗洛伊德的原文后发现，不但伊波利特的引文只是弗洛伊德原文的节选——《矢口否认》第 8 段落最后一句的原文为："然而，判断功能的实现只有通过以下事实才能成为可能，即，创造矢口否认的象征符号容许思维第一时间独立于压抑的各种后果且由此独立于快乐原则的限制"⑤——而且弗洛伊德在文中并没有对"die Schöpfung des Verneinungssymbols（矢口否认的象征符号之创造或创造矢口否认的象征符号）"这一表述进行强调。接着，伊波利特这样解释道："这是因为，矢口否认将扮演的不是一种有毁坏倾向的角色，也不再扮演一种倾向于判断形式内部的角色，而是扮演作为已被阐明的象征性（symbolicité）的根本态

---

① Sigmund Freud, «Analysis of a Phobia in a Five-Year-Old Boy» (1909), in *S.E.*, *X*, p.145.

② Sigmund Freud, «Repression» (1915), in *S.E.*, *XIV*, p.146.

③ Jean Hyppolite, «Commentaire parlé sur la *Verneinung* de Freud», dans les *Écrits*, Seuil, 1966, Appendice I, p.886.

④ Ibid. 伊波利特在当页的注释 3 中指出，斜体是弗洛伊德本人所强调的。

⑤ 《矢口否认》第 8 段落。

度的角色。"①从中我们可以看到，其一，伊波利特非常重视弗洛伊德在此提出的"矢口否认的象征符号之创造"的意义和价值问题，特别希望把之提升到"象征性"的高度，不过，他并没有进一步展开，而且，我们认为他也无法再进一步展开，因为，我们在后面将看到，伊波利特终究受到黑格尔主义思想(如"扬弃"、"否定之否定"等)的限制，无法看到象征思想的真正价值，相反，只有拉康借助当时结构主义思想新利器，才能完美地阐释此处的象征思想。其二，伊波利特跟随弗洛伊德的思路，主张把快乐原则与毁坏倾向联系起来，而且明确声称，对于上述《矢口否认》第 8 段落的最后这一个句子，"如果我一开始就把毁坏倾向与快乐原则联系起来，它的意义对我来说就不会有什么问题"②。我们知道，根据《矢口否认》第 8 段落，"矢口否认……属于毁坏的内驱力 (*Destruktionstrieb*, la pulsion de destruction)"③。不过，虽然矢口否认属于毁坏的内驱力，但是"矢口否认的象征符号之创造"则可以独立于快乐原则的限制，可以摆脱毁坏倾向或毁坏的本能冲动，这就是伊波利特所说的"矢口否认将扮演的不是一种有毁坏倾向的角色"的真正含义所在。其三，伊波利特明确提出，作为"根本态度"的矢口否认，才是我们得以探讨理智功能起源问题的关键因素。矢口否认作为一种否定的态度——它不是简单的否定，不是判断之内与肯定相对立的否定，这也是伊波利特所说的"矢口否认也不再扮演一种倾向于判断形式内部的角色"的意思——这在我们前面引用伊波利特称矢口否认是一种"变卦"时就已经指出过。至此，我们可以说，矢口否认既是一种理智的肯定，又是一种否定的态度；既是一种理智的行为，又是一种情感的态度。伊波利特的回答无疑紧扣弗洛伊德文本，不过，就"我们为什么只能从矢口否认这种'不'的形式而不能直接从

---

① Jean Hyppolite, «Commentaire parlé sur la *Verneinung* de Freud», dans les *Écrits*, Seuil, 1966, Appendice I, p.886.

② Ibid.

③ 《矢口否认》第 8 段落。

肯定出发来探讨理智功能的起源"问题，他似乎并没有给出令人满意的答案。

我们沿着矢口否认的双重性继续前行。正是在矢口否认的行为中，弗洛伊德声称，"在此，我们可以看到，理智功能（*intellektuelle Funktion*, fonction intellectuelle）与情感过程（*affektiven Vorgang*, processus affectif）是如何分离的"①。也正是在矢口否认的行为中，弗洛伊德才得以说，"既然肯定和矢口否定各种思维内容是理智的判断功能的一项任务，那么，前面的论述就把我们带到了这种功能的心理根源"②，以及，"判断之研究可能第一次为我们打开了从各种原初内驱力运动的游戏出发对理智功能的起源所进行的理解"③。这就是说，一方面，矢口否认的双重性使我们看到了理智功能与情感过程于其中第一次分离开来了，另一方面，与此同时，这第一次分离也意味着，正是某种原初情感（affectif primordial）产生了理智④，从而使得我们有可能来探讨理智功能的起源问题。针对这一起源问题⑤，伊波利特特别指出，尽管"人们可能会认为这种起源来自实证主义心理学"，认为它是人们心理观察或心理实验的结果，但是他认为"它显得更为深层，就好像来自历史与

---

① 《矢口否认》第3段落。

② 《矢口否认》第4段落。

③ 《矢口否认》第8段落。

④ 参照伊波利特的说法："……这种原初情感，就它将产生理智而言。"（«... cet affectif primordial, en tant qu'il va engendrer l'intelligence»）他同时又说，"应该根据拉康博士的教导来理解它：即我们从心理学角度出发称之为情感的初级关系形式"（la forme primaire de relation...affective）（Jean Hyppolite, «Commentaire parlé sur la *Verneinung* de Freud», dans les *Écrits*, Seuil, 1966, Appendice I, p.883.）。

⑤ 伊波利特甚至把这一起源问题推进到思维的起源问题："弗洛伊德发觉自己能够指出理智如何［在行为中］与情感相分离，且能够表达一种判断的起源，总之，一种思维的起源（un genèse de la pensée）。"（Jean Hyppolite, «Commentaire parlé sur la *Verneinung* de Freud», dans les *Écrits*, Seuil, 1966, Appendice I, p.883.）这一推进不可避免地会带来某些困难：譬如，判断或理智能不能等同于思维？情感是不是属于思维？还可参见伊波利特在文章最后所说，"如这样的思维，因为思维已经远远在前面，在初级状态之中，但它于其中还没有作为被思"，（Ibid, p.887）他显然认识到这是一种被思或反思之前的思维活动，是一种类似于原思一样的思维活动。这种构思与倡导无意识的弗洛伊德和拉康的思路并不相同。

神话的秩序（l'ordre de l'histoire et du mythe）"，为此，他直截了当地向"在座的心理学家们致歉"：他本人"不太喜欢根本意义上的实证主义心理学"①。那么，被伊波利特称之为"伟大的神话"②的深层东西又是什么呢？我们在弗洛伊德的这篇小论文中看到，这一"原初情感"与受到快乐原则支配的"各种原初内驱力运动（motions pulsionnelles primaires）"紧密相连，更为精确地说，与"两组内驱力（deux groupes de pulsions）"紧密相连③，这也是前引"为我们打开了从各种原初内驱力运动的游戏出发对理智功能的起源所进行的理解"句子的确切含义所在。而这两组内驱力的背后，恰恰有其神话的源头："[原初] 肯定（Bejahung, affirmation）……属于爱神（Eros）"④。那么，什么是神话的维度呢？伟大的神话的价值在哪里呢？伊波利特主张把神话的价值与历史性联系在一起，这一原初情感或情感的初级关系形式，"如果它产生理智，那是因为它一开始就包含了一种根本的历史性（une historicité fondamentale）；换言之，不会出现以下情形：一边是完全投入到现实的纯粹情感，另一边是要与现实脱离开来以便重新把握它的纯粹理智"⑤。我们更愿意参照他借用弗洛伊德名义的说法，"弗洛伊德好像说，一开始，不过，一开始只是意味着'从前……'的神话"⑥或者参照拉康的说法，"一种神话时刻（un moment mythique）"⑦。简言之，神话时刻就是一个创造性时刻。

于是，从这一最初的神话时刻开始，理智或者说理智的判断"在此有了

---

① Jean Hyppolite, «Commentaire parlé sur la *Verneinung* de Freud», dans les *Écrits*, Seuil, 1966, Appendice I, p.883.

② Ibid.

③ 《矢口否认》第 8 段落。

④ 《矢口否认》第 8 段落。

⑤ Jean Hyppolite, «Commentaire parlé sur la *Verneinung* de Freud», dans les *Écrits*, Seuil, 1966, Appendice I, p.883.

⑥ Ibid, p.884.

⑦ Jacques Lacan, «Réponse au commentaire de Jean Hyppolite sur la "Verneinung" de Freud», repris dans les *Écrits*, Seuil, 1966, p.382.

其最初的历史"①。弗洛伊德把理智的判断功能从根本上分为两类：一类可以称之为属性判断（jugement d'attribution），另一类可以称之为实存判断（juge-ment d'existence）。所谓属性判断，就是"赋予或拒绝赋予一事物以一种属性"，属性可能是好的或坏的，有用的或有害的，用"用最古老的口欲内驱力运动的语言来表述的话，就是：'这个，我想吃。'或者，'这个，我想把它吐出来。'通过继续换位就成了：'这个，我想让它进入体内。'和'这个，我想把它排出体外。'"②熟悉精神分析文本的读者不难发现，弗洛伊德在此论及快乐原则和快乐自我的问题，他这样说："就如我在别处指出过，最初的'快乐自我'（Lust-Ich, moi-plaisir）想把所有好的东西都摄入自身，把所有坏的东西都排出体外。坏的东西，对自我来说就是陌生的东西，外面的东西，最初是同一的"，并且在最后的注释中特别指出，"关于这一主题，参照《各种内驱力及其命运》一文中的进一步讨论。（全集第十卷）"③。这里需要指出的是，其一，属性判断完全遵循快乐原则，引起快乐的东西，我就摄入其中，引起不快乐的东西，我就排斥在外；其二，所有外在于我的东西，最初都是同一的，也就是说，都是无差别的，而且，它们都是异己的，于我而言是陌生的，是坏的。我们在此不难看到，在理智的最初发展阶段，情感（好和坏）因素几乎起到了决定性的作用，这也再次佐证了上述"原初情感产生了理智"的断言。

而所谓实存判断，"针对一种被表象之物的实在实存，涉及从最初的'快乐自我'开始就自身发展的决定性的'现实自我（Real-Ichs, moi-réalité）'（现实检验）"④。在此，我们看到，理智判断所依据的原则从快乐原则转换到了现实原则或现实检验原则，换言之，"这不再涉及去知道被觉知的某种

① Jean Hyppolite, «Commentaire parlé sur la *Verneinung* de Freud», dans les *Écrits*, Seuil, 1966, Appendice I, p.883.

② 《矢口否认》第 5 段落。

③ 《矢口否认》第 5 段落及注释 2。

④ 《矢口否认》第 6 段落。

东西（一个事物）是否应该被接纳进自我之内，而是涉及去知道作为表象（*Vorstellung*, représentation）出现在自我之中的某种东西是否同样能够在知觉（现实）中被重新发现（wiedergefunden, retrouvé）"①。从中我们看到弗洛伊德（或精神分析学）独特的认识理论，其一，弗洛伊德用了一对极具经验论色彩的词汇即内在与外在，"就如人们看到的那样，这再次成了一个关于**外在与内在**的问题"②，而非经典观念论的术语如内在与超越对子，来阐述自我与现实（世界）之间，或同与异之间的关系问题。其二，与哲学传统不同，弗洛伊德这里把知觉和表象进行了区分：一边是知觉系统，处理被觉知到的东西，受到现实原则支配，相当于意识系统，另一边是表象系统，更确切地说，这里是物表象系统，相当于无意识（自我）系统③；与此同时，他又宣称，"所有的表象都来自各种知觉，都是各种知觉的一些重复"④。其三，如果说作为表象出现在（无意识）自我之中的是主观性东西，那么被觉知到的就是对象性东西（或客观性东西），两者"对立一开始并不存在，对立仅仅因为以下事实而产生，即，思维有能力通过再现（*Reproduktion*, reproduction）在表象中重新现实化（*wieder gegenwärtig zu machen*, réactualiser）有一次被觉知到的某物，而对象不再需要在外界出现"⑤。正是在这一意义上，法语"表象（représentation）"一词恰好说明了，表象从根本上说就是"再现（re-présentation）"的意思。其四，正是因为表象可以再现知觉而无需对象在外界出现，"现实检验最初的和直接的目标，并不在现实知觉中去找到一个与被表象者相关联的对象，而是去重新找到（*wiederzufinden*, retrouver）一

---

① 《矢口否认》第 6 段落。

② 《矢口否认》第 6 段落。

③ 弗洛伊德在《无意识》一文中曾经讲到两种不同的心理表象，物表象（Sachvorstellung, presentation of the thing）和词表象（Wortvorstellung, presentation of the word），"允许我们称之为对象的意识表象的东西现在分为词表象和物表象……意识表象包括物表象和隶属于它的词表象，而无意识表象则只是物表象"。(Sigmund Freud, «The Unconscious», in *S.E.*, *XIV*, p.201.)

④ 《矢口否认》第 6 段落。

⑤ 《矢口否认》第 6 段落。

个对象，去确信它仍然在手（*vorhanden*, présent）"①。由此出现了精神分析认识论与哲学认识论最大的不同之处：在前者看来，由于情感优于理智（原初情感产生理智），即便在现实原则（理智的实存判断）的作用之下，认识仍然不是以寻找确定性对象为宗旨，相反，认识的有效性体现为重新找到一个对象，正是在这一意义上，我们可以说精神分析认识论的认识对象始终是另一个（l'autre），这与精神分析的欲望理论同样是契合的；而对于后者来说，按照笛卡尔的说法，理智无可争议地具有首要性，"没有东西能够先于理智而被认识，因为，认识所有其他事物都依赖于理智，而不是相反"②，因为哲学认识的对象必须是确定的对象，换言之，认识的有效性在于对象的确定性，而西方哲学史的传统告诉我们，唯有理智才能决定对象的确定性。

无论是基于快乐原则的属性判断，还是基于现实原则的实存判断，都是理智的判断功能的表现，都是情感与理智第一次分离之后理智功能的具体展开和运用。然而，弗洛伊德似乎把属性判断视为原初的判断，"判断是以把东西整合进自我或把东西排斥在自我之外为最终目标的演变，整合和排斥最初都由快乐原则所产生"，同时又把判断的两极与两组内驱力之间的对立联系起来，"判断之极（*Polarität*, polarité）看起来对应于我们所设定的两组内驱力之间的对立特征"，于是就出现了上述神话时刻："[原初] 肯定，作为统一的替代，属于爱神；矢口否认，作为排斥的后果，属于毁坏的内驱力。"③ 在此有多重疑难：其一，最初的判断是不是属性判断？如果是，那它已经就是理智功能的表现了；如果不是，那它又是什么呢？其二，最初的判断的两极，按弗洛伊德此处的说法，是肯定和矢口否认，它们显然不是判断之内处于二元对立位置的肯定和否定，也就是说，它们不属于理智性判断，

---

① 《矢口否认》第 6 段落。

② «... nihil prius cognosci posse quam intellectum, cum ab hoc caeterorum omnium cognitio dependeat, et non contra...» (Descartes, *Regulæ ad directionem ingenii*, AT X, p.395, ll. 22-24.)

③ 《矢口否认》第 8 段落。

可是，弗洛伊德明明说"判断是一种理智活动"①，那么，最初的肯定和最初的矢口否认是不是隶属于一种理智的活动呢？其三，在最初的肯定和最初的矢口否认之间存在这一种根本性的不对称，而判断之内的肯定与否定之间存在着二元对立性的对称，可是，弗洛伊德为什么要称最初的肯定和最初的矢口否认为判断的两极，而不是称肯定与否定为判断的两极呢？唯一"合理的"解释可能就是：这是一个神话时刻，也就是说，它既表示理智的诞生（这是判断，这是肯定），又表示情感的洋溢（这是两组内驱力，这是矢口否认的变卦）。然而，疑难仍然存在。原初的肯定是什么？矢口否认的象征符号是什么，矢口否认的象征符号之创造又是什么？要解答弗洛伊德文本中这些最难的疑难，只有等待新的理论的来临。

第二节　原初肯定（Bejahung）与 "Verwerfung（弃绝）"

哲学家伊波利特无疑看到了这些疑难，尤其看到了原初的判断之中这种根本的不对称性，明确说"此处有一种困难"②。在他看来，"这里出现了一种根本的、非对称的象征符号（un symbole fondamental dissymétrique）。原初的肯定（affirmation primordiale）就是肯定；而［矢口］否定，超出了意愿毁坏"③。在此，一边是最初的肯定，是爱的统一性，是真正的肯定；另一边是矢口否认，是毁坏性倾向，是理智的起源。前者是无可争议的肯定，是统一，后者是一种形式上的否认，实际上是一种理智性肯定。于是，两者既不是一种二元对立（就如判断之内的肯定和否定），也不是一种对称。可是，

---

① 《矢口否认》第 7 段落。

② Jean Hyppolite, «Commentaire parlé sur la *Verneinung* de Freud», dans les *Écrits*, Seuil, 1966, Appendice I, p.886.

③ Ibid., p.883.

首位法译者欧斯里错误地用同一个法语单词"substitut（替代）"来翻译不同的德语单词"Ersatz（替代）"和"Nachfolge（结果）"，于是德文文本"[原初]肯定，作为统一的替代……矢口否认，作为排斥的后果……"就错误地变成了"肯定，作为统一的替代……矢口否认，作为排斥的替代……"①，从而看起来形成了一种对称。伊波利特紧紧抓住法译文的这一错误，猛烈批评这一错误所营造的对称或两极幻影，"尽管人们用同一个法语词汇来翻译它们，不过，在弗洛伊德的文本中，在从爱的统一性倾向（la tendance unifiante de l'amour）出发到肯定的过渡和从毁坏性倾向（la tendance destructrice）出发的这种矢口否认(它有产生理智和思维的状况本身的真正功能）的起源之间，应该认识到这两个不同词语所表达的一种不对称"②。

当然，这一不对称的疑难主要集中在矢口否认这一边：矢口否认是排斥的后果，是毁坏性内驱力的后果，但它同时既不是排斥或毁坏性内驱力本身，也不是排斥或毁坏性内驱力的替代。很显然，矢口否认的后果超出了毁坏性内驱力意欲的毁坏。它的作用除了促使理智功能（判断）的诞生之外，是不是还有其他的价值和作用呢？伊波利特试图用一种所谓的"矢口否认的快乐"来进行阐释，"这里只关乎否认主义和毁坏性内驱力，正是因为，实际上，这一点很好地解释了这里可以有一种矢口否认的快乐（un plaisir de dénier），一种仅仅由力比多构成物（composantes libidinales）之撤销所造成的否认主义"③。在这一点上，他是忠实于弗洛伊德的，因为弗洛伊德不但把原初的肯定和矢口否认都置于快乐原则的支配之下（"整合和排斥最初都由快乐原则所产生"），而且认为，"矢口否认的一般快乐，大多数精神病患者身上具有的否认主义，很可能被当作通过力比多成分的回撤而进行各种内驱

① Sigmund Freud, «La Négation», traduit de l'allemand par Henri Hoesli, in *Revue Française de Psychanalyse*, Septième année, T. VII, n° 2, Éd. Denoël et Steele, 1934, pp.174-177.

② Jean Hyppolite, «Commentaire parlé sur la *Verneinung* de Freud», dans les *Écrits*, Seuil, 1966, Appendice I, p.882.

③ Ibid., p.886.

力之梳理的标志"①。伊波利特紧接着还添加：矢口否认仍然依赖于快乐原则，"这一点很重要，对于技术来说是首要的"②。快乐原则之下矢口否认恰恰是理解精神病患者身上具有的否认主义的正确道路。

与此同时，伊波利特继承弗洛伊德有关"排斥是压抑的理智性替代物"的论断，结合现代哲学尤其是黑格尔哲学的存在理论，试图揭示矢口否认的内在价值，"它意味着，整个被压抑者在一类悬搁（suspension）中可能再次被重新捕捉或被重新利用，而且，从某种意义上说，它并不处于各种吸引内驱力与各种排斥内驱力的支配之下，相反，一种思维的边缘（une marge de la pensée），一种以不能存在的面目出现的存在的涌现（une apparition de l'être），倒有可能产生，它伴随着矢口否认而产生"③。换言之，矢口否认揭示的是，随着一种思维边缘或一种存在涌现的产生，被压抑者可能被重新把握。虽然伊波利特紧接着强调道，"换言之，在此，关于［矢口］否认的象征符号与矢口否认的具体态度联系在了一起"④，但是，他实际上既没有阐明矢口否认的象征符号（弗洛伊德文本中最难的疑难之一）意味着什么，也没有进一步展开这一象征符号与被压抑者、存在和思维边缘之间的关系。这与我们在上一节中已经指出的一点是遥相呼应的：伊波利特提出"象征性"一词却未能进一步阐明其义理和价值。

只有当伊波利特提出"在其象征功能中显现的那一时刻的矢口否认"的概念时，且同时承认，"其实，在这一浮现的时刻，还没有判断，有的是一个关于外在（dehors）和内在（dedans）的最初神话"⑤，他才走上了进一步深入理解矢口否认问题的道路。需要指出的是，伊波利特对于"在其象征功

---

①　《矢口否认》第 8 段落。

②　Jean Hyppolite, «Commentaire parlé sur la *Verneinung* de Freud», dans les *Écrits*, Seuil, 1966, Appendice I, p.886.

③　Ibid.

④　Ibid.

⑤　Ibid., p.884.

能中显现的那一时刻的矢口否认"概念的表述原文是,"弗洛伊德已经指出位于属性判断和实存判断背后的东西。在我看来,要想理解他的文章,就必须把属性判断的否定和实存判断的否定,视为以下时刻——即[矢口]否定在其象征功能中显现——的否定这边的否定"①。他对于属性判断和实存判断的理解跟我们有较大出入:我们认为属性判断和实存判断都是判断(理智功能)诞生之后的判断,也就是说它们都是理智性判断;伊波利特则认为它们的否定形式就是矢口否认,因此它们处于判断(理智功能)诞生的那一神话时刻。他的这种矛盾性的理解同样可以从他关于"外在与内在"的说法中得出:他一方面宣称在矢口否认浮现的那一时刻,还没有判断,另一方面则坚持这是一个关于外在和内在的神话。可是,在《矢口否认》小论文中,弗洛伊德是在论述实存判断的第6段落中提出关于外在和内在的问题,"就如人们看到的那样,这再次成了一个关于**外在与内在**的问题"②。撇除这些矛盾的表述,伊波利特的上述提法的重要价值主要表现如下:其一,他提出,在神话时刻浮现时,还没有判断(理智功能);其二,他把神话时刻的浮现与矢口否认联系在一起;其三,他强调矢口否认正是在其象征功能中显现。进一步说,伊波利特突出了:正是在这一神话时刻,矢口否认在其象征功能中显现。这一观点为我们正确把握弗洛伊德文本中上述那些最难的疑难提供了某种方向。

只有等到拉康接过列维-斯特劳斯从大洋彼岸带来的结构利器,弗洛伊德文本中这些最难的疑难才能得到有效的阐释,在某种意义上也可以说,这些疑难等待的揭示者正是拉康。拉康高度赞赏伊波利特用神话时刻来阐释矢口否认的象征创造的手法,"伊波利特先生,通过其分析,让我们穿越了由主体中层面的差别所标记的、关于与[原初]肯定(Bejahung)相关的[矢口]否认的象征创造(création symbolique)的那种高高的瓶颈。这

---

① Ibid., p.884.

② 《矢口否认》第6段落。

种象征创造，他已经着重指出，需要被设想为一种神话时刻（un moment mythique），而非一种生成时刻(un moment génétique)"①。拉康在此更是特别指出，这是一个神话时刻，而非一种生成时刻。这里的"génétique（生成的或发生的）"一词，与《矢口否认》小论文第 4 段落中的"*Ursprung*, origine（根源或源头）"（"前面的论述就把我们带到了这种功能的心理根源"）一词和第 8 段落中的"*Entstehung*, naissance（起源或诞生）"（"从各种原初内驱力运动的游戏出发对理智功能的起源所进行的理解"）一词，以及伊波利特的《口头评论》中通篇使用的"genèse（起源）"②一词，还有"origine（源头）"③一词和"source(源头或来源)"④一词，无疑在词义上是相近的，那么，我们该如何理解拉康的意思呢？矢口否认的象征创造或者说矢口否认的象征符号之创造，它不是一种生成时刻，这是什么意思呢？弗洛伊德在《矢口否认》小论文强调理智功能（判断）的起源问题，伊波利特更是把之推进到思维或思想的起源问题，承续的都是［希腊式］哲学总是刨根究底——既是亚里士多德的《形而上学篇》卷 5 第 1 个词条"（本源、原理）"，也是德里达猛烈批评的逻各斯中心主义的家族主要成员——的西方哲学史传统。拉康既没有像前两者那么热衷于起源问题，也不认为"起源"一词足以说清楚这里涉及的各种问题，相反，他着重关注的是象征创造问题，在此就是矢口否认的象征创造问题。我们知道，象征的问题一直是拉康 1950 年代初期重点关注的理论问题。正是在这一象征创造问题上，他赞赏伊波利特用神话时刻来进行解释，来解释这一象征创造"过程"，"因为伊波利特先

---

① Jacques Lacan, «Réponse au commentaire de Jean Hyppolite sur la "Verneinung" de Freud», repris dans les *Écrits*, Seuil, 1966, p.382.

② 如"这种矢口否认的起源"；"一种判断的起源"；"一种思维的起源"和"外部与内部的起源"等。(Jean Hyppolite, «Commentaire parlé sur la *Verneinung* de Freud», dans les *Écrits*, Seuil, 1966, Appendice I, p.882; p.883; p.883; p.885.)

③ 如"理智的源头本身"；"实存判断的源头"；"在［矢口］否认的明确象征符号的源头处"；等。(Ibid., p.880; p.884; p.887.)

④ 如"肯定的源头"。(Ibid., p.885.)

生已经令人赞赏地向你们指出，弗洛伊德神话般地把过程描述得如原初的（primordial）一样"①。

矢口否认的象征创造的神话时刻是什么呢？拉康一方面承续弗洛伊德的论述，认为这一象征创造就是"弗洛伊德所提出的作为属性判断于其中扎根的初生过程（procès primaire）的［原初］肯定（*Bejahung*）"②，就是一种原初肯定；另一方面，他又把这一肯定视为一种原初条件，它"不是什么别的东西，而是原初条件（condition primordiale），为的是某种实在的东西来呈现于存在——或者，运用海德格尔的语言来说，就是让存在（laissé être）——的显现之中"③。对照弗洛伊德和伊波利特的文本，我们不难发现：其一，拉康既没有把这一原初肯定④（Bejahung）视为属性判断层面的肯定，也没有把之视为实存判断层面的肯定，而是把之视为"属性判断于其中扎根的初生过程"，类似于伊波利特所说的还没有判断之前的神话时刻，也就是象征创造的时刻；换言之，就如矢口否认不是判断之内的否定一样，这一原初肯定（Bejahung）也不是判断之内与否定二元对立的肯定。其二，拉康把这一原初肯定（Bejahung）视为矢口否认象征创造的原初条件；20世纪50年代初的拉康着迷于海德格尔的存在显现理论，把象征符号的创造问题等同于实在之物在存在之中的显现问题，在他看来并没有不妥之处；象征符号的创造问题（或物在存在中的显现问题），都受制于原初肯定（Bejahung）这一原初条件。

这一原初条件是什么呢？这一"原初"又是什么意思呢？在此，拉康实际上有一个先验论的思想理路：原初肯定（Bejahung）是一个预设。具体

---

① Jacques Lacan, «Réponse au commentaire de Jean Hyppolite sur la "Verneinung" de Freud», repris dans les *Écrits*, Seuil, 1966, p.387.

② Ibid., pp.387-388.

③ Ibid., p.388.

④ 根据拉康的理解和解释，我们从此把"Bejahung"都译为"原初肯定"，之前相似的情况用"［ ］"补上"原初"两字。

来说，任何的矢口否认，都隐藏着矢口否认所要否认的东西，从而必定预设了这一东西的存在，这便是原初肯定（Bejahung）。这不同于以下情形：从逻辑上说，判断之内处于二元对立的否定，必定是对某物的否定，从而必定先有肯定，当然这一肯定不是预设的肯定，而是实在的肯定，就如否定也是实在的否定一样，它们是二元对立之中的肯定和否定，黑格尔所谓作为合题的"否定之否定"正是从这组二元对立的判断出发而取得的思辨成果。法译者蒂斯（Bernard This）和泰夫（Pierre Thèves）1982 年对弗洛伊德上述小论文 «Die Verneinung» 所做的翻译和评论版本的第 41 页上对动词 "Bejahen" 有一个绝妙的解释："*Bejahen*，动词，就是肯定地（affirmativement）进行回答，就是对他人所发出的先前的一个肯定（affirmation）说'是'（*ja*, oui）。他说话，我说'是'，因此我进行确认（confirme）……法语中的肯定（affirmer），从词源学上说就是使得牢固（rendre solide）的意思，而撤销（infirmer）就是使得虚弱（infirme）的意思。"[①] 从中可见，无论是名词 "Bejahung" 还是动词 "Bejahen"，其中的 "ja" 都是"确认"（说"是的"）的意思，是对某种已经肯定的东西或已经存在的东西的确认。在《第 1 研讨班》中对伊波利特《口头评论》的《回应》中，拉康认为伊波利特已经向我们指出了这一预设的层面，"伊波利特先生对弗洛伊德文本的阐述向我们指出了原初肯定（Bejahung）和否定性［应该是矢口否认］之间的层面差别，因为这一原初肯定（Bejahung）在一种在先的层面（niveau antérieur）——很明确我使用了一些笨拙的（pataudes）表达——上建立起主体—对象关系的构成"[②]。在米勒所编的 Seuil 版本中，并没有出现 "antérieur"（在先的）一词，相反，出现的是 "inférieur"（下面的）一

① Bernard This et Pierre Thèves, traduction et commentaire de *Die Verneinung* de Freud, *Le Coq Héron* n° 52, 1975. Cf. Jaques Tréhot, «Il était une fois...la Bejahung», *EPFCL-France| Champ lacanien*, 2006/1 (N° 3), pp.195-196.

② Jacques Lacan, *Écrits techniques*, Séminaire 1953-1954, séance le 10 Février 1954, version ELP et version staferla.

词，即"一种下面的层面"①。新近的研究者精神分析师雅克·特奥（Jaques Tréhot）一方面利用拉康在此的说明，认为"'下面的'这一术语是'笨拙的'（pataud）"，另一方面又借用拉康在一周前的研讨会（1954 年 2 月 3 日）上开头说到德语单词"unterdrückt"②，认为此处的"inférieur"（下面的）一词就是底部的意思，认为拉康"有兴趣把原初肯定（Bejahung）置于论说底部（les dessous du discours, unterdrück）中的概念层面"，也就是或，原初肯定（Bejahung）"首先是潜在的，在显然论说的底部"；甚至这样来描述这一潜在性，原初肯定（Bejahung）"无法直接显示，它只有从矢口否认（Verneinung）出发才能被构成"③。不管是特奥解释下"inférieur"（下面的）一词具有的"潜在的"含义，还是"antérieur"（在先的）一词所具有的"在先的"含义，拉康在此想要强调的正是原初肯定（Bejahung）这一预设的层面。

对于原初肯定（Bejahung）这一预设，拉康其实并没有展开很多。在《第 1 研讨班》随后的研讨会（1954 年 2 月 17 日）上，他运用克莱因（Melanie Klein）的迪克（Dick）个案进行了进一步说明。迪克是一个四岁左右的男孩，但其心理年龄恐怕只有十五到十八个月，他只会非常有限的一些词汇（如 Dick、Papa、Maman、train、gare 等），经常自言自语，词汇也不见扩增，而且大部分情况下对词汇的使用也是不恰当的。拉康认为迪克的问题主要表现为：其一，他的想象转换机制出了问题④；其二，他不会用言语给出音信

① Jacques Lacan, Le séminaire de Jacques Lacan, Livre I, *Les écrits techniques de Freud 1953-1954*, Seuil, 1975, pp.68-69.

② Ibid., p.49.

③ Jaques Tréhot, «Il était une fois...la Bejahung», *EPFCL-France| Champ lacanien*, 2006/1 (N° 3), p.196.

④ 具体参见黄作：《不思之说——拉康主体理论研究》，人民出版社 2005 年版，第 37—39 页。

和做出回应，即"他还没有获得言语"①。正是在解释迪克为什么还没有获得言语这一疑问上，拉康谈到了原初肯定（Bejahung）问题，确切地说是缺失原初肯定（Bejahung）引起的问题。拉康这样说："的确，他［迪克］已经有了一些词汇理解，但是他并没有使这些词汇成为原初肯定（Bejahung）——他并没有假设性接受它们（ne les assume pas）"②。换言之，没有假设性接受原初肯定（Bejahung）正是引起迪克症状的关键性原因。从此出发，拉康非常重视这种"假设性接受（assomption）"，这种原初肯定（Bejahung），认为它"对于揭开一个精神分析进展的面纱来说是至关重要的"③。因为，在精神分析对话中，一旦主体（患者）同意分析师所要求的各种标准时，就能从中"辨认出一种令人满意的原初肯定（Bejahung）"④。精神分析师雅克·特奥认为，在这短短的几页文本中，"拉康把原初肯定（Bejahung）/矢口否认（Verneinung）对子和假设性接受（assomption）/投射（projection）对子置于平行的位置上"⑤，也就是说，如果说投射是矢口否认的运作机制的话，那么假设性接受可谓原初肯定（Bejahung）的运作机制；即使拉康两年之后在《第3研讨班》中提出放弃"投射（projection）"一词⑥，"这一对比还是允许通过其假设性接受这一含义来澄清原初肯定（Bejahung）"⑦。拉康没有具体展开原初肯定（Bejahung）的假设性接受这一维度，我们一方面需要结合象征化或词对物的替代（命名）概念来加以理解，即，象征界既是我们必须要

---

① Jacques Lacan, Le séminaire de Jacques Lacan, Livre I, *Les écrits techniques de Freud 1953-1954*, Seuil, 1975, p.99.

② Ibid., p.83.

③ Ibid., p.78.

④ Ibid., p.79.

⑤ Jaques Tréhot, «Il était une fois...la Bejahung», *EPFCL-France| Champ lacanien*, 2006/1 (N° 3), p.197.

⑥ Jacques Lacan, Le séminaire de Jacques Lacan, Livre III, *Les psychoses 1955-1956,* Seuil, 1981, p.58.

⑦ Jaques Tréhot, «Il était une fois...la Bejahung», *EPFCL-France| Champ lacanien*, 2006/1 (N° 3), p.197.

接受的一种次序，也是我们假设性接受的一种次序；另一方面，我们也可以联系临床实践来加以理解，譬如拉康所说欲望的跷跷板（bascule）就是位于象征实现与想象投射之间①。这种预设，这种假设性接受，尽管内涵不一，可以类比于笛卡尔从我在（有限）出发来推出或预设上帝（无限）的做法。拉康在晚年的《第24研讨班》中称"［矢口］否认假定（suppose）原初肯定（Bejahung）"②，正是对前期原初肯定（Bejahung）作为假设性接受观点的回应。

由此可见，这一作为假设性接受的原初肯定（Bejahung），既不是"否定之否定"，拉康这样说，"从一般方式来说，要想某种东西为了主体而实存的条件就是，这里有原初肯定（Bejahung），这种原初肯定（Bejahung）不是否定之否定"③，因为，"否定之否定"作为理想的肯定（黑格尔所谓的合题）正是一种纯粹理智性肯定，是"人们可以称为第二性的显然的肯定"④；也不位于与矢口否认相同的层面上：尽管矢口否认（*Verneinung*, dénégation）并不如伊波利特所说的仅仅是一种否定之否定——由此矢口否认也被视为一种理智性肯定——而更多地体现为一种情感作用（变卦 /déjugement）的介入，或一种无意识的脉动，但是矢口否认并不因此就与原初肯定（Bejahung）处于相同的原初层面上，相反，两者处于相对的位置上，因为矢口否认竭力否认的东西，正是矢口否认预设存在的东西，正是这一原初肯定（Bejahung）。后来在1958年《论精神症任何可能治疗的一个初步问题》中，拉康明确就

---

① Jacques Lacan, Le séminaire de Jacques Lacan, Livre I, *Les écrits techniques de Freud 1953-1954*, Seuil, 1975, p.193 et p.197. Cf. aussi, Jaques Tréhot, «Il était une fois...la Bejahung», *EPFCL-France| Champ lacanien*, 2006/1 (N° 3), p.197.

② Jacques Lacan, *L'insu que sait de l'une-bévue s'aile à mourre, Séminaire 1976–1977*, séance le 10 mai 1977, inédit, version staferla.

③ Jacques Lacan, Le séminaire de Jacques Lacan, Livre I, *Les écrits techniques de Freud 1953-1954*, Seuil, 1975, p.70.

④ Jaques Tréhot, «Il était une fois...la Bejahung», *EPFCL-France| Champ lacanien*, 2006/1 (N° 3), p.196.

说，“弗洛伊德设定这一原初肯定（Bejahung）为矢口否认的任何可能应用的必然先例（précédent nécessaire）”①。原初肯定（Bejahung）作为原初条件，是一种预设，一种假设性接受，那么，我们又该如何理解它呢？熟悉弗洛伊德和精神分析的人都知道，涉及无意识，人类意识实际上无法直接把握这一现象，相反只能依靠间接的方式，而后者往往通过否定的形式表现出来，拉康在对伊波利特的《口头评论》的《回应》中这样来总结这一关系：“这便是初始肯定（l'affirmation inaugurale），除非穿越无意识言语的各种帘状形式（formes voilées），否则这一初始肯定不再能够得到更新，因为，唯有通过否定之否定，人类的论说才能重新回到初始肯定。”② 当然，其中的“否定之否定”指的伊波利特借用黑格尔术语所阐释的矢口否认现象，而不是作为合题的否定之否定即理想的肯定。人类论说唯有通过一种［矢口］否认形式才能重新回到原初肯定（Bejahung），一方面说明，原初肯定（Bejahung）不仅位于无意识的层面，而且还代表着无意识的最初时刻，“原初肯定（Bejahung）作为无意识说出（l'énonciation inconsciente）的第一时刻”，相反，矢口否认只是无意识说出的“第二时刻”，而正是原初肯定（Bejahung）在这第二时刻之中的“维持（maintien）”“假设（suppose）”了原初肯定（Bejahung）这第一时刻③；另一方面也在强调，虽说“无意识……是某种否定性东西（quleque chose de négatif），是某种理想地说无法通达的东西”④，但这并不是说，无意识之中有一个“否定”或有一个“不”，因为，确切地说，“无意

---

① Jacques Lacan, «D'une question préliminaire à tout traitement possible de la psychose», dans les *Écrits*, Seuil, 1966, p.558.

② Jacques Lacan, «Introduction au commentaire de Jean Hyppolite sur la "Verneinung" de Freud», dans les *Écrits*, Seuil, 1966, p.388.

③ Jacques Lacan, «Remarque sur le rapport de Daniel Lagache: "Psychanalyse et structure de la personnalité"», dans les *Écrits*, Seuil, 1966, p.660.

④ Jacques Lacan, Le séminaire de Jacques Lacan, Livre I, *Les écrits techniques de Freud 1953-1954*, Seuil, 1975, p.181.

识之中并没有否定之符号"①，正如弗洛伊德在上述《矢口否认》第9段落中明确说道，"我们在分析中无法找出来自无意识的一个'不'"，因为"自我对无意识的承认以一种否定的形式表达出来"②。无意识的这一否定形式在某种意义上回答了伊波利特无法回答的前述问题即"为什么我们只有在'不'这一否定形式下才能探讨理智的起源呢?"：相对于无意识和原初肯定（Bejahung）的在先性，理智不仅是第二性的——情感同样是第二性的，因为无意识和原初肯定（Bejahung）超越了这两者③——而且只能在一种否定形式（矢口否认）下才能诞生。

自我在一种否定的形式下对无意识的承认，在拉康的理论中有一个专门的术语，称之为"méconnaissance"，后者有误认、认知失败、拒绝承认或不愿承认等等含义，鉴于它的含义多样性及英译本保持原文的做法，本文也采用保持原文而不做翻译的做法。在精神分析学看来，不但口误、笔误、暂时记不起某某人的名字等等这些被称之为失败（manqués）的行为，都是自我的méconnaissance功能的典型表现，而且主体症状、释梦、玩笑甚至语言修辞都可以归结为自我的méconnaissance功能。拉康在《第1研讨班》中明确说道，"méconnaissance不是无知（ignorance）。méconnaissance代表关乎一些肯定和一些否定的某种构造活动，主体与这一构造活动相连。因此，要是没有一种相关的认识（connaissance），méconnaissance就无法得到构想"④。也就是说，"如果主体能够méconnaître某种东西，主体就应该知道这一功能是围绕这种东西进行运作的。在其méconnaissance的背后，就应该有对于需

①　Jacques Lacan, *L'objet de la psychanalyse,* Séminaire 1965-1966, séance le 23 mars 1966, version staferla.

②　《矢口否认》第9段落。

③　狄伦·伊凡斯（Dylan Evans）在"情感"词条中仅仅指出"超越情感和理智［二元］对立的是象征"这一点是不够的。Cf. Dylan Evans, *An Introductory Dictionary of Lacanian Psychoanalysis*, Routledge, 1996, Taylor & Francis e-Library, 2006, p.5.

④　Jacques Lacan, Le séminaire de Jacques Lacan, Livre I, *Les écrits techniques de Freud 1953-1954*, Seuil, 1975, p.190.

要去 méconnaître 的东西的某种认识"①。在此，我们一下子就能看到矢口否认与 méconnaissance 功能之间的相通性：拉康早在 1946 年的《关于心理因果性》一文中称矢口否认（Verneinung）为"一种典型的 méconnaissance 现象"②，后来又称 méconnaissance 为矢口否认的"静态的"③名字，称 méconnaissance 为"矢口否认的原动力"④等等。正如矢口否认不是一种简单的否认，而是以否定形式出现的一种承认或招认，"矢口否认作为招认形式"⑤，méconnaissance 也不是一种简单的不认识或不知道，而是以否定形式（颠倒形式）出现的一种认识，是对其不愿承认的东西的认识。矢口否认要招认的是原初肯定（Bejahung）和无意识，而自我的 méconnaissance 的背后，恰恰招认了其不愿承认的无意识，拉康也称之为无意识主体，"无意识，就是这一不被自我所知的主体，就是被自我所 méconnu 的主体"⑥。需要指出的是，méconnaissance 代表自我的本质，"自我的根本功能是 méconnaissance"⑦，正是在这一意义上，拉康称自我为一种异化主体⑧。

尽管矢口否认从根本上说是以否定形式对原初肯定（Bejahung）的一种招认，但这并不意味着两者处于相同的层面上。矢口否认可以说是自我的一种 méconnaissance 的表现，而原初肯定（Bejahung）则显然隶属于无意识

---

① Ibid.

② Jacques Lacan, «Propos sur la causalité psychique», dans les *Écrits*, Seuil, 1966, p.179.

③ Jacques Lacan, Le séminaire de Jacques Lacan, Livre I, *Les écrits techniques de Freud 1953-1954*, Seuil, 1975, p.189.

④ Ibid., p.296.

⑤ Jacques Lacan, «La direction de la cure et les principes de son pouvoir», dans les *Écrits*, Seuil, 1966, p.595.

⑥ Jacques Lacan, Le séminaire de Jacques Lacan, Livre II, *Le moi dans la théorie de Freud et dans la technique de la psychanalyse 1954-1955*, Seuil, 1978, p.59.

⑦ Jacques Lacan, «Introduction et réponse à un exposé de Jean Hyppolite sur la "Verneinung" de Freud», dans Le séminaire de Jacques Lacan, Livre I, *Les écrits techniques de Freud 1953-1954*, Seuil, 1975, p.64.

⑧ 具体可参见黄作：《不思之说——拉康主体理论研究》第六章"异化主体"的第一节"méconnaissance 功能"，人民出版社 2005 年版。

层面。自我与无意识之间的关系，一直是精神分析学的难题，我们不能想当然地认为自我属于意识，与无意识处于相对的位置。弗洛伊德后期在《自我与本我》一文中提出"自我的一部分无疑是无意识"的观点，问题开始变得异常复杂。如果我们遵循拉康"回归弗洛伊德"的主张，我们不难发现，所谓"自我的一部分是无意识"中的"自我的一部分"，其实指的是自我的防卫机制即抗拒（resisitance），"我们于是告诉他（患者），他正被抗拒所支配；但他对这一事实还是一无所知……我们在自我本身中遇到了某种东西，它也是无意识的，它正像被压抑者一样行动，就是说，它在其本身没有被意识到的情况下产生了强烈的影响，它需要经过特殊的作用才能让人意识到它"[1]。这之后，弗洛伊德才得出结论说，"我们认识到无意识系统与被压抑者并不一致；所有被压抑者都是无意识，这仍然是正确的；但是并非所有的无意识都是被压抑的。自我的一部分——多么重要的一部分啊——也可能是无意识，无疑是无意识"[2]。拉康更是从自我的méconnaissance功能出发解释了上述两者之间的关系：自我的抗拒或méconnaissance功能只能说明无意识的在场，并不能说明（一部分）自我属于无意识系统，相反，应该始终坚持自我系统与无意识系统分属两种不同系统的观点，坚决反对像桑德勒·罗多（Sandor Rado）这样的人提出了所谓无意识自我学（unconcious egology）的错误理论。因为，"对于他［弗洛伊德］言，目的在于提醒我们这么一个事实，无意识主体与自我组织之间不但是一种绝对的不对称，而且有一种根本的不同"[3]。我们在此再一次看到了这种不对称：一边是作为无意识的原初肯定（Bejahung），另一边是作为自我méconnaissance功能的矢口否认。这正是拉康在概括伊波利特的解释时所用的"层面差别（la dif-

---

[1] Sigmund Freud, *The Ego and the Id*, *S.E., XIX*, p.17.

[2] Ibid., p.18.

[3] Jacques Lacan, Le séminaire de Jacques Lacan, Livre II, *Le moi dans la théorie de Freud et dans la technique de la psychanalyse 1954-1955*, Seuil, 1978, p.78.

férence de niveaux)"① 一语的意思。

为了进一步说明原初肯定（Bejahung）和矢口否认这一绝对的不对称或根本的不同，拉康承续伊波利特提出的"神话时刻"洞见，创造性地阐释了弗洛伊德在《矢口否认》一文中关于"die Schöpfung des Verneinungssymbols（矢口否认的象征符号之创造）"② 的说法：这里涉及的不仅仅是"矢口否认"这一象征符号或这一能指的问题，而是涉及象征符号或能指本身问题，也就是说，这里涉及象征符号或能指本身的创造问题。从主体发生学的角度来看，我们在前面已经论及，母亲能指作为第一个能指为说话主体开启了象征维度，这便是"第一次象征化"，由此说话主体得以进入能指游戏。从词（能指）与物（对象）的关系来看，最初的象征化再现了马拉美所谓的"词谋杀了物"的原初情形。拉康这样来说："象征符号首先显示为物之被谋杀，而这一死亡在主体中构成了他的欲望的永恒化。"③ 对于说话主体而言，象征符号（词或能指）谋杀物，主要通过儿童主体大量实践在场与缺场的结构性交替游戏（正是母亲能指开启了这一游戏）而实现，"人类十足地贡献时间来展开在场与缺场于其中此起彼伏的结构性交替。正是在它们的基本的接合时刻，可以说，正是在欲望的零点（point zéro）上，人类对象在捕捉的作用下掉落，这一捕捉通过取消对象的自然特征，从此使对象屈服于象征符号的条件"④。进一步说，只有把上述"象征符号之创造"阐释为最初的象征化活动，我们才能理解为什么伊波利特在此更希望把弗洛伊德提出的一种判断的起源问题推进到"一种思维的起源（un genèse de la pensée）"⑤ 问题，以及为什么

① Jacques Lacan, Le séminaire de Jacques Lacan, Livre I, *Les écrits techniques de Freud 1953-1954*, Seuil, 1975, p.68.

② 《矢口否认》第 8 段落。

③ Jacques Lacan, «Fonction et champ de la parole et du langage en psychanalyse», dans les Écrits, Seuil, 1966, p.319.

④ Jacques Lacan, "Le Séminaire sur «La lettre volée»", dans les *Écrits*, Seuil, 1966, p.46.

⑤ Jean Hyppolite, «Commentaire parlé sur la *Verneinung* de Freud», dans les *Écrits*, Seuil, 1966, Appendice I, p.883.

他止步于此而无法前进。伊波利特把弗洛伊德所谓的"象征符号之创造"问题提升到思维的起源问题高度，这是一个极具创见的洞见，不过他很快面临了困境，譬如，判断或理智能不能等同于思维呢？情感是不是属于思维呢？最后，他一方面求助于"伟大的神话"的说法，另一方面又留下了疑难的尾巴，"如这样的思维，因为思维已经远远在前面，在初级状态之中，但它于其中还没有作为被思者而存在"①。很显然，作为黑格尔主义者的伊波利特无法回答这一疑难，这一"还没被思"的思维无疑就是精神分析学的核心概念即无意识。我们可以说，伊波利特止步于思辨层面——譬如他用"否定之否定"巧妙地解释了"矢口否认"理智性肯定的一面，拉康亲切地称之为"矢口否认辩证法（la dialectique de la *Verneinung*）"②，等等——无法前行；虽然他也指出情感作用的重要性，试图用"伟大的神话"说法来说明这一原初时刻，但他根本上受制于思辨性思维，面对思维的原初创造性时刻，无法给出一个自圆其说的理论构想。

拉康并不止步于此，他在继承伊波利特的思维起源问题思路和神话时刻构想的同时，利用当时结构语言学最新理论武器，从象征化活动出发对思维的原初创造性时刻做出了富有哲理的阐释。具体来说，他在阐释了原初肯定（Bejahung）这一"原初象征化"③之后，进一步探讨了这一原初象征化的特例或反例：即没有成功实现原初象征化的情形，因为"一种原初肯定（*Bejahung* primordiale）……它本身可以是缺席的"④。这是一种与原初肯定（Bejahung）相对立的情况，"这正是与原初肯定（Bejahung）相对立的东西，

---

① Ibid., p.887.

② Jacques Lacan, «Introduction au commentaire de Jean Hyppolite sur la "Verneinung"de Freud», dans les *Écrits*, Seuil, 1966, p.387.

③ Ibid., p.388 et p.389.

④ Jacques Lacan, Le séminaire de Jacques Lacan, Livre III, *Les psychoses 1955-1956,* Seuil, 1981, p.21.

它如这样地构成了那种被驱逐（expulsé）的东西"①。这一被驱逐的东西是什么呢？它既不是指被压抑之物，不涉及压抑（Verdrängung），也不是矢口否认（Verneinung）中"被回绝或中途折返的东西（rückgängig gemacht）"②，因为它是一种原初就被驱逐的东西。拉康认为，在弗洛伊德的文本中，有一个德语词汇可以对应于这一被驱逐的情形，那就是"Verwerfung（弃绝）"。就如拉康在对伊波利特上述《口头评论》的《回应》中所说，他在相关理论的研究上比伊波利特走得更远，"我因此将走得更在前面"③，因为他已经超出了弗洛伊德在《矢口否认》一文中探讨矢口否认和原初肯定（Bejahung）所涉及问题的范围，不仅走向思维起源的神话时刻（承续伊波利特步伐），而且走向思维起源这一神话的特例时刻或悖论时刻即无法实现最初象征化的表现及其后果的情形。拉康认为，一方面，思维起源神话这一悖论时刻即"Verwerfung（弃绝）"与原初肯定（Bejahung）是对立的，在某种意义上可以说是对称的，以便进一步阐明象征化活动的复杂性；另一方面，两者一样都处于思维的原初时刻："在源头上，有原初肯定（Bejahung）……或者Verwerfung（弃绝）"④，它们相对于第二性的矢口否认、理智判断等等都是第一性。由于思维起源神话这一悖论时刻即"Verwerfung（弃绝）"在精神分析临床实践上具有重大价值，拉康特别重视这一问题，对伊波利特上述《口头评论》的《回应》中探讨最多的也是这一问题。

正是在"Verwerfung（弃绝）"这一问题上，拉康原创性地提出了一种精神症的运作机制，他称之为"forclusion（因逾期而丧失权利）"。而正是

---

① Jacques Lacan, «Introduction au commentaire de Jean Hyppolite sur la "Verneinung" de Freud», dans les *Écrits*, Seuil, 1966, p.387.

② 《矢口否认》第 3 段落。

③ Jacques Lacan, «Introduction au commentaire de Jean Hyppolite sur la "Verneinung" de Freud», dans les *Écrits*, Seuil, 1966, p.387.

④ Jacques Lacan, Le séminaire de Jacques Lacan, Livre III, *Les psychoses 1955-1956,* Seuil, 1981, p.95.

依据这一运作机制，他清楚地解释"父亲的姓名"能指在起源上的悖论时刻。

第三节 "父亲的姓名"的"因逾期而丧失权利"

拉康在上述对伊波利特《口头评论》的《回应》一文的一个注释中第一次提出了"forclusion"这一后来大名鼎鼎的拉康派精神分析学概念，"我们知道，为了更好地斟酌这一术语，用'因逾期而丧失权利（«forclusion»）'一词来翻译它，这一翻译由于我们的帮助而占据了上风"①。其中"这一术语"无疑指的是正文中德语单词"Verwerfung（弃绝）"："为了表示这一过程，他［弗洛伊德］运用了术语'Verwerfung（弃绝）'，总的说来我们建议用'前婚子女抚养费的扣除（retranchement）'一词来解释它"②。也就是说，拉康是在如何正确理解弗洛伊德所使用的"Verwerfung（弃绝）"一词的问题上引入"forclusion"概念的，而且在正文中首先建议用"retranchement"一词——"retranchement"是一个法律术语，表示在夫妻财产中对前婚子女抚养费的扣除——来进行解释，后来又觉得这个翻译和解释还不够完美，才在注释中提出用"forclusion"一词来进行翻译和解释③。正是由于这个原因，不仅在《第1研讨班》的《导言与回应》文本中，而且在《文集》的《导言》和《回应》文本中，我们看到拉康使用的都是"Verwerfung（弃绝）"一词，而不是"forclusion"一词（除了在上述注释中出现的唯一一次）。我们再往前追溯文本，发现拉康是在引述弗洛伊德《狼人》个案文本时中引入

---

① Jacques Lacan, «Introduction au commentaire de Jean Hyppolite sur la "Verneinung" de Freud», dans les *Écrits*, Seuil, 1966, p.386 note 3.

② Ibid, p.386.

③ 《文集》中的《导言》和《回应》首次发表在1956年《精神分析学》杂志首期上，可见注释是在1954年2月10日之后到1956年初这段时期内且很大可能是在靠近1956年初发表之前添加上去的。在1955—1956年度的最后一次研讨会（1956年7月4日）的最后部分，拉康称这一翻译为"最好的翻译"。（Jacques Lacan, Le séminaire de Jacques Lacan, Livre III, *Les psychoses 1955-1956,* Seuil, 1981, p.361.）

"Verwerfung（弃绝）"一词的，即弗洛伊德用后者来"表示［以下］这一过程"："弗洛伊德告诉我们，关于阉割，主体不愿知晓压抑意义上的任何东西（ne voulait rien savoir au sens de refoulement, *er von ihr nichts wissen wolte im Sinne der Verdrängung*）"①。而且，弗洛伊德在《狼人》个案文本中多次讲到"Verwerfung（弃绝）"问题，正如拉普朗虚和彭大历斯在《精神分析学的词汇》的"forclusion/ Verwerfung"词条一栏中正确地指出，"拉康为了推进'forclusion'概念而通常依据的文本就是《狼人》个案文本，其中［动词］verwerfen和［名词］Verwerfung多次重现"②。

　　那么，什么叫作"主体不愿知晓压抑意义上的任何东西"呢？我们回到弗洛伊德文本可以看到，弗洛伊德是在论述狼人（患者主体）第一次面对阉割问题的态度时做出这一论断的："他［狼人］verwarf（弃绝）它，且保留在肛交的现状之中③。当我说：他 verwarf（弃绝）它，这一表达的直接意思就是说，他不愿知晓压抑意义上的任何东西④。"换言之，弗洛伊德用"主体不愿知晓压抑意义上的任何东西"来表示"主体 verwarf（弃绝）阉割"之中"verwarf（弃绝）"一词的含义，法译者主张用法文动词"rejeta（抛弃）"来进行翻译德文动词"verwerfen"的这一直陈式过去时"verwarf"，拉康则选用法文"retranche（扣除）"来进行翻译，由此出现了他前面的表述即"总的说来我们建议用'前婚子女抚养费的扣除（retranchement）'一词来解释它"。弗洛伊德紧接着解释道："在这里，我们可以说，任何判断确实都不针对阉

① Jacques Lacan, «Introduction au commentaire de Jean Hyppolite sur la "Verneinung" de Freud», dans les *Écrits*, Seuil, 1966, p.386. 拉康同时指出德文原文在《全集》第 12 卷第 117 页。

② Jean Laplanche et J.B. Pontalis, *Vocabulaire de la Psychanalyse*, Puf, 1967, p.164.

③ "且保留在肛交的现状之中"（et reste dans le *statu quo* du coït anal）。（参照拉康的法译：Jacques Lacan, «Introduction au commentaire de Jean Hyppolite sur la "Verneinung" de Freud», dans les *Écrits*, Seuil, 1966, p.386.）

④ Sigmund Freud, *Cinq psychanalyses*, traduit par Janine Altounian, Pierre Cotet, Françoise Kahn, René Lainé, François Robert, Johanna Stute-Cadiot, Puf, 2014, p.389. 参考德文《全集》第 12 卷第 117 页。（同时参照拉康的法译：Jacques Lacan, *Écrits*, Seuil, 1966, pp.386-387。）

割的实存，而且，即使阉割从未实存过，这也是这样。"① 也就是说，阉割对于主体（狼人）而言是不是实存过，这并不要紧；重要的是，弗洛伊德在此观察到，主体（狼人）对这一阉割的实存无法下任何判断，因为主体（狼人）"verwarf（弃绝）阉割"。在这一段落的最后，弗洛伊德借第三种性取向话题继续谈论这种"弃绝"的含义："……第三种倾向，也是最古老和最深沉的倾向，它完全弃绝了（*verwerfen hatte*, avait rejeté）阉割，而且在这一倾向之中，还没有针对阉割现实的判断问题，这一倾向确实仍然是可重新激活的；"② 而且随即举了患者（狼人）5 岁时有过的一个幻觉的例子：患者（狼人）5 岁时在花园玩，用小刀在胡桃树的树皮上刻画，突然惊恐地注意到自己切断了小指头，虽不感到疼痛，但极度恐惧，不但不敢告诉女佣，而且瘫倒在旁边的长凳上，甚至不敢再去看一眼手指，最后冷静下来后看了看手指，发现根本没有受伤③。后一个例子再次说明，阉割对于主体（狼人）而言是不是实存过，这并不要紧。要紧之处在于主体（狼人）"弃绝阉割"这一心理过程上。在拉康看来，弗洛伊德的伟大之处正是在于发现了"弃绝阉割"这一心理过程的价值。

根据拉普朗虚和彭大历斯在《精神分析学的词汇》的"forclusion/ Verwerfung"词条一栏中的术语考察，弗洛伊德文本中"Verwerfung（或动词 verwerfen）"一词有许多不同含义，可以归结为三种：1）在相当宽泛意义上就是一种拒绝（refus），例如后者可以依据压抑模式而进行运作（譬如《性学三论》中，英译《标准版全集》第 7 卷第 227 页）。2）在有意识的排斥判断的形式下的一种抛弃（rejet）。在这一含义中我们更多地看到复合词如"Urteilsverwerfung（弃绝判断）"，弗洛伊德认为它与"Verurteilung（排斥判断）"是同

---

① Ibid. 同时参照拉康的法译：Jacques Lacan, *Écrits*, Seuil, 1966, p.387。

② Ibid. 参考德文《全集》第 12 卷第 117 页，同时参照拉普朗虚和彭大历斯在《精神分析词汇》的"forclusion/ Verwerfung"词条一栏中相关引文的法译文，Jean Laplanche et J.B. Pontalis, *Vocabulaire de la Psychanalyse*, Puf, 1967, p.164。

③ Ibid.

义词。3）拉康所强调的含义即"因逾期而丧失权利"，在弗洛伊德的其他著作中得到了更好的确认。譬如在 1894 年《精神性神经官能症》一文中，弗洛伊德对于精神症这样写道："存在着一种更有力量且更加有效的防御，它在于，自我 verwirft（弃绝）不可忍受的表象以及他的情感，表现得好像表象从来没有到达过自我一样"①。这就是说，在弗洛伊德使用"Verwerfung（或动词 verwerfen）"的多种含义中，其中一种是拉康所强调的含义，他后来主张用"forclusion（因逾期而丧失权利）"一词来表示它。当然，拉康所主张的意思，与弗洛伊德所谓的"Verwerfung（弃绝）"的意思还是有一定的差距，不过，正如拉普朗虚和彭大历斯正确地指出，弗洛伊德文本中还有其他概念根据语境看起来与"forclusion（因逾期而丧失权利）"概念比较接近，如《狼人》个案中的"*Ablehnen*（écarter, decliner, 排斥或谢绝）"、《妄想症个案自传的精神分析笔记》中的"*Aufheben*（supprimer, abolir, 撤销或废除）"、还有"Verleugnen（dénier, 否认）"等等②。由此我们可以看到，正是在弗洛伊德的"Verwerfung（弃绝）"概念的基础之上，拉康发展出一种新的概念即"forclusion（因逾期而丧失权利）"。

虽然拉普朗虚和彭大历斯在《精神分析学的词汇》中把"forclusion（因逾期而丧失权利）"和"Verwerfung（弃绝）"放在同一个词条之下，但是他们在词条一开始就明确指出，"这是由拉康所引入的术语"③，说明这是拉康所创造的新概念。他们把这一概念概括为，这是"会成为精神症现象源头的特殊机制；它关乎一种原初拒绝（un rejet primordial），就是把一种根本的'能指'（例如：作为阉割情结能指的菲勒斯）拒斥在主体的象征世界之外"④。从中我们可以清楚地看到，拉康提出的"forclusion（因逾期而丧失权利）"并

① Sigmund Freud, "The Neuro-Psychoses of Defence" (1894), *S.E. III*, p.58. Cf. aussi, Jean Laplanche et J.B. Pontalis, *Vocabulaire de la Psychanalyse*, Puf, 1967, p.164.

② Jean Laplanche et J.B. Pontalis, *Vocabulaire de la Psychanalyse*, Puf, 1967, p.164.

③ Ibid., p.163.

④ Ibid., pp.163-164.

不是一种简单的拒绝、排斥、压制或否定，而是一开始就涉及象征化问题，或者更为准确地说，涉及象征化的反题。就如我们在前面已经提及，它是原初肯定（Bejahung）这一最初象征化的特例或反例，即出现了没有成功实现原初象征化的情形，因为一种根本的能指在主体进入原初象征化之前被主体拒斥在外。这听起来有点像天方夜谭，却实实在在发生在精神分析的临床实践中。从这个意义上说，如果说原初肯定（Bejahung）作为最初象征化更多地体现了伊波利特所说的神话时刻，那么"forclusion（因逾期而丧失权利）"则没有任何神话或诗性的因素，因为它来自拉康在精神分析临床实践中的观察所得，具体表现为精神症主体的一种特殊运作机制，或者说，它可以被用来解释精神症的起源问题。由此可见，这不仅是拉康创造的新概念，而且也是拉康发现的一种新的精神症运作机制，只不过他坚持认为他在这一点上受到了弗洛伊德的启发，认为德语的"Verwerfung（弃绝）"概念就是他要表达的"forclusion（因逾期而丧失权利）"的意思，主张两者互用。

为了进一步说明这一运作机制，我们仍然需要回到拉康受到弗洛伊德启发的上述文本："我请你们注意，主体对此将不愿知晓压抑意义上的任何东西（n'en voudra «rien savoir au sens du refoulement»），这句格言是多么地给人以强烈印象，没有丝毫的含糊不清。"[1] 在拉康看来"没有丝毫的含糊不清"的格言，其实并没有那么地一目了然。拉康紧接着说，"为了确实需要在这一意义上认识它，应该让这个东西以某种方式诞生在原初象征化之中"[2]。后一句话可以视为前述格言的反题：如果主体想认识压抑意义上的某个东西，那就应该让这个东西在原初象征化中诞生。对于这一反题，我们并不难以理解，因为弗洛伊德明确告诉我们，任何进入压抑的东西，并非

---

① Jacques Lacan, «Introduction au commentaire de Jean Hyppolite sur la "Verneinung" de Freud», dans les *Écrits*, Seuil, 1966, p.388.

② Ibid.

神秘莫测, 相反, 它们都是以象征的方式被编译进无意识的, 也就是说, 它们都是有迹可循的。拉康在 1955—1956 年度《第 3 研讨班》1956 年 2 月 15 日研讨会上引用翻译弗洛伊德上述句子时添加了 "甚至 (même)" 一词, 并且解释道, 人们在压抑意义上不承认知晓事情, 但精神分析向我们指出他实际上完全知道这点, 相反, 如果他 "甚至" 在压抑意义上也不愿意知晓任何东西, 那么 "这一点就设定另一个机制 (autre mécanisme)" ①。这就是说, 通过这一反题, 我们可以看到, "forclusion (因逾期而丧失权利)" 既然被排斥在象征化之外, 那么它就不属于无意识的范围, 从而必然要与压抑 (*Verdrängung*, refoulement) 区分开来。拉康在 1957—1958 年度《第 5 研讨班》1958 年 1 月 8 日研讨会上明确称 "Verwerfung (因逾期而丧失权利) 和压抑(Verdrängung) 属于不同的次序" ②。换言之, 它们属于不同的运作机制。这可以说是我们面对 "forclusion (因逾期而丧失权利)" 问题首先需要承认的一点。为此, 拉普朗虚和彭大历斯在《精神分析学的词汇》内这一词条的开始部分就强调了这一点, "forclusion (因逾期而丧失权利) 与压抑在两种意义上区分开来: 1) 因逾期而丧失权利的 (forclos) 各能指并没有被并入主体的无意识" ③。这里有一个地方需要指出来, 一般认为, 能指是象征界的代表, 作为在场与缺场统一体的能指的展开表示象征世界的展开, 表示象征化的开启, 然而, 就如无意识始终具有社会性和个体性双重特征一样, 象征化也具有社会性和个体性双重特征。所谓象征化的社会性, 也就是象征世界的普在性, 而所谓象征化的个体性, 则表现为个体如何进入象征界的问题或个体如何开启象征化的问题。所谓象征世界的普在性, 不仅意味着象征世界对于每个个体的普在性, 而且也意味着这一普在的在先性, 就

① Jacques Lacan, Le séminaire de Jacques Lacan, Livre III, *Les psychoses 1955-1956,* Seuil, 1981, p.170.

② Jacques Lacan, Le séminaire de Jacques Lacan, Livre V, *Les formations de l'inconscient 1957-1958*, Seuil, 1998, p.146.

③ Jean Laplanche et J.B. Pontalis, *Vocabulaire de la Psychanalyse*, Puf, 1967, p.164.

如索绪尔所强调,语言系统首先是一个接受系统,是每个个体不得不接受的一种在先秩序,这一在先性的普在性反过来又强化了象征秩序的强制性。所谓个体如何开启象征化的问题,我们在前面已经指出过,正是通过母亲能指这一代表"来来往往"(在场与缺场)的第一能指,儿童(主体)开启了象征化,从而得以进入象征世界。

正是在这一双重化的作用之下,我们看到,在主体开启象征化的过程中,对于有些主体(患者)来说,某种根本性能指并没有在主体(儿童)开启象征化的过程中顺利进入象征界,从而导致这种根本性能指因逾期而丧失权利,拉康称之为"因逾期而丧失权利的能指(signifiant forclos)"。与拉普朗虚和彭大历斯在《精神分析学的词汇》中提及的"作为阉割情结能指的菲勒斯"[①]情形不同,拉康文本谈到的"因逾期而丧失权利的能指"更多情况下指的是"父亲的姓名"情形,我们在下面将会详细论述。那么,如何理解这个"因逾期而丧失权利"的意思呢?这个原本在法律意义上的术语在拉康派精神分析学中到底指什么意思呢?我们不妨承接上段论题,从拉普朗虚和彭大历斯所列出的"forclusion(因逾期而丧失权利)"与压抑不同的第二种意义谈起:"它们〔各能指〕并不'从外部(«de l' intérieur»)'返回,而是在实在界之中返回,尤其在幻觉现象中返回。"[②]这就是说,因逾期而丧失权利的各能指并不因为丧失权利而消失,相反,它们会返回;但是需要注意的是,它们因丧失权利而不再能够被编织进象征界,它们重返在实在界,而且往往以突然来临的方式重返在实在界。拉康在上述以反题形式来阐释弗洛伊德那句"主体不愿知晓压抑意义上的任何东西"格言之后,直接道出了主体不愿知晓压抑意义上的东西是什么,"突然来临的东西,你们可以看到:**那种没有诞生在象征之中的东西,出现在了实**

---

① Ibid., pp.163-164.

② Ibid., p.164.

在之中"①。拉康的这一伟大发现无疑来自精神分析临床观察，确切地说，来自精神症患者身上的观察。他观察到一种比压抑更加难以对付的东西：如果说被压抑者由于处于无意识之中还能被我们所分析和解释的话，那么，那种没有在象征中诞生的东西则由于没有进入无意识而令我们对之几乎束手无策。在拉康的精神分析理论中，突然来临的东西出现在实在之中，往往指的是精神疾病的成因或来源，因为，正如拉康后来在一次访谈中明确道出，"症状是所有来自实在的东西"②。在1955—1856年度《第3研讨班》1956年4月11日研讨会上，拉康把这种"因逾期而丧失权利"的运作机制明确局限在精神症（psychose），"……那种成为一种'因逾期而丧失权利'（Verwerfung）之对象的东西，正是这个重现在实在之中。这一概念，这一不同于我们所认识的涉及想象、象征与实在诸关系经验的东西之中任何可设想的其他机制的差别，正是各种精神症之中有某种与其他地方发生的东西完全不同的东西这一事实"③。

　　由于象征化的个体性特征，某种根本性能指并没有随着主体的象征化过程而进入象征界，这在义理上是可以理解的。然而，作为象征界代表的能指如何能够重现在实在界，这在拉康理论中其实不是那么容易理解的。这里首先涉及象征与实在的关系问题。这是两个首先出现的秩序，"对于儿童来说，首先有象征界与实在界，与人们所认为的相反。人们看到的在想

　　① Jacques Lacan, «Introduction au commentaire de Jean Hyppolite sur la "Verneinung" de Freud», dans les *Écrits*, Seuil, 1966, p.388. "出现在实在"之类的表述，在1955—1956年度《第3研讨班》1955年11月16日研讨会、1956年4月11日研讨会、1956—1957年度《第4研讨班》1957年7月3日研讨会、1957—1958年度《第5研讨班》1958年6月25日研讨会、1958—1959年度《第6研讨班》1959年4月22日和1966—1967年度《第14研讨班》1967年2月15日都有出现。

　　② [法]拉康：《不可能有精神分析学的危机——拉康1974年访谈录》，黄作译，载《世界哲学》2006年第2期，第67页。

　　③ Jacques Lacan, *Les psychoses*, Séminaire 1955-1956, version Staferla, séance le 11 avril 1956. 在米勒的Seuil版本的相应文本中，并没有最后半句话。

象域中所形成、充实和变化的任何东西都从这两极而来"①，这也就是说，想象界是通过镜像阶段后来发展出来的一种秩序。最早出现的这两种秩序，它们可以说处于绝对对立的位置上，因为拉康这么说，"实在……就是那种绝对抵制象征化的东西"②。从欧氏几何空间的角度看，绝对对立和排斥的两者一定是相互隔绝的，但从拓扑学的角度看，这两者可以存在某种"相交"，一方面是能指或象征符号对实在界的侵入，或是"象征域的侵入"③；另一方面是"实在界的一部分遭受能指侵入之苦（pâtit）"④。具体来说，在没有语言之前，存在着一种"没有裂缝"⑤的作为整体的、自身充实的实在界，这里既没有对错，也没有真假，因此从逻辑上我们也可以说，实在界先于象征界；一旦主体（婴儿）来到世间，就开始接受能指的侵入，原本充实、完整的实在界就变成了千孔万洞的实在界，能指的形成与能指的侵入是同步的，拉康称"在能指的成形和实在界中一个裂口、一个洞之引入之间有一种同一"⑥。从中不难看出，象征界与实在界的这种"相交"并不是说两者有着某种共同的相交之处，而是在于指出，一方面，象征需要依据实在这一缺场才能诞生，另一方面，实在逻辑在先的预设实际上还是从其对立面即象征出发的，因为实在正是无法象征化的东西。于是，在想象界介入之前，象征和实在其实是一对对子，它们相互成就自身。需要指出的是，实在受到能指侵入之苦，但仍然抵制着象征化，说明能指只能穿实在

---

① Jacques Lacan, Le séminaire de Jacques Lacan, Livre I, *Les écrits techniques de Freud 1953-1954*, Seuil, 1975, p.244.

② Ibid., p.80.

③ Jacques Lacan, Le séminaire de Jacques Lacan, Livre II, *Le moi dans la théorie de Freud et dans la technique de la psychanalyse 1954-1955*, Seuil, 1978, p.110.

④ Jacques Lacan, Le séminaire de Jacques Lacan, Livre VII, *L'éthique de la psychanalyse 1959-1960*, texte établi par Jacques-Alain Miller, Seuil, 1986, p.150.

⑤ Jacques Lacan, Le séminaire de Jacques Lacan, Livre II, *Le moi dans la théorie de Freud et dans la technique de la psychanalyse 1954-1955*, Seuil, 1978, p.122.

⑥ Jacques Lacan, Le séminaire de Jacques Lacan, Livre VII, *L'éthique de la psychanalyse 1959-1960*, Seuil, 1986, p.146.

的洞孔——拉康称它们为"存在或虚无",当然这些存在与虚无"本质上与言语现象联系在一起"①——而过,而无法驻留于实在界。所以,当拉康说"因逾期而丧失权利的能指在实在中返回"时,这显然不同于正常情况下能指侵入实在界的情形即习得言语的情形,而是属于幻觉,属于疾病的来源。而且,"因逾期而丧失权利的能指"也不会在想象中返回,"这一象征符号不会就此返回到想象界"②,除非处于幻觉的情形下,那就是"想象与实在的一种合并",而后者是"精神症的整个问题"③。我们都知道,拉康曾经在花束图中用想象层面的花束与作为实象的花瓶的结合例子清楚地说明了想象与实在合并的情形④。

拉康非常重视实在问题,认为精神症的核心问题都与之相关。相比于弗洛伊德依据压抑机制和无意识概念在神经症上取得的辉煌成就,拉康的理论贡献主要聚焦在精神症问题,从其博士论文《论妄想狂病态心理及其与人格的关系》以来一直如此;而正是在探索精神症的病因和运作机制的过程中,他逐渐发现精神分析学的经典概念如压抑和无意识等不足以解释精神症问题,这就需要新的理论概念;实在域和"forclusion(因逾期而丧失权利)"在某种意义上分别起到了替代无意识领域和压抑机制的作用,拉康由此得以探索新的精神症病因领域和新的精神症运作机制。然而,需要指出的是,就如实在逻辑在先的预设实际上是从其对立面即象征出发的(我们刚刚已经指出)一样,"forclusion(因逾期而丧失权利)"概念也是需要从象征出发来加以构想和阐释的,尽管"forclusion(因逾期而丧失权利)"一词表示的正

① Jacques Lacan, Le séminaire de Jacques Lacan, Livre I, *Les écrits techniques de Freud 1953-1954*, Seuil, 1975, p.297.

② Jacques Lacan, «Réponse au commentaire de Jean Hyppolite sur la "Verneinung" de Freud», repris dans les *Écrits*, Seuil, 1966, p.392.

③ Jacques Lacan, Le séminaire de Jacques Lacan, Livre I, *Les écrits techniques de Freud 1953-1954*, Seuil, 1975, p.120. 当然,拉康这里所说的精神症指的是成年慢性幻觉性精神症。

④ Cf. ibid., p.160.

是绝对抵制象征化的东西。沿着这个思路前行，我们就不难理解拉康在《关于〈被盗窃的信〉的研讨班》开头的表述，"正是这一［指称］链支配着对于主体而言是决定性的各种精神分析效果：就如因逾期而丧失权利（forclusion, *Verwerfung*），压抑（refoulement, *Verdrängung*），矢口否认（dénégation, *Verneinug*）本身……"①也就是说，即便如"Verwerfung"这一原初象征化即原初肯定（Bejahung）的反例，仍然受到指称链或能指链的支配，"正是在象征表述这一领域中……Verwerfung(弃绝或因逾期而丧失权利)产生了"②。于是，想要正确理解拉康的"forclusion（因逾期而丧失权利）"概念，就需要从象征或能指的角度出发，这也是关键所在。当拉康后来在 1958 年的《论精神症任何可能治疗的一个初步问题》一文中说"Verwerfung 因此被我们当作能指的 forclusion"时，他开始确认这一被排斥在主体的象征世界之外的根本能指就是"父亲的姓名"，"……我们于其中将看到'父亲的姓名'如何被呼唤的那个地方……"③。

当然，拉康的这一确认过程经历了几年的思考。1954 年，他借着回应伊波利特的《口头评论》之际提出对弗洛伊德文本中 Verwerfung（弃绝）概念的独特阐释，一方面坚持忠实弗洛伊德文本，譬如几次都提到《狼人》个案文本中的"弃绝阉割"，另一方面又力图从新的象征角度即原初肯定（Bejahung）出发去思考 Verwerfung（弃绝）问题，譬如主张把之翻译为"retranchement（前婚子女抚养费的扣除）"以及"forclusion（因逾期而丧失权利）"，但始终没有道出什么东西被弃绝或因逾期而丧失权利，也没有道出被弃绝的或因逾期而丧失权利的是一种基本能指；与此同时，

---

① Jacques Lacan, "Le Séminaire sur «La lettre volée»", repris dans les les *Écrits*, Seuil, 1966, p.11.

② Jacques Lacan, Le séminaire de Jacques Lacan, Livre III, *Les psychoses 1955-1956,* Seuil, 1981, p.170.

③ Jacques Lacan, «D'une question préliminaire à tout traitement possible de la psychose», dans les *Écrits*, Seuil, 1966, p.558.

在《第 1 研讨班》的《导言和回应》部分，拉康倒是提到了被弃绝或因逾期而丧失权利的具体东西，譬如“没有说出的言语”，“因为被主体所拒绝的、所弃绝的（*verworfen*, rejetée）没有说出的言语的含义”①，以及“生殖层面”，“……一种弃绝（*Verwerfung*, rejet）——生殖层面对主体而言总是就如完全不实存一样。这一非原初肯定（non-Bejahung）的弃绝……”② 到了 1955—1956 年度的《第 3 研讨班》中，拉康才明确道出被弃绝的或因逾期而丧失权利的是一种原初能指，“当我谈论 Verwerfung 时涉及的是什么呢？这涉及一种原初能指之弃绝（rejet）……”③ 有时也称这一弃绝为“一种原初能指的一部分（une partie）的一种弃绝”④，而称这一弃绝过程或排斥过程为“最初能指汇集体（premier corps de signifiant）”这一“原始内部（un dedans primitif）”的“原初被排斥过程”⑤。在 1957—1958 年度的《第 5 研讨班》1957 年 11 月 6 日的研讨会中，拉康称 Verwerfung 为“一种原初的指称性缺乏（une carence signifiante primordiale）”，或一种“能指的缺乏（carence du signifiant）”⑥；在 1958 年 1 月 8 日的研讨会上，又称 Verwerfung 就是以下情形，即，“在能指链中可以有一个能指或一个字母，它缺乏，它总是在排字法（typographie）中缺乏”⑦；正是从这一缺乏的能指出发，拉康把它与“父亲的姓名”能指连了起来，“这一我刚刚讲过的

① Jacques Lacan, Le séminaire de Jacques Lacan, Livre I, *Les écrits techniques de Freud 1953-1954*, Seuil, 1975, p.64.

② Ibid., p.70.

③ Jacques Lacan, Le séminaire de Jacques Lacan, Livre III, *Les psychoses 1955-1956,* Seuil, 1981, p.171.

④ Jacques Lacan, *Les psychoses*, Séminaire 1955-1956, version Staferla, séance le 15 février 1956. 在米勒 Seuil 版本的相应文本中，并没有“一部分”的说法。

⑤ Jacques Lacan, Le séminaire de Jacques Lacan, Livre III, *Les psychoses 1955-1956,* Seuil, 1981, p.171.

⑥ Jacques Lacan, Le séminaire de Jacques Lacan, Livre V, *Les formations de l'inconscient 1957-1958*, Seuil, 1998, p.12.

⑦ Ibid., pp.146-147.

特殊能指，就是父亲的姓名（le Nom-du-Père），因为它如这样地建立起这里有法则的事实，也就是说在某种能指秩序之中有表述/连结（articulation）的法则——奥狄浦斯情结，或奥狄浦斯法则，或对母亲的禁忌法则"①，并由此首次提出了"'父亲的姓名'的因逾期而丧失权利（Verwerfung du Nom-du-Père）"②的表述。考虑到《论精神症任何可能治疗的一个初步问题》一文的成文时间在1957年12月至1958年1月，文中出现的诸如"'父亲的姓名'的因逾期而丧失权利（forclusion du Nom-du-Père）"③，"大他者位置中的'父亲的姓名'的因逾期而丧失权利"④以及"'父亲的姓名'的因逾期而丧失权利（forclusion, Verwerfung）的原理"⑤等等这些表述，都可以视为跟1958年1月8日研讨会上所提出的上述表述同属一个时期的产物。这说明，拉康最终把"forclusion（因逾期而丧失权利）"运作机制落在"父亲的姓名"能指之上，是他几年思考的结果，而这一确切时间应该在1957年12月至1958年1月初。

拉康最终选定"父亲的姓名"能指作为"forclusion（因逾期而丧失权利）"这一精神症特殊运作机制的真正对象，也是长久研究精神症问题之所得。在探求心理疾病的病因学方面，拉康与弗洛伊德有一个非常明显的共同点，即他们都重视父亲问题于其中扮演的决定性角色，这与强调母亲角色重要性（如克莱因）或强调自我重要性（如自我心理学派）的其他精神分析师形成了鲜明对比。狄伦·伊凡斯在其所编的《拉康精神分析学入门词典》的"foreclosure, forclusion"条目中指出，拉康在思考精神症特别心理成因问题上有"两个不变的主题"，一个是在1938年《家庭》条目中

---

① Ibid., p.147.

② Ibid., p.153.

③ Jacques Lacan, «D'une question préliminaire à tout traitement possible de la psychose», dans les *Écrits*, Seuil, 1966, p.563.

④ Ibid., p.575.

⑤ Ibid., p.578.

就提出的"排斥父亲"，另一个则为"弗洛伊德的 Verwerfung 概念"，最后汇聚在他自己提出的"父亲的姓名之因逾期而丧失权利"概念；通过提出后者概念，"他 [拉康] 能够把先前支配其关于精神症因果性思考的两者（父亲的缺场和 Verwerfung 概念）结合在一个公式之中。这一公式在拉康后来的作品中一直处于其思考精神症问题的核心"①。这一说法把拉康的"forclusion（因逾期而丧失权利）"概念与他先前在病因学上对于父亲问题的思考以及他受到弗洛伊德"Verwerfung（弃绝）"概念的启发两者联系起来，无疑是相当正确的，但却不够精细，没有仔细分辨各概念之间的差别。有些概念差别看起来是细微的，其实有着范畴性的不同。譬如，父亲的缺席或缺场问题与"父亲的姓名"的缺失就是两个范畴性不同的概念，"……例如有父性不负责任（carence paternelle）的例子（在这一意义上父亲太傻），这并不是最重要的事。最重要的事是，主体不管通过什么方面都要获得'父亲的姓名'的维度"②。又譬如，1938 年《家庭》条目中父亲被排斥在母婴关系之外的情形主要涉及人类学的家庭结构问题，而"父亲的姓名"的缺失或因逾期而丧失权利则是拉康在（后）结构主义背景下运用拓扑学模型探讨的结构问题，两者截然不同。因而我们并不认为"父亲在家庭结构中的被排斥"或"父亲的缺席"可以理所当然地被视为"弃绝或因逾期而丧失权利"思想的理论来源之一。《狼人》个案中狼人父亲并没有缺席，对狼人也非常好，但狼人还是缺失"象征父亲"，这足以说明人类学家庭结构中的缺席不足以构成拉康理论中"父亲的姓名"的弃绝或因逾期而丧失权利。

让我们再次回到拉康受启发于弗洛伊德文本地方，弗洛伊德讲的是

---

① Dylan Evans, *An Introductory Dictionary of Lacanian Psychoanalysis*, Taylor & Francis e-Library, 2006, p.65.

② Jacques Lacan, Le séminaire de Jacques Lacan, Livre V, *Les formations de l'inconscient 1957-1958*, Seuil, 1998, p.155.

“弃绝阉割”，可见问题的关键在阉割。阉割是奥狄浦斯情结的核心问题。拉康后来并没有延续弗洛伊德讲“阉割的弃绝或因逾期而丧失权利”，不过他仍然把问题聚焦在奥狄浦斯情结上，而且希冀借用（后）结构主义新理论工具使奥狄浦斯结构问题能够摆脱人类学家庭结构的束缚。具体来说，拉康用能指理论重新塑造了奥狄浦斯情结结构，使之服从于能指架构下的拓扑三元结构，进而有可能成为文化象征系统基石的普遍性结构。正是在这样的背景下，拉康引入其“父亲的姓名”概念。“父亲的姓名”是一种“特殊能指（signifiant particulier）”①，一方面，它“位于大他者（l'Autre）——它是法则的所在地——之中，代表大他者”②，就如我们在第二章的图 R 中已经指出，“父亲的姓名”就是位于象征三角形顶端的 P，与大他者 A 并不重合；另一方面，“它给法则以支撑，它颁布法则。它就是大他者中的大他者”③。“父亲的姓名”是“秩序的支撑者”④，或者法则的支撑者，因为“在指称系统的内部，‘父亲的姓名’具有指称整个指称系统的功能，具有准许（autoriser）整个指称系统去实存的功能，具有使整个指称系统成为法则的功能”⑤。为此，拉康也称之为“大他者内部一种必需的能指（signifiant essentiel）”⑥。从精神分析的临床实践看来，这一必需性往往通过反例体现出来，也就是说，正是在精神症患者身上观察到了“父亲的姓名”能指之缺失的情形，这反过来证明“父亲的姓名”能指在构建心理结构方面的必要性。“父亲的姓名”能指之缺失既不是一种简单的没有，也不是一种简单的否定，它体现为拉康所创立的“forclusion”的含义，即“父亲的姓名”这一必需能指因逾期而丧失了权利，它无法重返象征界，相反会出现

---

① Ibid., p.147.
② Ibid., p.146.
③ Ibid.
④ Ibid., p.155.
⑤ Ibid., p.240.
⑥ Ibid., p.147.

在实在界，引起精神疾病。对此，拉康称，"围绕着这一必需的能指，我试图向你们聚焦精神症之中所发生的东西"①。"'父亲的姓名'的因逾期而丧失权利"因此通常也被称为精神症的独特机制。从精神症的临床表现来看，精神症的根本条件可以说就是"父亲的姓名"的因逾期而权利丧失和父性的隐喻的失败，"正是在这一实现者之域的偶性即大他者位置中'父亲的姓名'的因逾期而权利丧失之中，正是在父性的隐喻的失败之中，我们指出了那种缺席，后者用区别于神经症的结构向精神症给出了它的根本条件"②。

具体来说，如果主体缺失"父亲的姓名"能指，他的象征维度上就会留下一个洞，拉康有时称之为能指链或能指网上的洞，"在能指领域中被'父亲的姓名'的因逾期而权利丧失所挖掘的洞（trou）"③，有时又称之为所指之上的洞，"它['父亲的姓名'的缺席] 在所指中所开启的洞"④，总之都是象征界中的洞。需要指出的是，这一洞不同于我们前面论及的象征界侵入实在界时由能指穿过所留下的实在的洞孔（存在或虚无），它们分属于不同的维度。拉康在阐述著名的谢尔伯法官个案时，提出了图Ⅰ，用来表示这一类精神症的心理结构；通过图Ⅰ与本书第二章中图R的对比，我们不难看到，被"父亲的姓名"能指的因逾期而权利丧失所挖掘的洞正处于图Ⅰ右边的象征世界（S）之中，由 Ⓟ₀ 标示。这说明，主体的象征世界或能指网络是破损的，或者说，其能指链有裂口，需要修补。于是，精神症患者的精神分析的工作焦点就在于如何修补这一裂口。

图Ⅰ：⑤

---

① Ibid.

② Jacques Lacan, «D'une question préliminaire à tout traitement possible de la psychose», dans les *Écrits*, Seuil, 1966, p.575.

③ Ibid., p.563.

④ Ibid., p.577.

⑤ Ibid., p.571.

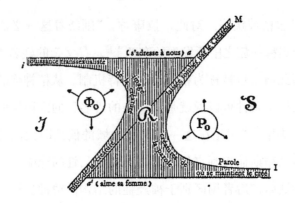

　　为什么是修补呢？我们在前面已经指出，在精神症的情形中，"父亲的姓名"能指因逾期而权利丧失，失去了回归象征界的机会。拉康称，"主体应该去填补'父亲的姓名'所是的这一能指的缺席"①，那么，如何去填补呢？拉康在阐述谢尔伯法官个案的情况时这样说："正是围绕着这一洞——在其中，能指链的支撑对于主体而言是缺乏的，而且人们观察到，它并不需要成为不可言喻的而引起恐慌——主体于其中被重构起来的整个斗争在上演。"②从中不难看到，正如拉康从《第1研讨班》开头就强调，精神分析的作用和功能就在于帮助主体重构其历史，"精神分析进程的基本的、构成性的和结构性的因素正是主体历史的完全重建"③，整个重构的活动对于主体来说就是一场斗争，根本上是一场跟自己的斗争。对于精神症患者而言，修补或填充这一洞的过程可以视为这场斗争的最主要部分。我们在第一章中曾经指出，狼人缺乏象征父亲，人们就给他"父亲的姓名"作为替代。当然，对于精神症患者而言，真正的"父亲的姓名"能指因逾期而权利丧失，再也无法找回，只能依靠替代性"父亲的姓名"能指来填充上述象征界之中的洞。"父亲的

---

　　① Jacques Lacan, Le séminaire de Jacques Lacan, Livre V, *Les formations de l'inconscient 1957-1958*, Seuil, 1998, p.147.

　　② Jacques Lacan, «D'une question préliminaire à tout traitement possible de la psychose», dans les *Écrits*, Seuil, 1966, p.564.

　　③ Jacques Lacan, Le séminaire de Jacques Lacan, Livre I, *Les écrits techniques de Freud 1953-1954*, Seuil, 1975, p.18.

姓名"能指不同于欲望的对象，后者总是处于不断找到又不断替换的过程之中，相反，它需要被呼唤，对此，拉康这样说："大他者之中的一个纯粹和简单的洞能够回应我们于其中将看到'父亲的姓名'如何被呼唤的那个地方，这一洞由于缺少隐喻效果将引发对应于菲勒斯含义地方的一个洞。"① 拉康也称"父亲的姓名"能指为"指称性扭结（nœud signifiant）"②，也就是说，"父亲的姓名"能指所留下的洞代表着一种结构。由此可见，重建或呼唤都需要在结构之中展开，从而需要服从能指的法则，在此，作为能指系统（法则系统）支撑者的"父亲的姓名"再次凸显出其重要性。

---

① Jacques Lacan, «D'une question préliminaire à tout traitement possible de la psychose», dans les *Écrits*, Seuil, 1966, p.558.

② Jacques Lacan, Le séminaire de Jacques Lacan, Livre V, *Les formations de l'inconscient 1957-1958*, Seuil, 1998, p.513.

第四章　专名、上帝之名与
"父亲的姓名"

第一节　专名的无意义性及其否定性特征

拉康还从专名角度出发来探讨"父亲的姓名"问题。在 1961—1962 年度《第 9 研讨班》(即《认同》) 1961 年 12 月 20 日的研讨会以及后续研讨会上，他首先详细探讨了能指与专名 (nom propre) 之间的关系问题。在那次研讨会上，拉康一如既往地强调能指函数 (fonction du signifiant) 的重要性，认为它是"我们在认同问题上需要加以言说的某种东西的出发点"，因为它是"主体由此被构成的某种东西的停泊点"①。随即他指出，正是"在此"，他今天要停顿下来讲某个东西，大家都很熟悉，那就是"名字的功能"问题。拉康首先指出了名字与名词之间的不同：这"不是'名词'(«noun»)，不是语法上被规定的**名词** (nom)，不是在我们的学校里被称之为'名词'(«le sub-stantif») 的东西，而是就如英语中的'名字'(name)——另外在德语中也有——这两种功能是相互区分的"；接着直接道出了它们的差别所在："我在此愿意说更多一点相关的东西，而你们完全就理解差别：'名字'(name) 就

---

① Jacques Lacan, *L'identification,* Séminaire 1961-1962, inédit, version Staferla, séance le 20 décembre 1961.

152

是专名。"① 也就是说，他在此关心的是作为专名功能的名字，而不是语言意义与动词、形容词等区分开来的名词。由此不难看到，专名既是他指出两者之间的差别所在，也是他强调的重点所在。然而，我们似乎也可以说，名字与名词因为隶属于不同的系统或范畴，自然应该被视为两种不同的东西。那么，要想理解拉康此处所说的真正意思，还是需要从其强调的重点即专名出发进行展开。

专名（proper name）涉及语言哲学中的重要问题。在欧美分析哲学中，弗雷格和罗素都提出过自己的专名理论。弗雷格在 1892 年发表的一篇名为《意义与指称》的著名文章中明确提出，"一个专名（词语、符号、符号组合、表达）**表达**其意义，**指称**或**指示**其指称对象"②，也就是说，它既有传统逻辑学家如密尔（John Stuart Mill）认为的指称（外延）一面，也有意义（内涵）一面。对于争议比较大的意义（内涵）这一面，他特别做出了说明，"在一个实际的专名如'亚里士多德'的情况中，就意义而言的各种意见可以不同。譬如，它可以被视为以下：柏拉图的学生和亚历山大大帝的老师……只要指称对象保持为同一者，这些意义变化是可以忍受的，尽管它们在一门论证科学中能被避免且不会发生在一种完整的语言之中"③，也就是说，一个专名是能够表达其意义的。相对于密尔主张的"直接的指称理论"（直接指称对象），弗雷格声称的其实是一种"不直接的指称理论"（有意义介入）。罗素在 1905 年发表的名为《论指称》的名篇中，一方面夸奖弗雷格的上述区分即指称与意义的区分能够避免违反矛盾律，避免像迈农这样陷入譬如"圆的正方形"这样的矛盾表述，另一方面也不客气地指出，弗雷格有把"命题的意义"与"命题成分的意义"相混淆的嫌疑，进而更有造成"指称对

---

① 　Ibid.

② 　Gottlob Frege, "Sense and Reference", in *The Philosophical Review*, 1948, Vol. 57, No. 3 (May, 1948), p.214.

③ 　Ibid., p.210, note2.

象看起来缺场"的严重后果①。归根到底，在罗素看来，带有专名的指称短语并不是我们的"直接相识（immediate acquaintance）"，而只是通过"描述（description，一般译'摹状词'）"才被我们所知，就如他这样说，"[直接]**相识**和**间接知识**（*knowledge about*）之间的区别，就是我们展示的事物和我们只有通过指称短语才能达到的事物之间的区别"②。我们不难看到，罗素在这里有一个理论突破，也就是说，一般认为的专名（包括弗雷格所说的专名）在罗素看来其实不然，因为它们并不直接呈现或展示对象，而只是间接地描述对象，即它们只是摹状词，由此出现了后来著名的摹状词理论以及分析哲学历史上区分专名与摹状词所带来的理论价值和学术意义。

在对专名与摹状词做出理论上的区分之后，罗素提出了自己的专名理论。在 1918 年的《逻辑原子主义哲学》一文中，他给出了一个专名定义："专名 = 代表个别项的词语（words for particulars）。"③ 这个定义可以从以下两点展开：其一，专名针对的是个别事物，"除非通过一个专名，否则你们甚至无法谈论一个特殊的个别项（a particular particular）"，相反，一般词语（general words）涉及描述（即摹状词），"除非描述（即摹状词），否则你们无法使用一般词语"④。由此出发，罗素坚持认为，语言中通常被视为专名的如"苏格拉底"、"柏拉图"等名字，尽管它们"原初都有意去实现代表各种个别项的这一功能"，但"实际上都不是"专名，而是"各种描述（即摹状词）的缩写"，其理由在于：从狭义的逻辑意义上说，一个名字的意义只能是特殊的、个别的，也就是说，一个名字只能应用到讲话者相识的（is acquainted...with）个别项，因为我们不能命名任何我们并不相识的东西，为

---

① Bertrand Russell, "On Denoting", in *Mind* , Oct., 1905, New Series, Vol. 14, No. 56 (Oct., 1905), pp.482-483.

② Ibid., p.481.

③ Bertrand Russell, "The Philosophy of Logical Atomism[with Discussion]", in *The Monist* , OCTOBER, 1918, Vol. 28, No. 4 (OCTOBER, 1918), p.523.

④ Ibid.

此，罗素以人类祖先亚当先相识来到他面前的动物再命名它们为例来加以佐证①。罗素以"我们并不相识苏格拉底，因此无法命名他"②为理由否认语言中普通专名为专名，引起了后来很大的争论。其二，真正的专名只能是"这（this）"或"那（that）"，"人们在逻辑意义上用作名字的词语只能是一些像'这'或'那'的词语"，不仅是因为，从一个词语的固有的严格的逻辑意义上来说，"根本上很难去获得一个名字的任何实例"，而且还因为，只有当人们用"这"或"那"来表示一个个别项时，才能确切说明那个个别项正是他"在那个时刻［直接］相识"的个别项③，在此，我们再次看到罗素对直接相识的强调，也就是说，直接相识是专名之所以为专名的基础，否则，各种所谓的专名其实都是一种描述即摹状词。罗素把专名最后限定为逻辑专名（"这"或"那"），不仅大大缩小了专名的范围，而且还有把专名问题转移为其他问题的嫌疑。

　　英国语言学家和语文学家加德纳（Sir Alain Gardiner）一方面夸奖罗素的专名理论可谓所有专名理论中"最奇妙的（the most fantastic）"④的理论，另一方面又从"专名"一词的希腊语源头和语言学这两个角度出发对罗素专名理论展开了批评。我们现在所使用的术语"专名（Proper Name）"来自希腊文"ὄνομα κύριον"，其后续的拉丁文则为*nomen proprium*。加德纳结合其他希腊文专家的考证后指出，"ὄνομα κύριον"的意思就是"一个'名副其实的（genuine）'名字，或者说，是一个比其他各名字更加名副其实的名字"，并且在脚注中特别说明，德国希腊文专家舒曼（G.F. Schoemann）已经指出，"这一术语 κύριον 经常被错误地解释为意味着代表个别项的特殊（peculiar to the individual）……而真正意思则是'真实的（authentic）'，'确

---

　　① Ibid., p.524.

　　② Ibid.

　　③ Ibid.

　　④ Sir Alain Gardiner, *The Theory of Proper Names, A Controversial Essay*, Second Edition, London: Oxford University Press, 1954, p.57.

切被称呼的（properly so called）'"①。在此清楚地显示出，罗素上述强调专名与个别项的特殊性之间关联的论述无疑受到语言学上这一错误解释的影响。正是从这一名副其实出发，"ὄνομα κύριον 因而与 προσηγορία（'appellation'，名称）形成了对比，后者就是被用来描述我们称之为如**人、马、树**这样的'一般名字（general names）'或'普通名词（common nouns）'的术语"②，换言之，此处的对立表现为名副其实的名字与一般名字之间的对立，而非个别与一般之间的对立。只有到了希腊晚期斯多葛学派的集大成者克律西波斯（Chrysippos），他才做出更为明显的区分，从而"把'ὄνομα'限制为我们称之为专名（proper names）的东西"，而后来的语法学家通过用修饰语"κύριον"加名词"ὄνομα"或不加名词"ὄνομα"的方式来暗示，"'προσηγορία（名称）'也是一种'ὄνομα'，却不是一种相当名副其实的'ὄνομα'"③。公元前二世纪的语法学家、《希腊语法》作者狄奥尼修斯·特拉克斯（Dionysius Thrax）的相关表述清晰且简洁地总结了"ὄνομα κύριον"概念在希腊晚期的发展结果：一个名词或名字④ 就是表示一个物体或一种活动———一个物体像石头，一种活动像教育———的一个可格位变化的言语部分，它可以被共同地和个别地使用；被共同地使用，就如人和马，被个别地使用，就如苏格拉底；而且，作者本人也用"κύριον"一词来表示"被个别地使用的情况"，表示如荷马和苏格拉底这样的"指个体存在的那种东西"⑤。简言之，专名从其希腊语源头来看，一开始并非指个别项，而把它与个别项捆在一起来加以理解（这一捆绑的做法并不是相即的），在某种意义上说是语法理论发展的一

---

① Ibid., p.4 et note 1.

② Ibid., p.4.

③ Ibid.

④ 希腊文"ὄνομα"一词有"名词"和"名字"这两种意思，这跟法语只有"nom"一词的情况相似，而英语和德语都有两个词语来表示这一区分，如"noun"和"name"，以及"Nomen"和"Namen"。

⑤ Cf. Sir Alain Gardiner, *The Theory of Proper Names, A Controversial Essay*, Oxford University Press, 1954, pp.14-15.

个结果。显然罗素本人并不知晓这个源头。

除了剖析"专名"一词的词源学基础，加德纳在该书中还专门开辟一节（第 22 节"批评罗素和斯泰宾教授的观点"①）从语言学角度出发来展开批评。他一上来就说，虽然"罗素对付专名话题的方式是哲学的，而非语文学的，而且他用差不多令人痛苦的重复坚持说他只是从逻辑的观点来说这些专名"，可是仔细检查罗素的文章内容之后，我们发现事情并非如此简单，因为其"整个论说就是关于词语与名字，命名与描述"，也就是说，"在罗素所说的关于**约翰、苏格拉底**和**这**的所有内容中，不顾他含蓄的否认，他就是在谈论语言理论"，而"我在此的目标就是要揭示他的语言理论是不靠谱的"②。譬如，当罗素定义专名就是代表个别项的词语时，他实际上犯了一种明显的"虚假暗示（*suggestio falsi*）"错误，因为其后果就是："没有一个不代表个别项的词语是专名"和"代表个别项的词语所是的专名区别于所有其他词语"，而这已经是"一个语文学争论"，罗素不承认也没用③。沿着这个语言学的线索，加德纳发现罗素论述中的诸多问题：譬如，罗素放弃"约翰"而只接受"这"为真正专名，理由是"'这'很少在流动着的两个时刻指同一个东西"，可是这是模棱两可的，"因为人们只有不得不把'约翰'和'这'并排放在一起才能认识到它们的完全不同的规格（calibre）"，而且，即便罗素坚持这样做，"这"在个别项不在场时也是无法指示它的，说明"这"是一个"相当无用的词语"，加德纳嘲笑它"结果就像口袋里的一个先令，后者只能

---

①　根据加德纳的说法，罗素演讲内容以《逻辑原子主义哲学》为名发表在期刊《一元论者》(*The Monist*) 的系列刊号上，本来也不太可能这么快就广为人知，原因是，斯泰宾 (Lizzie Susan Stebbing) 教授对之进行了比较大的修改后在其著名的《逻辑的现代导论》(*Moderne Introduction to Logic*，1933 年版，第 22—26 页) 中进行大力推广。加上斯泰宾教授清楚地表达其对罗素观点的支持和依赖，加德纳为此把两者都列为批评的对象。

②　Sir Alain Gardiner, *The Theory of Proper Names, A Controversial Essay*, Oxford University Press, 1954, p.60.

③　Ibid., pp.60-61.

花在人们已经在吃了的一个蛋糕上"①。又譬如，被罗素视为其整篇文章要旨的"这"这一真正的专名，其实并不是不带有"描述（摹状词）"色彩，因为，根据罗素的陈述，"这"在其使用的不同场合中指示不同对象，这里就必须要有一种对于所有被"这"所指的对象而言的共同的"这性（thisness）"，可是任何中学生都知道，"这性"只是对于说话者而言相对近的东西，而"那性（thatness）"则是相对远的东西，也就是说，不能维持说"这"就如一个普通名词一样位于同一个立足点上，"总的来说，其功能类似于名词或形容词的功能"，因此，"'这'的描述意图是非常明显的"②。又譬如，罗素坚持其专名运用在个别，但这"更多的是一个滑稽的情况，即，当他寻找他所要求的类的专名时，他没有找到，不能不返回到显然不是专名的一个词上"，而且，当罗素决定不把苏格拉底视为专名时，"显然置他于问心有愧之中，因为他感到被迫告诉我们苏格拉底这一词真的是什么意思"；然而，苏格拉底一词只是一个声音标签，"就如这是任何对完整苏格拉底（足以认同他）的描述的一种两者择一（alternative），但并不是对它本身的描述"；在此，加德纳认为密尔在处理专名问题的手法上远比罗素更为稳重和有理③。又譬如，罗素宣称人无法命名不［直接］相知的东西，但能描述它，问题是，"如果不描述什么东西，描述能实存吗？"，于是，真理就是，"不管你命名或描述，被命名或被描述的东西应该在心灵中呈现"，一个名字或一个描述要成为可能，那便是其所需要的全部④。

加德纳非常不喜欢弗雷格和罗素这些逻辑学家在专名问题上的所谓理论创新，称他们"时髦的"观点"整个来说是有害的思想越轨"⑤，相反，他更愿意回到专名问题上的现代先驱即密尔。这里有个非常有趣的现象需要指

---

① Ibid., p.62.
② Ibid., pp.62-63.
③ Ibid., p.64.
④ bid., pp.65-66.
⑤ Ibid., p.4.

出，弗雷格的专名理论（"不直接的指称理论"，即有意义介入，也可以说，既指称对象又表达意义）实际上是对密尔的专名理论（"直接的指称理论"，即直接指称对象，否认意义的介入）的某种否定；同时，罗素的专名理论（强调逻辑专名"这"，认为弗雷格所说的专名都是描述即摹状词）是对弗雷格的专名理论的某种否定；为此，加德纳所做的工作可以视为一种纠偏，纠正弗雷格和罗素在专名问题上的某些偏离，思考重新回到密尔。然而，正如加德纳正确地指出，密尔对于专名其实"并没有给出正式的定义"①，于是，他在文章的开头就对密尔的专名理论做了一个概括："密尔视专名为准备好——区分各种事物的无意义标记（meaningless marks）的构想，乍一看来既简单又感性"②。这一概括包含两点重要思想：其一，专名是区别性标记；其二，专名不具有意义或涵义。加德纳随后又指出，尽管密尔的构想没法完全满足语文学家和逻辑学家，但是"我仍然相信，他的观点并不是非常宽泛的有关标记的观点，为了使它立于牢固的基础之上，只需要一点改动和推敲就好"③。为此，加德纳自身给出了一个关于专名的正式定义："一个专名就是被承认为指示或倾向于指示对象或各对象的一个词语或一组词语，它独自依靠其区分性声音、无需考虑到任何意义（一开始就由那个声音所拥有的，或者通过与所说的对象或各对象的结合而被该声音所获得）就能指称这一对象或各对象"④。这一看起来四平八稳的定义，除了包含"区分性"和"不考虑意义"这两个密尔专名理论的重要思想之外，还偷偷地塞入了一些其他理论的影响，譬如索绪尔的听觉形象和概念结合理论和区分性能指理论。需要指出的是，当加德纳说"支配语言（Language）机制的所有原理中最根本的原理可能表达在格言'代表区分性意义的区分性声音'（distinctive sounds for

① Ibid., p.2 note 1.
② Ibid., p.1.
③ Ibid., p.3.
④ Ibid., p.43.

distinctive meanings）之中"① 时，我们知道他走的并不是索绪尔结构语言学的道路，只不过是用"区分性声音"理论在模仿索绪尔的区分性能指理论，这可以从他的一个注释中得到明确佐证："重要的是要注意到，词语—声音的即刻效果只能被认同，而其区分性的力量则只能是第二性和结果性的"②，也就是说，词语与声音的结合的立即的、第一性，而代表区分性意义的区分性声音则是后来出现的、第二性的。不难看到，这与索绪尔强调差异性（区分性）原理是形成语言符号（听觉形象和概念的结合）的根本原理的观点形成了鲜明的对立。加德纳称前者为认同功能，称后者为区分功能，并且指出密尔"经常更多地强调它们的认同功能"但"并没有清楚地陈述"区分性功能（虽说"看起来认识到了这点"）③，说明密尔根本上强调的还是认同功能；同理，当加德纳主张词语与声音的结合能够产生意义且强调结合（认同）相对于区分而言的第一性时，他与密尔一样处于传统语言学家行列。

拉康在上述 1961 年 12 月 20 日那次研讨会上引入加德纳以及密尔的专名理论，一方面与他们并肩共同反对罗素专名理论的有害性；另一方面，又从他们俩的理论中吸收营养，由此提出了自己在专名问题上的独特见解，进而创立了自己的隶属于能指理论的名字理论。问题是，我们都知道拉康的能指理论受惠于索绪尔现代结构语言学新思想，从义理上说与传统的古典语言学理论必然具有内在的冲突，那么，拉康是如何从密尔和加德纳这两个"旧"语言学家身上获得其理论滋养的呢？或者说，密尔和加德纳的专名理论中有哪些闪光的理论吸引了拉康且最终为后者所用呢？拉康不是一位研究者，也不是一位大学教授，他在其研讨会上并没有直接说。要想搞清楚这个问题，光看密尔和加德纳的理论表述是不够的，还是要回到他们的具体文本中去。我们不妨从密尔举的"达特茅斯（Dartmouth）"这一地点专名例子

---

① Ibid., p.16.

② Ibid., p.34 note1.

③ Ibid., p.34 note1.

出发。达特茅斯是英国南部的一个港口小镇，从其构词法来看，就是"位于达特河（Dart）的喇叭口（mouth）之上"的意思，问题是这一意思是不是"Dartmouth"一词的意义呢？密尔这么说：

> 一个小镇可以被命名为"Dartmouth"，因为它就位于达特河的喇叭口之上……位于达特河的喇叭口之上并不是"Dartmouth"一词的任何涵义部分。如果泥沙塞住了河流的喇叭口，或者一次地震改变了河流的流向且把这一喇叭口移到远离小镇的地方，小镇的名字并不必然被改变。因此，那个事实并不能形成该词任何涵义部分；否则的话，当事实众所公认地停止为真，任何人都不再能够思考运用这一名字。①

密尔在此相当清晰地表达了其专名理论中核心思想，即，一个专名并没有其固有的涵义。一般认为专名的给出都是有理由的（譬如其词源学的理由），但这些理由在密尔看来都不是这一专名所固有的，也非其任何涵义部分。加德纳一方面认同密尔的这一核心思想，另一方面又觉得这一论证"不如其观点那样令人信服"，因为该名字"至少看起来意味着'位于达特河的喇叭口之上'，至少看起是有涵义的"②，换言之，加德纳觉得运用正面的叙述方式并不能把相关问题说透。类似的专名情形还有很多，譬如欧洲著名的勃朗峰（Mont Blanc，直译"白色山峰"）的名字。为此，加德纳专名开辟一节（第 13 节"清楚词源学的或者带着有意义联想的专名"）来进行讨论，试图通过把名字视为语言工具来解决问题，"这些名字为专名，因为它们被接受为所涉及的小镇和山的指称，因为它们被认作为认同所涉及的小镇和山的正确的语言工具"③。由此出发，他认为密尔在论名字一章(第一册第二章)

---

①　John Stuart Mill, *System of Logic*, Bk., 1, ch. 2, §5, eBooks@Adelaide, 2011, p.39.

②　Sir Alain Gardiner, *The Theory of Proper Names, A Controversial Essay*, Oxford University Press, 1954, p.2.

③　Ibid., p.41.

的论述"至少有一个优点，后者并没有被随后的每一本逻辑书籍所赢得；这一优点显示，他的心灵带着所有必不可少的清晰在可命名的事物和用于指称它们的语言工具之间做出了区分"①。然而，背靠分类命名集理论的语言工具论这一传统语言学理论，实在不足以吸引拉康的理论兴趣。

那么，是什么引起了拉康的兴趣呢？拉康在上述研讨会中引用了密尔曾经讲到且又被加德纳加以转述的一个寓言故事：在阿拉伯的《一千零一夜》故事中，有篇脍炙人口的《阿里巴巴与四十大盗》，其中讲到阿里巴巴有个机智的女佣叫莫吉阿娜（Morgiana），她在得知强盗侦察兵已经在主人家门上用粉笔留下标记且打算过几天就来抢劫之后，不慌不忙地在村庄里所有人家门上也用粉笔留下了同样的标记，以至于强盗到来后由于无法辨认出原初留下标记只得无功而返。密尔引用这个例子，为的是想说明专名就如门上的粉笔标记一样，虽"有一个目的（purpose），但并没有任何固有的意义"，因为这一目的"只是区分（distinction）"，而一旦莫吉阿娜在所有的门上都留下同样的标记，作为区分标志的标记就消失了，为此密尔总结道："莫吉阿娜以同样的方式在所有其他门上用粉笔做了标记，且挫败了强盗的图谋：如何挫败呢？仅仅通过抹去那间屋子和其他屋子之间的表面差异。粉笔号还在那里，但是它不再充当一种区分性标记的目的。"②简言之，密尔在此引用机智的莫吉阿娜的例子，是想从反面（即区分性标记功能失去的情形）来说明：专名正如不具有任何固有意义的标记一样具有一种区分功能。有意思的是，加德纳引用这一例子是把之作为一个反例来加以批评的。他认为密尔太过强调专名的不具意义性一面，笔墨很少花在其区分性一面，"奇怪的是，密尔如此少地阐述专名的区分性声音的指示力量，而差不多唯独（exclusively）强调专名的无意义性（meaninglessness）的否定性标准（nagative criterion）"，并且认为其"有点扭曲的态度""需要矫正"，于是，"为了

---

① Ibid., p.3.

② John Stuart Mill, *System of Logic*, eBooks@Adelaide, 2011, p.41.

证明我的批评是合理的，只需要回想一个段落"，即密尔比较专名与莫吉阿娜故事中门上的无意义粉笔标记的段落①。给我们的第一印象是，加德纳的批评与密尔的举例意图似乎是对不上的，因为密尔在此恰恰强调了专名作为无意义标记的区分性一面。此外，加德纳一方面批评"这一比较不是恰当的比较"，另一方面又提出自己的改进设想，"只有莫吉阿娜把不同的粉笔标记放在所有的门上，因此使得有必要让强盗知道，不仅仅是，要被抢劫的屋子打上了粉笔标记，而是，屋子通过哪个特殊标记才能被识别（identified），比较才能是合适的"②。尽管加德纳紧接着道出了其这样改进的意图，"名字'约翰'用来区分其持有者与菲利普（Philip）、亚瑟（Arthur）和珀西瓦尔（Percival），不是因为他的这些伙伴是没有名字的，而是因为他的名字不同于他们的名字"③，简言之，为了突出专名的区分性，但是，我们一眼就能看到，加德纳根本就没有领会密尔举此例子的用意所在。当然，无需否认，涉及如何展开专名的区分性功能，加德纳和密尔两人其实是有很大不同的。

令人不解的是，拉康在引用了莫吉阿娜这个例子之后，人云亦云地重复着加德纳上述改进设想（"当人们说莫吉阿娜本应该……寓言就会更加恰当"）④，之后沿着区分性方面继续前进。熟悉拉康理论的结构主义渊源的读者都知道，拉康对区分性或差异性这类话题可谓驾轻就熟，信手拈来可以说很多内容。然而，我们从后面拉康的理论发展可以看到，拉康在此真正受到影响的不是这种区分性或差异性思想，恰恰相反，而是一种使得区分性或差异性原则得以成立的东西，是一种更为根本性的东西，因为区分性或差异性可谓这种根本性东西的具体表现。这种东西是什么呢？拉康没有直接说。不

---

① Sir Alain Gardiner, *The Theory of Proper Names, A Controversial Essay*, Oxford University Press, 1954, p.38.

② Ibid., p.39.

③ Ibid.

④ Jacques Lacan, *L'identification*, Séminaire 1961-1962, inédit, version Staferla, séance le 20 décembre 1961.

过我们可以从加德纳上述的一个表述中找到一条明确的线索：加德纳批评密尔的专名理论时给他贴上了一个标签，即"强调专名的无意义性的否定性标准"。其中的"否定性"就是线索的关键所在。为什么这么说呢？我们不妨回到加德纳著作第 2 节的开头，他在批评密尔对专名"Dartmouth（达特茅斯）"一词的分析不够令人信服之后，引入了一位瑞典语法学家诺林（Noreen）所倡导的观点，后者声称：专名"Spittal（斯匹塔勒）"是克恩顿州（Carinthia，奥地利最南面的一个州）一个著名地方，只要那里有个医院（hospital）在，它就不是纯种的（thoroughbred）专名，只有当医院消失了（disappeared），它才获得这一专名头衔①。这里所谓的"消失"，无疑便是加德纳所说的"否定性"。从此出发，加德纳修正了密尔对专名"Dartmouth"一词的分析："从那个与他想象出来的情形结合在一起的定义出发，我们可能不如得出结论说，只有等到沙子和地震完成抹掉其特征的工作（its character-effacing work）之后，'Dartmouth'才能成为一个专名。"② 这里的"抹掉"同样对应于加德纳所说的"否定性"。由此可见，加德纳受到瑞典语法学家诺林极具思辨性的创见的影响，理应明白密尔强调专名的无意义性的关键所在：无意义性的否定性标准在于，只有抹掉了一切与意义相关的东西，专名才能够成为一个纯粹的专名。也正是在这一意义上，机智的莫吉阿娜通过让所有门上都写上同样的标记从而抹掉了主人家门上标记的独特性的故事，难道不正是表达标记的无意义性的否定性维度的绝好寓言吗？很可惜，加德纳没有直接道出这些理论创见，而是让它们散见在自己的著作之中，最终让拉康这样的有缘人识得瑰宝。需要指出的是，作为 19 世纪英国百科全书式的人物，密尔的思想具有很深的底蕴，我们从加德纳的解读中已经看出，后者并不能尽识密尔的理论价值，不过，他认为密尔在处理专名问题上比

———————

① 转引自 Sir Alain Gardiner, *The Theory of Proper Names, A Controversial Essay*, Oxford University Press, 1954, p.2 et note3, et p.3。

② Ibid., p.2.

罗素远为稳重和有理①，强调了密尔的理论厚度，这一评价无疑是非常中肯和到位的。

作为无意义性标记的专名的否定性特征（抹掉、消失等），一下子使我们想到了列维－斯特劳斯在其著名的《马塞尔·莫斯著作导言》（1950年）一文中首次提出的"纯粹状态的象征符号"概念以及拉康由此受到的巨大影响。面对各种类型的"玛纳"，列维－斯特劳斯另辟蹊径，从莫斯文本中塔维纳神父（Père Thavenet）对于阿尔冈金人的"manitou"观念的那段深刻评论——"它意味着存在、实体、生物，而且很确定的是，所有具有灵魂的存在在某种程度上都是一个'manitou'。然而，它特别指还没有一个共同名字、不为人所熟悉的任何存在：一个女人说她害怕一个蝾螈，这就是一个'manitou'；人们通过告诉她它的名字来嘲笑她"②——出发，认为"玛纳"的作用恰恰就在于它的"还没有共同名字"和"不被熟悉"，简言之，在于它的"空"，因为，"实际上，'玛纳'同时就是整个这一切；然而确切地说，难道不是因为它根本就不是整个这一切吗？它是简单的形式，或更为准确地说，它是纯粹状态的象征符号（symbole à l'état pur），因此它易于承载任何象征内容"③。换言之，"玛纳"具有"一种**零象征价值**（une *valeur symbolique zéro*）"④，它是空的，可以是任意一个价值，这就是它最大的价值，也是它成为象征系统之核的原因所在。正是为此，列维－斯特劳斯称原始人的

---

① Ibid., p.64.

② 转引自 Marcel Mauss，《Esquisse d'une théorie générale de la magie》，un document produit en version numérique par Jean-Marie Tremblay, p.72。中译文参见 [法] 马塞尔·毛斯 [莫斯]：《社会学与人类学》，佘碧平译，上海人民出版社 2003 年版，第 81 页。译文有改动。

③ Claude Lévi-Strauss，《Introduction à l'oeuvre de Marcel Mauss》，dans M. Mauss, *Sociologie et anthropologie*，un document produit en version numérique par Jean-Marie Tremblay, p.43. 中译文参见，[法] 列维－斯特劳斯：《马塞尔·毛斯 [莫斯] 的著作导言》，见 [法] 马塞尔·毛斯 [莫斯]：《社会学与人类学》，佘碧平译，上海人民出版社 2003 年版，第 27 页。

④ Ibid. [法] 列维－斯特劳斯：《马塞尔·毛斯 [莫斯] 的著作导言》，见 [法] 马塞尔·毛斯 [莫斯]：《社会学与人类学》，佘碧平译，上海人民出版社 2003 年版，第 27 页。

"玛纳"概念实际上扮演着"我们留给科学的那种角色……总是且处处要介入进来，有点像各种代数符号（symboles algébriques），为的是表现一种未定的含义价值，而这一含义本身是空无意义的（vide de sens），且因此易于接受不管什么样的意义……"①他也称这种空的、纯粹状态的象征符号为"漂浮的能指（signifiant flottant）"，认为它"是一切艺术、诗歌、神话创造和美学创造的保证"，"科学认识如果无法堵住它，至少可以部分地利用它"②。拉康高度赞扬列维-斯特劳斯用"纯粹状态的象征符号或零象征价值符号"创造性地解释"玛纳"的做法，在1953年著名的罗马报告《语言和言语在精神分析学中的作用和领域》中充分肯定列维-斯特劳斯从"神圣的'豪'或无所不在的'玛纳'"中所得出的"零象征符号（symbole zéro）"，认为后者实际上可以"把言语的能力还原为一种代数符号的形式"③。这一零象征符号或"漂浮的能指"就是拉康理论中的象征之核，也是拉康能指概念最核心的内容。需要指出的是，列维-斯特劳斯坚决不认同莫斯把"玛纳"与"神圣事情或神圣之物（sacré）"等同起来的做法，希望剥下神圣之物的神圣外衣却同时保留"玛纳"的零象征符号维度价值，"因此提出了对于法国社会学学派学说的一种理性主义改革"④，即主张一种纯粹的象征系统理论，但看起来并没有成功；拉康对此并不赞同，他继承弗洛伊德的精神分析学传统，承认社会作为一种象征系统有其历史与传统，完全抛弃了构想纯粹象征系

---

① Ibid., p.39.[法] 列维-斯特劳斯：《马塞尔·毛斯[莫斯] 的著作导言》，见 [法] 马塞尔·毛斯[莫斯]：《社会学与人类学》，佘碧平译，上海人民出版社2003年版，第24页。

② Ibid., p.42.[法] 列维-斯特劳斯：《马塞尔·毛斯[莫斯] 的著作导言》，见 [法] 马塞尔·毛斯[莫斯]：《社会学与人类学》，佘碧平译，上海人民出版社2003年版，第27页。需要指出的是，中译本把"signifiant flottant"（漂浮的能指）错译为"流动所指"，这是一个多么大的失误啊！

③ Jacques Lacan, «Fonction et champ de la parole et du langage en psychanalyse», repris dans les *Écrits*, Seuil, 1966, p.279.

④ Vincent Descombes, «L'Équivoque du symbolique», *MLN, Vol. 94, No. 4, French Issue: Perspectives in Mimesis* (May, 1979), p.661.

统理论的思路，主张用拓扑学的纽结理论来解释内含复合结构的社会象征系统，反而贯彻与发展了法国社会学年鉴学派所谓的"对具体也是对整体的研究"的理论传统①。

专名的无意义性的否定性特征让拉康有理由看到，专名由于其纯粹性——"专名的最纯粹性就是完全任意的（wholly arbitrary）和完全不带涵义（totally without significance）"②——正是讨论零象征符号或"漂浮的能指"问题即纯粹能指问题的一个绝好的入口。换言之，拉康绝不会为了专名问题而去讨论专名，他既不是语言学家，也不是语法学家，他并不想提出一种新的专名理论，相反，他的目的无非是，借讨论专名问题之际，进一步深入探讨其能指（字母）理论，而正是沿着这一深入地对能指（字母）问题的探讨，我们才能逐渐看清楚其关于"名字"的理论，进而深化我们的主题即"父亲的姓名"的讨论。当然，不可否认的是，我们在下面也将看到，拉康在专名问题上的见地绝对是一流的；他是这样的一位"伯乐"大家，总是能够敏锐地捕捉到其他思想家刚刚冒尖的创见——譬如这里密尔和加德纳注意到的专名的无意义性及其否定性特征的重要性，又譬如列维-斯特劳斯在《马塞尔·莫斯著作导言》（1950年）就提出的"能指先于且决定所指"③的洞见——并且把之发扬光大，结出令人（包括最先提出者）羡慕的累累硕果。

———————————

① 具体论述参见黄作：《列维-斯特劳斯与拉康在象征问题上的不同路径——从〈马塞尔·莫斯的著作导言〉说起》，载《社会科学》2019年第2期。

② Sir Alain Gardiner, *The Theory of Proper Names, A Controversial Essay*, Oxford University Press, 1954, p.19 note1.

③ Claude Lévi-Strauss, «Introduction à l'oeuvre de Marcel Mauss», dans M. Mauss, *Sociologie et anthropologie*, un document produit en version numérique par Jean-Marie Tremblay, p.28. 中译文参见［法］列维-斯特劳斯：《马塞尔·毛斯［莫斯］的著作导言》，见［法］马塞尔·毛斯［莫斯］：《社会学与人类学》，余碧平译，上海人民出版社2003年版，第15页。

第二节 "元划（trait unaire）"和"父亲的姓名"

我们知道，拉康有时候也用"音素"（音位学意义上）和"字母"（无意识语言意义上）等术语来称呼能指。相比于罗素"努力还原一切数学经验领域"的数理逻辑道路，拉康认为在专名问题上还是要回到能指或字母的领域，"我认为人们所能给出的最好专名定义：就是把之还原到一种字母游戏（un jeu de lettres）"，为此还嘲讽罗素"看到了一切，但除了一点即字母函数（fonction de la lettre）"[1]。我们知道，自从拉康接受结构主义理论以来，就不再满意于弗洛伊德关于词表象与物表象这一类的区分，相反，他主张用能指来贯通传统精神分析所谓的无意识、前意识与意识各大心理领域，为此，他讲到了"能指函数（fonction du signifiant）"和"字母函数"。在《无意识之中字母成分或自弗洛伊德以来的理性》（1957 年）一文中，拉康通过第一次提出了革命性的演算公式 S/s（Signifiant/*signifié*，**能指** / 所指），在颠覆了索绪尔在《普通语言学教程》中所列出的 s/s（所指 / 能指）公式的同时，对"能指函数"概念进行详细的探讨：一方面，拉康认为这一"演算公式本身只是能指的纯函数（pure fonction du signifiant）"[2]，其他演算公式如换喻的演算公式、隐喻的演算公式、$f(S)\dfrac{I}{s}$ 等，都只是能指函数而已；另一方面，他又认为"演算公式只能表现出一种能指结构[3]"，也就是说，能指函数问题正是一种结构问题，因为它表达的是能指结构。根据现有的资料来看，拉康在 1955—1956 年度《第 3 研讨班》1956 年上半年间首次提出能指函数概念，如 1956 年 1 月 18 日和 4 月 11 日的研讨会上都出现了这一概念[4]，最重

---

① Jacques Lacan, *L'identification*, Séminaire 1961-1962, inédit, version Staferla, séance le 20 décembre 1961.

② Jacques Lacan, «L'instance de la lettre dans l'inconscient ou la raison depuis Freud», dans les *Écrits*, Seuil, 1966, p.501.

③ Ibid.

④ Cf. Jacques Lacan, *Les psychoses*, Séminaire 1955-1956, version Staferla.

要的证据还在于，列维–斯特劳斯 1956 年 5 月 26 日在法国哲学学会中做了场名为《论神话与仪式之间的关系》报告，拉康当场做了个长长的介入评论，其中明确说道："如果我想描绘我于其中受到克劳德·列维–斯特劳斯的话语支持和支撑的意义特征的话，我会说，这就在他对于我称之为**能指**函数的那种东西的强调之中……"① 至于"字母函数"概念，我们在《文集》中看不到它；从现有的研讨班资料来看，拉康正是在 1961 年 12 月 20 日的上述研讨会上第一次使用了这一概念（"罗素看到了一切，但除了一点即字母函数"），随后解释道，"……很久以来我让'字母函数'介入到无意识的定义层面中。这一'字母函数'，我在某种意义上为了你们首先以诗歌的方式让它介入"②。"以诗歌的方式"这一表述，立刻让我们想起拉康在首次提出"能指函数"概念时也是这样表述的③，这说明，尽管拉康使用了数学的"函数"概念，但他并不追求以数学为典范的现代科学的精确探究方式，相反，他更加推崇神话与诗歌的价值与作用。

　　虽说拉康直到《第 9 研讨班》才提出"字母函数"概念，但其实他早就对之进行了探讨，1955—1956 年度《第 2 研讨班》1955 年 4 月 26 日研讨会上所做的《关于〈被盗窃的信（La lettre volée）〉的研讨班》报告（1956 年的 5 月中和 8 月中重写，收入《文集》）和《无意识之中字母（lettre）成分或自弗洛伊德以来的理性》一文，都是探讨典型字母（能指）问题的著名

———————

　　① Jacques Lacan, Intervention sur l'exposé de Claude Lévi-Strauss: «Sur les rapports entre la mythologie et le rituel» à la Société Française de Philosophie le 26 mai 1956. Paru dans *le Bulletin de la Société française de philosophie*, 1956, tome XLVIII, pages 113 à 119.

　　② Jacques Lacan, *L'identification,* Séminaire 1961-1962, inédit, version Staferla, séance le 20 décembre 1961.

　　③ 在上述 1956 年 4 月 11 日的研讨会上，拉康认为，在这一"能指函数"概念的精心构思之中，"把重要（signifiance）的领域与含义（signification）的领域混同在一起的某种东西"，像一条追踪犬一样被引入，滑入了含义的领域，但决不会带来任何种类的科学结论，换言之，含义或意义并不在科学形式下诞生，而是以诗歌的形式产生。同年 6 月 6 日在分析拉辛的戏剧《阿达利》的研讨会上，拉康再次把"能指函数"概念与诗歌联系起来。

篇章。拉康在 1961 年 12 月 20 日的上述研讨会上提到这两个文本，并且认为在后一个文本中，"我通过隐喻与换喻更为确切地强调了它［字母函数］"；随即又说，"我们现在随着我们在'元划函数（fonction du trait unaire①）'中所展开的这一起点，到达某种将允许我们行进得更远地方的东西"；这里的"行进得更远地方"是什么意思呢？从表面上看，这意味，通过"元划"函数这一新起点，我们在专名问题上的探究可以更进一步，不过，就如我们在上节结尾处已经指出，拉康真正关注的并不是语文学的或语法学的专名问题，所以，与其说"元划函数"问题或"字母函数"问题的研究能够促进专名问题研究，还不如说，对于它们的深入研究有助于揭示出比专名问题更为深层次的问题，也就是专名之所以能够成为专名的问题。由此，我们可以这么说，沿着"字母函数"问题的道路，恰恰就是探讨专名文本根本维度的正确道路，为此，拉康说道，"我提出，专名的定义只能出现在以下范围内，即我们于其中觉察到命名性传播（l'émission nommante）与某种在其根本本性中属于字母次序的东西之间的关系"②。这一在其根本本性中属于字母次序的东西无疑就是"元划"，它仍然隶属于"字母函数"范畴。当然，其中的关键就在于如何理解这一"元划"概念。

"元划"是拉康在《第 9 研讨班》中新提出的一个理论概念。他在 1961 年 12 月 6 日的研讨会中首次引入这一概念。在此之前，在 11 月 22 日的研讨会上，他首先提出的是"trait unique（独划，独一特征）"概念，后者译自弗洛伊德在 1921 年发表的《集体心理学与自我分析》一文第 7 章"认同"中所使用的一个词语即"einziger Zug（独一特征）"。弗洛伊德在一开头说，

---

① 放在我们文化的语境中来说，"trait unaire"代表的东西似乎可以对应于阴爻和阳爻中的"爻"。巴黎的精神分析师洛朗·科尔纳（Laurent Cornaz）先生 2000 年初来成都时提出要把拉康的"siginifiant"一词翻译为"爻"，笔者曾经与他有过讨论。具体可见黄作：《谈谈拉康文本中 signifiant 一词的译法》，载《世界哲学》2006 年第 2 期，第 70—75 页。

② Jacques Lacan, *L'identification,* Séminaire 1961-1962, inédit, version Staferla, séance le 20 décembre 1961.

"精神分析在'认同'中看到与另一人的情感性依恋的最初表现",并且认为"这一认同在奥狄浦斯情结形成的各个早期阶段中扮演着一种重要角色";随即具体又说道,小男孩对他父亲表现出很大兴趣,他希望通过认同父亲而"使父亲成为其理想"(即"自我理想"),这种与父亲的态度"既不是受动的(passif)也不是女性的(féminin):它根本上是男性",而且,这一与父亲的认同"很好地与它协助做出准备的奥狄浦斯情结协调一致"[1]。在其著作中号称"最完整陈述"[2]认同问题的章节处,弗洛伊德以"与父亲的认同"为例来展开论述,这是很有意思的一个现象,再一次说明了弗洛伊德非常重视父亲问题(无论在临床实践上还是在理论上)。沿着这条线索前行,我们发现,与我们在第一章第二节"奥狄浦斯情结三阶段"已经指出的拉康对于奥狄浦斯情结历时向度分析不同,弗洛伊德在此明确指出,跟这种与父亲的认同相比"同时"或"稍晚一点",小男孩"开始把其各种力比多性欲朝向其母亲",也就是说,开始有了与母亲的情感依恋关系;对于双亲的这两种情感倾向,弗洛伊德立即做出了区分,"很显然这是两种心理上不同的依恋:一种为对其母亲就如对一种纯粹性欲对象一样的依恋,一种与父亲的认同,他考虑其为需要加以模仿的一种模型",并且随后指出,"这两种情感一个不影响另一个、相互不干扰地、肩并肩地存续了一段时间",直到后来,随着心理生活逐渐走向"统一",两者"以汇合告终",而"正常的奥狄浦斯情结正是这一汇合的结果",因为小男孩很快觉察到父亲正是其朝向母亲道路上的阻碍,于是他与父亲的认同就带上了"一种仇恨色彩,最终与为了母

---

[1]　Sigmund Freud, *Psychologie collective et analyse du moi,* dans l'ouvrage *Essais de psychanalyse*, édition électronique a été réalisée par Gemma Paquet, p.38.

[2]　Jean Laplanche et J.B. Pontalis, *Vocabulaire de la Psychanalyse*, Puf, 1967, p.189. 不过,拉普朗虚和彭大历斯同时也指出,"弗洛伊德对他在这一主题上的各种表述也不太满意"(参见"我自己远远不满意于对认同的这些谈论",载《精神分析导论补篇》,1932, *S.E. XXII*, p.63),因为归根到底,"认同概念的这一丰富性既没有在弗洛伊德著作中也没有在精神分析理论中导致一种能够安排其各种模态的系统化理论"。(Ibid.)

亲而欲念取代父亲的欲望混合在一起";于是,这种与父亲的认同就从简单的自恋性认同①,发展为"带有矛盾情感的"复杂的认同形态,它表现为就如力比多口欲时期的产物一样,即,"通过食之而吸收被欲望的和被珍爱的对象",弗洛伊德甚至把它与食人族的行为相提并论②。在此不难看出,弗洛伊德的言下之意就是,在奥狄浦斯情结显露之前,已经有了一种最初的与父亲的认同,那便是文中三种认同模式中的第一种认同类型:"作为与对象的情感性联系的原初形式。在此涉及由一上来就带有矛盾情感的食人性关系所标记的一种前奥狄浦斯认同(参加'初级认同/Identification primaire'词条)。"③

接着,弗洛伊德指出,我们"很容易忽视这一与父亲认同的最终结局",因为奥狄浦斯情结可能会"经受一种倒转",也就是说,父亲会"由于一种女性化而成了[小男孩的]各种性欲倾向期待满足的对象",这样一来,"与父亲的认同就构成了把父亲视为性欲对象这一活动的先行阶段";这就出现了"与父亲的认同"和"像依恋一个性欲对象一样对父亲的依恋"这两种(广义)认同方式,它们之间的差别也是显而易见的:"在第一种情形中,父亲就是有人意欲**成为**(être)的东西;而在第二种情况下,父亲就是有人意欲**拥有**(avoir)的东西"。我们在前面第一章第二节"奥狄浦斯情结三阶段"的分析中已经看到了对于"成为"和"拥有"两者的创造性使用;简言之,在第一种情形中,所涉及的"自我的主体",而在第二种情形中,所涉及的"自我的对象"。为此,弗洛伊德专门指出,"这就是为什么在任何对象选择之前认同是可能的",也就是说,与父亲的认同并不比依恋性的对象选择出现得

---

① 参照拉普朗虚和彭大历斯在《精神分析词汇》的"认同"词条中所列出的"由于所带来的不同材料而变得丰富的认同概念"的4种情形之中的第2种情形,即联系自恋对象选择与认同的"辩证法"。(Ibid., p.188.)

② Sigmund Freud, *Psychologie collective et analyse du moi*, dans l'ouvrage *Essais de psychanalyse*, édition électronique a été réalisée par Gemma Paquet, p.39.

③ Jean Laplanche et J.B. Pontalis, *Vocabulaire de la Psychanalyse*, Puf, 1967, p.189.

更晚①。从此出发，弗洛伊德谈到了神经症症状中认同问题的复杂性，譬如，一个小女孩染上了与其母亲一样的苦恼的咳嗽症状，这或者是来自奥狄浦斯情结的一种认同，即，小女孩通过这一症状实现了对母亲的替代，从而实现了对父亲的爱欲倾向，"这是癔症形成的完整机制"；或者是对所爱之人的一种认同，就如少女朵拉模仿其父亲的咳嗽，在这里，弗洛伊德强调道，"**认同占据了爱欲倾向（*penchant érotique*）的位置，而爱欲倾向通过退行转换为一种认同**"，这不仅因为"认同代表着最原始的情感性依恋"，而且还因为，在支配症状形成的条件中，在无意识机制影响下的压抑中，"对于力比多对象的选择重新让位于认同，这就是说，自我因而吸收了对象的各特性（propriétés）"；对于这些认同，弗洛伊德指出，我们需要注意的是，"自我时而模仿不爱的那个人，时而模仿被爱的那个人。而且，我们观察到，这两种情形中，认同只是部分的、完全有限的，自我满足于从对象中吸取其各种特征中的独一特征（un seul de ses traits②）"③。这便是上述三种认同模式的第二种认同类型："作为对选择被抛弃对象的退行性替代"④。同时，该段落的结尾句，便是"einziger Zug（独一特征）"一词的出处。

尽管弗洛伊德对于认同问题的论述较为复杂，但此处"einziger Zug（独一特征）"一词的意思还是清楚的，"Zug, tait"显然指的是人的性格和情感的特点或特征。弗洛伊德在此强调是，对于作为对象的退行性替代的认同，自我只认同或吸取这一对象（被爱的或不爱的人）的独一特征就够了。从这一出处来看，这只是弗洛伊德使用过的一个词语而已，既非精神分析术语，

---

①　Sigmund Freud, *Psychologie collective et analyse du moi*, dans l'ouvrage *Essais de psychanalyse*, édition électronique a été réalisée par Gemma Paquet, p.39.

②　英译标准本（S.E.）译为"a single trait（一个单一特征）"，cf. Sigmund Freud, *Group Psychology and the Analysis of the Ego*, S.E. XVIII, p.107。

③　Sigmund Freud, *Psychologie collective et analyse du moi*, dans l'ouvrage *Essais de psychanalyse*, édition électronique a été réalisée par Gemma Paquet, pp.39-40.

④　Jean Laplanche et J.B. Pontalis, *Vocabulaire de la Psychanalyse*, Puf, 1967, p.189.

更非精神分析概念。拉康用"trait unique（独一特征）"来进行翻译，进而把后者发展成为一个概念，以至于拉普朗虚和彭大历斯在《精神分析学的词汇》的"认同"词条中概括出三种认同模式之后还专门提道："弗洛伊德同样指出，在某些个案中，认同并不针对对象的总体，而是针对对象的一个'独一特征'"，并指出了《认同》一章的上述出处①。正如拉康在 1961 年 11 月 22 日那次研讨会上指出——"我们已经认识的这一'独一特征 / 独划'（trait unique, *einziger Zug*）"②——那样，他实际上在前一个年度研讨班即 1960—1961 年度《第 8 研讨班》（《移情》）1961 年 7 月 7 日的研讨会上已经提出了这一翻译概念。拉康在读解了弗洛伊德上述"认同"章节之后，小结道，"弗洛伊德在其文本中停下来，为的是要明确告诉我们，在这两种根本的认同模式之中，认同总是通过'一个独一特征 / 独划（*ein einziger Zug*）'而形成"③。我们对比前面的弗洛伊德文本，这一小结其实并不准确，因为"独一特征 / 独划（*einziger Zug*）"主要是针对第二种认同模式中的认同对象的特征而提出来的。毫无疑问，拉康对此有个发挥。因为他紧接着谈到"'独一特征 / 独划'的可构想性"时就说，"这一点使我们聚集于我们相当熟悉的概念即能指概念"，不过同时拒绝把之理解为一个能指，因为谈论能指就意味着"最终应该在一组能指（une batterie signifiante）中使用它"，而只是说，如果我们从"花束图"出发，它"很大可能是一个符号（signe）"，也就是说，"这是自恋关系中与大他者的原初参照的点状特征（le caractère ponctuel）"，就是通过"一划"或"独划"定义的东西④。拉康在《第 1 研讨班》中就已提出"花

---

① Ibid., pp.189-190.

② Jacques Lacan, *L'identification,* Séminaire 1961-1962, inédit, version Staferla, séance le 11 novembre 1961.

③ Jacques Lacan, Le séminaire de Jacques Lacan, Livre VIII, *Le transfert 1960-1961*, texte établi par Jacques-Alain Miller, seconde édition corrigée, Éditions du Seuil, mars 1991, juin 2001, p.417.

④ Ibid., pp.417-418.

瓶与球面镜图"和各种"花束图",在《拉加什报告评论:"精神分析与人格结构"》(1958年)一文中又对之深入解读,在此明确把下图右边镜子中的"I"解读为"独划 (trait unique, *einziger Zug*)":

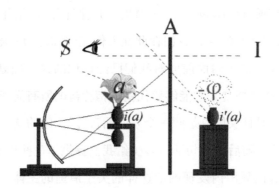

拉康在此有个极其简洁的解释,这一"独划"关乎图中"如何内在化大他者的这一观看"问题:"他者的这一观看,我们应该把它设想就如通过一个符号而自身内在化",因为"'独划'的这一大点'I',就是关于大他者赞同的这一符号,就是关于主体可以在其上面进行运作的爱的选择的这一符号,在此就是某个地方,且在镜子游戏的后续中得到了调节。主体在其与大他者的关系中来与这里重合,以便这一小符号即'这一独划'供其安排,这就足够了"①。简言之,拉康仍然在认同——"大他者的赞同"——范围内讨论这一"独划"(即"独一特征")问题。

到了《第9研讨班》的上述1961年11月22日的研讨会上,拉康在讨论笛卡尔的上帝问题时再次引入这一"独划(trait unique, *einziger Zug*)"概念。在拉康看来,笛卡尔的上帝概念与安瑟尔谟的上帝概念之间的区别在于:前者认为上帝代表"真的真 (*le vrai du vrai*)",后者则把上帝视为"最大的存在 (*le plus être des êtres*)"。所谓"真的真",也就是说,上帝是"真理实存

---

① Ibid., p.418. 需要指出的是,米勒的版本上并没有列出上图,但另版上有。cf. Jacques Lacan, *Le transfert,* Séminaire 1960-1961, version Staferla, séance le 7 juillet 1961.

的保证",然而,由于笛卡尔说上帝可以是一个"骗人的上帝"①,于是拉康进一步推论道,"因为真理可以是**其他**(*autre*),笛卡尔告诉我们,如这样的这一真理,因为它可以是——如果上帝这里想要这样的话——确切地说,因为它可以是**错误**(*l'erreur*),上帝就更加是保证"。这是什么意思呢?拉康这样来回答,"除非的话,我们在此在人们能够称之为**一组能指**(*la batterie du signifiant*)的东西面前面对我们已经认识的这一独划(trait unique, *einziger Zug*),就严格说来**它能够替代构成指称链的所有元素、单单自己就能支撑整个链条而且仅仅总是同一个东西而言**"。拉康的这一回答初看之下令人摸不着头脑。随后的一句话,多少给我们提供了一些理解的线索,"我们在笛卡尔经验的界限内发现的如这样的关于**消逝的主体**(*sujet évanouissant*)的东西,就是这一保证的必然性,就是最简单的**结构**的划线(trait)的必然性,就是独划的必然性,我敢说,绝对非个人化的独划的必然性"②。我们知道,拉康《科学与真理》(1965年)一文中称笛卡尔的实体式主体为"点状形的和消逝的(ponctuel et évanouissant)"③主体,这是因为,笛卡尔主张把思维与实存联系起来,于是时间性就成了决定性因素:每一次我思,我存在,如果我停止思维,我可能就无法存在,"只有这个〔即思维活动〕不能与我相分离。自我在,自我实存;这一点是确定的。可是有多长时间呢?当然,与我思一样长时间;因为或许还有可能是这样的,即,如果我停止任何思维活动,那么我就会整个立即结束存在"④。如何解决这一难题,笛卡尔求助于上帝,于是上帝就必须是我实存的保证。所谓消逝的主体,其实是拉康

① 参见笛卡尔的《第一哲学沉思集》中的"第一沉思"。

② Jacques Lacan, *L'identification,* Séminaire 1961-1962, inédit, version Staferla, séance le 22 novembre 1961.

③ Jacques Lacan, «La science et la vérité», dans les *Écrits*, Seuil, 1966, p.858.

④ Réné Descartes, *Meditationes de prima philosophia*, AT Ⅶ, p.27, 11.8-12: «haec sola a me divelli nequit. Ego sum, ego existo; certum est. Quandiu autem? Nemp.quandiu cogito; nam forte etiam fieri posset si cessarem ab omni cogitatione, ut illico totus esse desinerem.»

对笛卡尔自主性的自我（实体式主体）的一种嘲笑，旨在说明人类主体不是自主的意识主体，相反是分裂的，因为真正的主体便是无意识主体，也就是说，我们面对的或置身于其中的是由大他者所组织的能指网络（象征世界），而在此再次所使用的"独划（trait unique）"因为具有支撑整个能指网络的功能，就具有了一种必然的结构（能指函数），于是就成了一种保证。需要指出的是，拉康这里再次所用的"独划"概念，看似已经远离了弗洛伊德的"独一特征（*einziger Zug*）"概念，其实不然，鉴于象征世界（能指网络）仍然是主体需要象征认同的对象，所以"独划"概念仍然是在认同的大范围内加以讨论，只不过其意义域的变换经历了比较大的跨度。

在接下来的 11 月 29 日的研讨会上，拉康继续对"独划"概念进行探讨，用"一（Un）"来称呼它，"作为独划的'一'"，同时用图形来表示：

这一单独的一划，他特别强调，"创立者用一个上升的杆（une barre montante）把这个一（un）写成这样，即"1"，这一上升的杆在某种意义上指出一（un）从哪里来"，同时不忘跟哲学上大写的"一"区分开来，明确说道，"这不是巴门尼德的'一'，也不是普罗提诺的'一'，也不是我们工作领域中任何'整体性'的'一'"，也就是说，这不是作为整体性的"统一"，而只是"对于最小的标记法来说永远是足够的符号"①。什么叫作"最小的标记法"呢？拉康在这次研讨会的最后部分引用了索绪尔在《普通语言学教程》关于差异性原理的一段话，"应用到单元（l'unité）的差异性原理能够这样被表述：**单元的各种特征与单元混淆在一起**。在语言中，就如在任何符号学

---

① Jacques Lacan, *L'identification,* Séminaire 1961-1962, inédit, version Staferla, séance le 29 novembre 1961.

中，使一个语言符号有区别的东西，就是任何构成它的东西。正是差异形成了特征，正如它形成价值和单元一样"①。这就是说，"独划"具有最小的标记法功能，因为它本身体现了差异性原理，而差异性原理恰恰是能指函数或能指结构的根基，"正是从这点出发，从作为差异的'1'的这一根本结构出发，我们能够看到这一源头显现，由此我们能看到能指被构成，如果我可以说的话，能指被大他者中的东西所构成"；而且，拉康紧接着强调，如果不从以下表达式"如这样的'1'作为大他者"出发，我们就无法正确思考关于能指函数或能指结构的一切②。

在 1961 年 12 月 6 日的研讨会上，拉康从批评同一律"A=A"开始，认为同一律只是一种信仰，它"就如一种烙印，在其信仰特征中就如对我称之为'时代'（έποχή）这一东西的一种肯定，总之'时代'是个历史性术语，你们看到，我们能够觉察到其领域是有限的"；相反，"A=A"有其丰富性，后者基于一种"对象性事实"，拉康特别取笛卡尔的"对象性实在（realitas objectiva）"中的"对象性（objectiva）"术语来自经院哲学又超越后者的涵义，指出"A 的对象性事实就不是 A"；又举了自己的"我的祖父是我的祖父"为例来进一步说明，认为这根本不是同语反复，因为第一个我的祖父是第二个我的祖父的"索引用法"；更重要的还在于，"正是在 A 的身份本身中，刻写着 A 不能是 A"。A 是什么？它是一个符号还是一个能指呢？在这一研讨会上，拉康反复强调"能指不是一个符号"，不仅因为一个符号是"为了某人去代表某种东西"，所以某人就是通达于一个符号的那位，这便是主体性最基本的形式，而能指并不代表某种东西，而只是显示"差异的在场"；而

---

① Ferdinand de Saussure, *Cours de linguistique générale*, publié par Charles Bally et Albert Sechehaye avec la collaboration de Albert Riedlinger, édition critique préparée par Tullio de Mauro, postface de Loui-Jean Calvet, Payot & Rivages, 1985, pp.167-168. 中译文参见索绪尔：《普通语言学教程》，高名凯译，商务印书馆 1980 年版，第 168 页。

② Jacques Lacan, *L'identification,* Séminaire 1961-1962, inédit, version Staferla, séance le 29 novembre 1961.

且还因为，在能指的背后，有一种称之为"字母（lettre）"——需要指出的是，拉康这里所说的字母是无意识的元素，而不是字母表上的字母如 A，相反，字母表上的字母 A 恰恰是这一无意识字母本身的具体展现，就如音位学家特鲁别茨柯伊（Nikolaï Troubetzkoï）所说"声音对于音位学家而言只是**音素的语音实现**，只是音素的一种物质性的象征符号"[1]一样——的东西，它支撑着能指代表的差异性，可谓"能指的本质"，由此"能指与符号区分了开来"。正是从字母（能指的本质）出发，拉康带领我们去探究在西方语言中"可能掩盖字母价值"、而"根据汉字的特别身份在汉字中特别明见"的东西；为此他特意举了一幅汉字书法（徐渭的"帽影时移乱海棠"）例子，认为上述诗句的书法直体和日常写法的横体，"这两个系列是完全一样的，但同时又根本不像"，这类似于集合论中"元［素］（unaire）"概念，既表示"垂直的直杠"，又表示"水平一划"；从此出发，拉康认为他找到了表述前述作为差异的"1"的"独划"概念的最佳术语："元划（trait unaire）"。接着，拉康以法国国家古代博物馆中现存的古代动物骨头上的划线（类似于我们的"（结草）刻木"）为例，说明"元划"是人类文化象征化进程中事物被抹去的关键一步，或者更为确切地说，在其中"符号与事物的联系被抹去了"，在各种各样的"我们抹去（effaçons）"的象征化行为之后，只剩下某种极其简单又极其抽象的东西，那就是作为"1"的"元划"，而且，正是通过这些抹去的行为，"能指开始诞生了"。在此，我们看到了"抹去"这一行为的重要性，由此回想到密尔在论述专名问题时所举莫吉阿娜的例子，机智的莫吉阿娜通过在所有的门上都留下同样的标记从而模糊了或取消了粉笔标记的区分性特征，难道不正是一种"另类的"抹去吗？

密尔无疑看到了莫吉阿娜的"另类的"抹去的价值，那就是它从反面来

---

[1] Nikolaï Troubetzkoï, «La phonologie actuelle», *Journal de Psychologie Normale et Pathologique* (1933), repris dans les *Essais sur le langage*, Collection «Le Sens commun», Les Éditions de Minuit, 1969, p.148.

证明了专名（如粉笔标记）的区分性特征的重要性。加德纳批评密尔只强调专名的无意义性的否定性特征而"如此少地阐述专名的区分性声音的指示力量"①，我们在前面已经有所指出，这其实并不公平，因为加德纳根本没有领会密尔的用意；尽管加德纳通篇文章没有提到索绪尔的名字，但我们从他的诸如"区分性声音的指示力量"、"专名的最纯粹性就是完全任意的"② 等等表述中不难看出索绪尔结构语言学新思想对同样是语言学家的他的巨大影响，可以毫不夸张地说，加德纳就是想用索绪尔结构语言学的核心思想即能指的差异性理论来充实密尔专名理论中的这一"弱项"。拉康毫不掩饰地指出自己受惠于加德纳的这一作品：他提到在伦敦看到这本小书，特别指出这种"论战"（该书副标题就是"一个论争性的随笔"）在"今天仍然是很有意义的"；又讲到专名一词的希腊语源头并不是罗素所说的"个别项"，等等③。同样，他继承了加德纳对于密尔专名理论核心部分即"专名的无意义性"的继承，"如果某个东西是专有名词，它因此带来的就不是'对象的意义'，而是属于被应用到对象上的、被叠放在对象的一个标记（marque）的秩序的某种东西，这东西越少由于缺乏意义而向任何参与——参与到一种维度，这一对象通过该维度自身超越，与其他各种对象交流——开启，由此就越是紧密相互关联的"，简言之，专名在内涵上缺乏意义的同时在形式上保留了"同一特征（caractère d'*identification*）"④。当然，拉康并没有止步于两者的成就，相反，他从加德纳对于密尔批评中看到了两者专名理论的各自不足，一方面，他认为密尔的专名理论需要拓展，专名"不仅是关于标记的同一特征的，

---

① Sir Alain Gardiner, *The Theory of Proper Names, A Controversial Essay*, Oxford University Press, 1954, p.38.

② Ibid., p.19 note1. 他在后面又说："但是总的说来，语言符号是任意的，因而各种各样的语言用非常不同的词语来表示相同对象，如法语中的'maison'，拉丁语的'domus'，希腊语的'οἶκος'，阿拉伯语的'byat'，我们都称之为'house（房屋）'。"（Ibid., p.34）

③ Jacques Lacan, *L'identification,* Séminaire 1961-1962, inédit, version Staferla, séance le 20 décembre 1961.

④ Ibid.

也是关于其区分性特征的"①，也就是说，他在这一方面支持加德纳对于密尔批评；另一方面，他并不认同加德纳单就"区分性"本身来谈"区分性特征"（哪怕借用了索绪尔的能指差异性理论名下的区分性概念），认为加德纳在没有接受索绪尔语言学根本上是一种倡导形式化的语言学之前无法真正领会其能指差异性理论。拉康从他们的不足中看到了绝对有价值的东西，或者受启发于机智的莫吉阿娜的另类"抹去"做法，或者受启发于我们在前面已经提到的加德纳引入的瑞典语法学家诺林的观点即"纯粹的专名在于其［与事物相连的符号特征］之消失"，主张把索绪尔的能指差异性理论往前推进一步；正是在探讨索绪尔的能指差异性的本身的过程中，拉康声称找到了"能指的本质"，那就是他所说的处于无意识之中的"字母"。需要再次指出的是，拉康的这一"字母"（lettre）概念，并不是索绪尔主义者所谓的对立于一级能指（语音能指或声音能指）的二级能指（文字），相反，它是任何能指的基础，是能指差异性的"支撑"；从人类文化历史的角度看，这一"字母"来源于人类最初的象征化，那就是作为差异的"独划"，那就是最初的一划"1"，那就是"元划"，其文化性价值在于，它指出了，最初的象征化其实是一种否定性活动，象征化（或语言化）通过抹去"符号与事物之间的联系"进而抹去"事物"，这就是后来法国象征派诗人马拉美所谓"词谋杀了物"事件的真正源头；由此我们不难看到，拉康其实主张把密尔所持的专名的"无意义性的否定性特征"与能指差异性背后的某种否定性的东西即"抹去"联系起来加以考虑，这不仅是因为，专名的"零象征价值"正是探讨能指差异性问题的绝妙入口，而且还因为，正是最初的一划"1"所蕴含的"抹去"支撑着能指的差异性，进而能够支撑特殊能指如专名的纯粹状态的无意义性。

那么，最初的一划"1"之"抹去"这一人类文化史上最关键的一步又是如何实现的呢？拉康以费夫里耶（James G. Février）的《书写的历史》

---

① Ibid.

（*Histoire de l'écriture*）为例指出，在语音性书写（l'écriture phonétique）诞生之前，我们在一些表意文字（idéogramme, idéographisme）身上其实已经看到了某些"抹去"；也就是说，尽管表意文字与图像非常接近，但它其实已经有了一种质变，因为它"随着书写越来越抹掉这一图像特征"，于是它就成为"一种被抹掉的图形（un figuratif effacé）"。在此我们一下子就能想到可以用精神分析学的一个术语来形容这一"被抹掉的"情形，如"被压抑的（refoulé）"或"被弃绝的（rejeté）"，换言之，从书写这一意义上来说，人类文化从一开始起就暗含着一种压抑，那就是事物维度的被压抑；与此同时，有种东西被保留了下来，那就是"属于这一'元划'的次序的东西，因为它起到了区别性作用，因为它一有机会时就扮演标记的角色"；只不过，表意文字的用法与"同种材料的语音使用"具有"同时性痕迹"，说明语音性书写即将到来①。接着，拉康又以佩特里（W.M. Flinders Petrie）的《字母表的形成》（*The Formation of the Alphabet*）为例指出，甚至在埃及的象形文字之前，就有了"一切我们极其感兴趣的作为书写特征的东西"，如陶器上各种标记；这种东西很快引起了腓尼基人和希腊人的重视，他们看到它"可以在书写的帮助下产生一种对于各音素功能（fonctions du phonème）尽可能严格的标记法"，也就是说，"正是在完全相反的视角中，我们应当看到涉及作为材料、作为知识的书写在此期待……"② 很显然，在此"期待被语音化"、"被言语化"，"就像其他各种对象都被言语化一样"，之后便有了所谓的语音性书写，便有了以字母表为基础的各种语言③。声音（语音）与书

---

① Jacques Lacan, *L'identification,* Séminaire 1961-1962, inédit, version Staferla, séance le 20 décembre 1961.

② 拉康这里说书写（一划）期待被语音化，也就是说期待被逻各斯化。那么，这是不是意味着拉康在书写问题上仍然主张逻各斯中心主义呢？关于拉康与德里达在书写问题上的交锋，可参见黄作：《〈关于"被盗窃的信"的研讨班〉VS〈真理的邮递员〉——德里达在能指问题上对拉康的批评辨析》，载《现代哲学》2017年第6期。

③ Jacques Lacan, *L'identification,* Séminaire 1961-1962, inédit, version Staferla, séance le 20 décembre 1961.

写（文字）的结合而产生的语音性书写，客观上使我们远离了原初书写即最初的一划"1"的"抹去"功能和作用，不过，其中一个特别现象能够帮助我们看清这一问题，那就是专名问题。拉康在此批评作为古埃及文专家的加德纳居然没有看到专名在古代各种语言的交流中所拥有的特殊地位，"我们很惊讶加德纳没有求助于这一维度"，譬如"CLÉOPATRA（克娄巴特拉）"①和"PTOLÉMÉE（托勒密）"这两个专名，而古埃及象形文字的整个解码工作正是从那里突破的，因为它们在所有的语言中都没有变化；"CLÉOPATRA（克娄巴特拉）"到处都是"CLÉOPATRA（克娄巴特拉）"，它在语言转换中之所以不能变化，根本原因不在于它固有的声音（语音），也不在于如加德纳所强调的声音的差异性特征，而在于"专名的特征总是或多或少与书写相连而非与声音相连的这一划线相联系"，也就是说，它与最初的一划"1"相联系②。专名可谓最初的一划"1"之"抹去"活动的残留，它"还带有相关痕迹"，从而"就其如此具体规定了主体的扎根而言，比其他一个名字更加特别地与语言中准备好接受这一划线信息的某种东西相连，而不是与这样的语音化相连、与语言结构相连"③，这也就是为什么它是根本上无意义的或无涵义的。

　　当然，专名只是探讨最初的一划"1"或"元划"问题 的绝佳入口而已。当拉康把最初的一划"1"或"元划"视为支撑能指差异性的"字母"时，他实际上是在探讨人类文化的最初象征化问题，而最初的象征化问题可以说仍然隶属于能指问题，隶属于能指函数或能指结构问题。通过展示能指的历史起源——从个体历史的角度来看，作为来来往往（Fort-Da）的母亲能指是主体（儿童）的第一个能指，从而为主体（儿童）打开了象征维度；从人类

---

　　①　克娄巴特拉七世即埃及艳后。

　　②　Jacques Lacan, *L'identification,* Séminaire 1961-1962, inédit, version Staferla, séance le 20 décembre 1961.

　　③　Jacques Lacan, *L'identification,* Séminaire 1961-1962, inédit, version Staferla, séance le 10 Janvier 1962.

文化历史的角度来看，作为最初的一划"1"的"元划"支撑着能指的差异性，由此诞生了能指，诞生了象征维度，也就有了象征维度之上的人类文化——我们才得以看清能指函数或能指结构的构成。在人类文化历史源头上作为能指本质或基础的"元划"，一方面表示计数的意思，就像古代人在动物骨头上划线计数，拉康后来在《第 11 研讨班》中这样概括道，"第一个能指，就是刻痕（coche），由此，例如，标记着主体杀死**一头**（une）野兽，依靠这一点，他杀死十头时不会弄乱……正是从这一'元划（trait unaire）'出发，主体将计数这些野兽"[①]；另一方面则表示差异的开始，因为正如"binaire（二元的）"和"tertiaire（三元的）"这些词语的构造所昭示的那样，"unaire（一元的）"一词已经蕴涵着差异和分化。于是，"元划"的展开便是能指的展开。拉康以换喻函数——换喻在拉康看来比隐喻更加基本，"换喻正是隐喻所是这一崭新的和创造性的某种东西能够于其中出现的根本结构……简而言之，要是没有换喻就不会有隐喻"[②]——为例来说明这种展开，他给出了一个与 1957 年在著名的《无意识之中字母成分或自弗洛伊德以来的理性》一文中首次提出的换喻演算公式稍微不同的公式，即，$f(S', S'', S'''...) = S (\text{-}) s$，它表示，能指 S 通过"$S', S'', S''',\cdots$"在能指链中展开，反过来说，这些能指"$S', S'', S''',\cdots$"都能被作为最初的一划"1"的"元划"替代，或者说，都能还原到"元划"，拉康认为他前面的论述已经证明"这种运作是完全合法的"[③]。

能指从其诞生之初就由代表差异性的"元划"所支撑，它本身不包括任何含义或涵义，并没有任何自然相连的所指，这便是拉康学说中所谓"漂浮的能指"——即纯粹能指，能指越不指什么，就越纯粹——理论的真正源头。从理论上说，一旦能指从"元划"处展开，通过换喻与隐喻这两种机制的运

---

① Jacques Lacan, Le séminaire de Jacques Lacan, Livre XI, *Les quatre concepts fondamentaux de la psychanalyse 1964*, Seuil, 1973, p.129.

② Ibid., p.75.

③ Jacques Lacan, *L'identification,* Séminaire 1961-1962, inédit, version Staferla, séance le 6 décembre 1961.

作，它就“越发”在整个能指网络中展现为漂浮的能指。然而，落在个体身上，一旦主体（儿童）通过“Fort-Da”这一象征切口进入象征维度，他就成了一个能指，因为“能指就是为了另一个能指而代表主体的东西”①；可是，对于主体来说，他总是三界一体的，总是需要意义（想象界）的支撑才能生存下去，于是，对于能指主体（S）来说，他总是需要所指（s），哪怕这是一个临时的结合点，在拉康理论中就是所谓的“接扣点（point de capiton）”。所以在某种意义上说，拉康实际上又回到了索绪尔的水流图②，即，能指和所指总是相连的。就如大他者能指起到了组织各种能指的作用一样，也有一个特殊能指，它能起到阻止漂浮的能指无限漂浮下去、从而使论说具有意义的作用，那就是“父亲的姓名”能指。

第三节 上帝之名和“父亲的姓名”

“父亲的姓名”为什么能够阻止漂浮的能指的无限的漂浮呢？它具有神秘的上帝之手吗？拉康的回答很简单：“父亲的姓名”具有专名功能。“父亲的姓名”是一个专名，除了罗素会反对之外，大家似乎都很好理解这一点。然而，要理解拉康的这一回答，首先要搞明白这里其实有一个理论上的转换。我们都知道，弗洛伊德把父亲视为法则，赋予父亲非常重要的角色和功能，认为父亲功能就是法则功能，这甚至可以视为精神分析学的一条公理，拉康对此无疑是继承和认同的。两者的分歧主要在于：我们在第一章第一节已经指出，父亲作为法则的象征功能思想出自弗洛伊德在《图腾与禁忌》中

---

① Jacques Lacan, «Subversion du sujet et dialectique du désir dans l'inconscient freudien», dans les *Écrits*, Seuil, 1966, p.819.

② Cf. Ferdinand de Saussure, *Cours de linguistique générale*, publié par Charles Bally et Albert Sechehaye avec la collaboration de Albert Riedlinger, édition critique préparée par Tullio de Mauro, postface de Loui-Jean Calvet, Payot & Rivages, 1985, p.156. 中译文参见 [瑞士] 索绪尔：《普通语言学教程》，高名凯译，商务印书馆 1980 年版，第 157 页。

描述的原始父亲被谋杀的后续事件：弑父的儿子们通过图腾崇拜实现了与死去的父亲的某种和解，图腾本身可以视为儿子们与死去父亲缔结盟约的标志，而图腾崇拜中的两个根本的塔布（即禁止宰杀图腾即弑父和乱伦禁忌）就成为后世一切法则的来源，正是在这一意义上，我们称父亲象征着法则，是法则的代表等等；而在拉康看来，父亲功能之所以能够代表法则功能，并不因为父亲象征（symboliser）——就是索绪尔在《普通语言学教程》中所列举的"天平象征法律"那种意义上的象征①——法则，而是因为父亲在一种更为根本的象征化（symbolisation）——象征化根本上是一种无意识活动，能指（语言符号或象征符号）就是在象征化维度中诞生，人类文化由此可以被视为一种象征系统——维度中所扮演的根本性角色，换言之，通过"父亲的姓名"这一能指概念，拉康把人类学意义上作为法则的父亲问题转换为象征系统意义上保证能指与所指临时勾连的保证者，于是人类学道德、伦理和法律意义上的法则在某种意义上就还原为象征系统中的能指法则。父亲作为大他者能指是能指的组织者，"父亲的姓名"作为一种特殊能指是能指与所指得以临时勾连的保证者等等，无一不是在叙说拉康的父亲理论相对于弗洛伊德的父亲理论来说有一个"范式的"转换，而这一新范式无疑就是 1940 年代末由列维-斯特劳斯带给拉康的结构主义理论。拉康在 1963 年 11 月 20 日《父亲的姓名导论》研讨会中有这么一段话：

> 从神话的角度说（Mythiquement）——而且这就是"传说的东西欺骗人"（mythique ment）所意味的意思——父亲只能是一个动物。最初的父亲是乱伦禁忌之前的父亲，是律法出现之前的父亲，是各种亲属和联姻结构的秩序出现之前的父亲，总之，是文化出现之前的父亲。这就是为什么弗洛伊德使部落首领成为父亲，而根据动物神话，这一部落首领的满足是没有约束的。弗洛伊德称这一父

---

① Ibid., p.101. ［瑞士］索绪尔：《普通语言学教程》，高名凯译，商务印书馆 1980 年版，第 104 页。

亲为"图腾"的事实，在由列维-斯特劳斯的结构主义的批判所带来的各种进步的启示下具有其全部意义，你们知道列维-斯特劳斯的这一批判突出了图腾分类的（classificatoire）本质。①

撇开拉康一直以来自称的弗洛伊德主义者的"情结"不说，我们可以看到，拉康在赞赏列维-斯特劳斯的结构主义理论为弗洛伊德的图腾父亲理论实现其全部意义所带来的启示中，清晰地指出了其父亲理论范式转换的这一缘由。其中拉康特别指出的"分类"概念，更是具体体现出结构和系统理论，譬如列维-斯特劳斯在《今日的图腾制度》中这样说："图腾制度一语覆盖着位于两个系列（一个是自然系列，另一个是文化系列）之间理想地被提出的各种关系。自然系列一方面包括一些范畴，另一方面包括一些个体；文化系列包括一些团体和一些个人。所有这些术语都是任意（arbitrairement）被选择的，为了在每个系列中区分两个不同的实存模式（集体的和个体的），以及为了避免混淆各种系列"②。

正是因为这里涉及某种范式的转换，拉康紧接着就指出，我们不能只停留在图腾层面来探讨父亲问题，相反，应该为父亲问题寻找另一块地基，"我们因此看到，必须把图腾之后的第二个术语置于父亲的层面之上，这第二术语就是我认为我在某个研讨班中已经定义过（远甚于人们直到现在从来没有对它进行过定义）的这一功能，即专名功能"③。而正是在这一新的地基——当然不仅仅指专名的维度，而是，就如我们在上节已经指出，专名问题是研究能指（象征符号）的诞生或象征化维度的创造问题的绝佳入口，故这里的新地基更多地可以指象征化维度——之上，拉康主张从上帝之名问题出发来展开其"父亲的姓名"理论研究。为什么选择上帝之名呢？这还是需要回到拉康最初提出"父亲的姓名"概念的初衷。我们在第一章已经指出，

----

① Jacques Lacan, *Des Noms-Du- Père*, op.cit, pp.86-87.

② Lévi-Strauss, *Le Totémisme aujourd'hui*, Puf, 1962, p.22.

③ Jacques Lacan, *Des Noms-Du- Père*, Seuil, 2005, p.87.

拉康是在研究弗洛伊德《狼人》个案中提出"父亲的姓名"概念的：狼人缺乏象征父亲，人们就给他"父亲的姓名"作为替代，"人们赋予他'父亲的姓名（"nom du Père"）'来填补"①。拉康当时并没有解释他为什么要在精神分析学之中引入这一概念，但在同一个"《狼人》个案研讨班"稍前的文本中提供了一个线索，"宗教教育（l'instruction religieuse）教给孩子的是圣父（Père）的名字和圣子（Fils）的名字②"。我们从《狼人》个案第6章"强迫性精神官能症"开头得知，狼人四岁半的时候，其"暴躁易怒及忧心忡忡的状态尚未改善，他的妈妈决定让他认识圣经故事，希望能让他分心而提振精神"；宗教教育取得了一定的成效，"结果她成功了"，不过同时也带来另外的影响，"他的宗教启蒙结束了前一期的发展，但同时也让强迫症取代了焦虑症状"③。拉康非常重视这一宗教教育事件，认为它是"澄清我们研究同样重要的另一件事情"的事件，也就是说，它与文本刚刚叙述的狼人由于其父亲"更多的是被阉割者而非进行阉割者"而需要"寻找一个阉割者父亲"的情形一样重要；与弗洛伊德在此强调宗教的"抚慰"或"镇静"作用不同，拉康认为宗教在帮助儿童（狼人）建立权威方面具有积极的作用，"他［狼人］缺乏一种完全权威性的声音"，而"宗教开辟了各种道路，人们通过这些道路能够见证对父亲的爱"④。在此不难看出，拉康最初提出"父亲的姓名"概念与其对于宗教作用的思考是联系在一起的。

在后来1958年《论精神症任何可能治疗的一个初步问题》一文中，拉康明确复述了宗教因素对于提出"父亲的姓名"概念的重要性，"把生殖归于父亲，这只能是一种纯粹能指的后果，只能是对于宗教教导我们援引的作为'父亲的姓名'的东西的一种承认的后果，而非对于实在父亲的一种承认

---

① L'Homme aux Loups (suite n°III).

② L'Homme aux Loups (n°II).

③ ［奥］弗洛伊德：《狼人——孩童期精神官能症案例的病史》，陈嘉新译，蔡荣裕审阅／导读，财团法人华人心理治理研究发展基金会2006年版，第89页。

④ L'Homme aux Loups (n°II).

的后果"①。精神分析师埃里克·波尔热认为，在"父亲的姓名"概念的理论来源问题上，"宗教"是拉康"给我们的唯一指示"，虽然他没有给我们"确切指出是哪种宗教"，但是我们"很容易就能猜出这里涉及基督教宗教，后者承认基督是上帝之子，换言之，后者把基督来临的音信与上帝的父性联系了起来"②。我们知道，在《新约》中，上帝显现为其独子耶稣之父，耶稣基督则成了上帝启示的活生生的具现，也就是我们通常所说的"道成肉身"。圣母玛丽亚以处子之身生下耶稣，耶稣基督道成肉身，三位一体，这些都是《新约》的核心内容，也是非教徒不容易理解的内容集中所在。公元325年的尼斯会议采纳圣子是由上帝生育（engendré）而非创造（créé）的学说③。这里的"生育"一词可以有很多解释——譬如说"精神上的"，这可能也是最广为接受的解释——但至少有一样是肯定的，那就是上帝不是圣子耶稣生物学上的父亲。按照世间的说法：如果一个人不是某人生物学上的父亲，但仍然被称为其父亲，那就是其名义上的父亲。那么，这个"名义上的父亲"是不是拉康引入"父亲的姓名"概念时从宗教（基督教）所借鉴的理论资源呢？从义理上来说应该是，因为拉康后来正是把父亲视为一种名义上的父亲，并且由此把自己的父亲理论与弗洛伊德的源自部落父亲的父亲概念彻底区分了开来。不过，如果说"名义上的父亲"可以视为"父亲的姓名"概念的理论来源的话，那么，拉康并不是非得要向宗教（《圣经》）来借鉴这个资源，因为人世间也有很多能够提供"名义上的父亲"情形的例子，譬如法律上的父亲（养父）。我们甚至可以说，从"生育"的角度来阐释《新约》中圣父的

① Jacques Lacan, «D'une question préliminaire à tout traitement possible de la psychose», dans les *Écrits*, Seuil, 1966, p.556.

② Erik Porge, *Les noms du père chez Jacques Lacan. Ponctuations et problématiques*, ERES, 2006, p.24.

③ *Les conciles œcuménique*, vol. 1, Cerf, sous la direction de G. Alberigo, trad. J. Mignon, 1994. Cf. Erik Porge, *Les noms du père chez Jacques Lacan. Ponctuations et problématiques*, ERES, 2006, p.24 note 4.

父性或圣父与圣子之间的父子关系，更像是"名义上的父亲"理论（即"父亲的姓名"理论）的一种体现，而非后者的理论来源。所以，这里应该有一个更深意义上的理论来源。我们从拉康的后来文本得知，拉康求助的确实不是《新约》中的耶稣基督的圣父，而是《旧约》中在西奈山上授予摩西十诫的上帝。拉康为什么要求助于《旧约》中的上帝，其中又蕴涵着什么样的理论秘密，我们需要回到文本。

拉康引用的《旧约》文本主要涉及《出埃及记》的第三章第十四节和第六章第三节。第三章第十四节① 是上帝对摩西的回答。摩西在上一节中问上帝，"我到以色列人那里，对他们说：'你们祖宗的神打发我到你们这里来。'他们若问我说：'他叫什么名字？'我要对他们说什么呢？"上帝这样做了回答："*Ehyeh acher ehyeh*"。对于这句神奇的希伯来文句子"*Ehyeh acher ehyeh*"，完成《旧约》希腊文译文的那七十二名希腊译者主张译为"Je suis celui qui est（我是存在的那位）"，从而为后世广泛接受。第六章第三节是上帝对摩西说的话，"我作为'伊勒沙代（לא ד שי, El Shaddaï）'向亚伯拉罕、以撒和雅各显示；我并不是以'耶和华（הוהי, YHWH）'之名被他们所知"② 。

第一个文本非常重要，因为这里涉及上帝如何看待和定义自己的问题。如果借用哲学的旧术语来说，这里涉及上帝是什么的问题。拉康一直以来并不认同七十二名希腊译者的译法即"Je suis celui qui est（我是存在的那位）"——"'我是存在的那位'表示存在者（l'étant），'我是**存在者**'（*Émi to on, Je suis l'Étant*），而非**存在**（l'Être, *einaï*）……他们 [七十二名希腊译者] 像各位希腊人一样，认为上帝就是至上存在者。我等于存在者（Je= l'Étant）"③——相反接受圣·奥古斯丁的译法即"*ego sum qui sum*（Je suis celui qui suis, 我是存

---

① 需要指出的是，拉康这里标记引文出处为"在《出埃及记》的第六章中"，有误。(Jacques Lacan, *Des Noms-Du-Père*, Seuil, 2005, p.92.)

② 这几段《出埃及记》文本的翻译参照网络《圣经》资源（http://www.godcom.net/hhb/），又结合一些研究文献，譬如 Daniel Farhi 拉比的个人网站等。

③ Jacques Lacan, *Des Noms-Du-Père*, Seuil, 2005, p.93.

在的我)",他这样说,"长期以来,我已经教你们用"我是存在的我"来译读"*Ehyeh acher ehyeh*";通过"我是存在的我",上帝表现出与**存在**(l'Être)同一"①。然而在1963年11月20日《父亲的姓名导论》研讨会上,他开始这样说,"我今年打算向你们讲述一些希伯来文本中各种各样表示其他类似用语的例子,这些希伯来文本会向你们指出,这一'我是存在的我'在拉丁文和法文之中听起来是错误的和站不住脚的……当这涉及在燃烧的荆棘丛中对摩西说话的上帝时,上帝由之表现出与**存在**同一的这一'我是存在的我'引起了一种纯粹不合逻辑性"②。拉康从反对七十二名希腊译者的译法进而反对圣·奥古斯丁的译法,理由只有一个,那就是他不再认同从存在范畴出发去翻译和理解上帝的哲学传统,即便圣·奥古斯丁改用第一人称来翻译上述从句,仍然没有跳出"存在"的范畴。中世纪神学深受亚里士多德主义影响,从"存在"范畴出发来翻译和解释上帝,并不为奇。我们知道,在亚里士多德的《形而上学》中,他一方面在第四章探讨"作为存在的存在(τὸ ὂν ᾗ ὄν)"问题,史称一般的形而上学问题,另一方面在第六章又探讨神学的对象即"至上存在者"(τὸ τιμιώτατον γένος εἶναι)问题,史称特殊的形而上学问题③。从此以后,上帝问题就一直是形而上学的核心问题之一,从而在西方哲学史上占据着重要地位。德意志哲学狂人尼采在1882年发表的《快乐的科学》一书的第三卷开头小标题为"新的战斗"的第108节第一次明确提出了"上帝之死"的论断,"佛祖释迦牟尼死后,人们总在一个洞穴里展示佛陀的阴影,如此长达几个世纪。那阴影实在令人不寒而栗。上帝死了。依照人的本性,人们也会构筑许多洞穴来展示上帝的阴影的,说不定要绵延数千年呢。而我们,我们必须战胜上帝的阴影……"④ 在随后写于1882

① Ibid., p.77.

② Ibid., pp.77-78.

③ Cf. http://remacle.org/bloodwolf/philosophes/Aristote/metaphysique6pierron.htm.

④ [德]尼采:《快乐的科学》,黄明嘉译,华东师范大学出版社2007年版,第191页。中译本同时标出考订本尼采文集KSA在这段话前标示的是[109],即第109节的开头。

年至 1885 年的《查拉图斯特拉如是说》一书中，尼采又不断重复"上帝之死"的论断，到了后来 1887 年《快乐的科学》新版时所增补的名为"我们这些无所畏惧的人"的第五卷一开头即第 343 节的一开头中，尼采又重言："上帝死了，基督教的上帝不可信了，此乃最近发生的最大事件。这事件开始将其最初的阴影投射在欧洲的大地上……这事件过于重大、遥远，过于超出许多人的理解能力……有许多东西，比如整个欧洲的道德，原本是奠基、依附、根植于这一信仰的。断裂、破败、沉沦、颠覆，这一系列后果即将显现"①。我们借用海德格尔的说法，尼采关于"上帝死了"的论断昭示了西方传统形而上学的终结②。拉康正是在这一"形而上学的上帝死了"的背景影响之下，坚决反对从"存在"范畴的角度出发去理解和解释上帝。

然而，需要指出的是，尼采宣告死亡的其实是形而上学的上帝，也就是说，是作为至上存在者、为存在起到保证作用的上帝，而不是信仰和启示中的上帝，也就是说，不是《圣经》中的上帝。法国哲学家帕斯卡尔是比较早觉察到哲学（形而上学）中上帝根本不同于《圣经》中上帝的哲学家，他在其《回忆录》（*Mémorial*）的扉页上明确写道："亚伯拉罕的上帝，以撒的上帝，雅各的上帝，并不是哲学家们和学者们的上帝。"③拉康引用帕斯卡尔的这句箴言④，清楚地表达出他完全认同帕斯卡尔的区分以及由此区分所蕴涵的意义，即，我们不能运用哲学（形而上学）的方法来通达上帝问题，因为

---

① ［德］尼采：《快乐的科学》，黄明嘉译，华东师范大学出版社 2007 年版，第 323 页。中译本同时标出考订本尼采文集 KSA 在这段话前标示的是 ［195］，即第 195 节的开头。

② ［德］海德格尔：《尼采的话"上帝死了"》（1943 年），见《林中路》，孙周兴译，上海世纪出版集团 2008 年版，第 199 页。不过，海德格尔认为尼采反形而上学并不成功，因为"尼采对于形而上学的反动绝望地陷于形而上学中了"，也就是说，尼采并没有走出形而上学。（同上）

③ Blaise Pascal, *Mémorial*, le nuit du 23 novembre 1654, Manuscrit du Mémorial de Blaise Pascal, Bibliothèque nationale de France. Cf. aussi, Commentaire par Léon Brunschvicg: http://anecdonet.free.fr/iletaitunefoi/Dieu/M%e9morialdeBlaisePascal.html.

④ Jacques Lacan, *Des Noms-Du- Père*, Seuil, 2005, p.92.

这种方法已经被尼采证明为"死了"。沿着这样的思考理路，拉康提出了自己对于上述希伯来文句子"*Ehyeh acher ehyeh*"的翻译和理解，那就是"*Je suis ce que je suis*（我是我是）"①。如果只从译文本身来看，拉康的这一翻译比前两种译文更难懂，因为它有点像在同语反复。拉康后来在 1968—1969 年度《第 16 研讨班》（《从一个大他者到小他者》）中明确称七十二名希腊译者的译法是"形而上学家们"的译法，认为这些形而上学家们之所以这样译，是因为"很显然，他们需要存在。只是，这样说并没有说到点子上"；同时，他称奥古斯丁的译法用了"一些不好不坏的术语"，带有某种"古罗马的祝福（bénédiction），但是这样说意味着什么也没说"②。进一步说，后两种的译法追求"名字"与"存在（或存在者）"之间的同一性，拉康明确予以反对，相反，对于上帝问题，他正是希冀从"名字"角度出发来摆脱存在范畴的束缚。然而，要想从"名字"角度出发讲清楚"*Je suis ce que je suis*（我是我是）"的意思，还是需要返回到上述第二个文本。

第二文本即《出埃及记》第六章第三节，主要涉及两个不同的上帝之名问题。上帝对摩西说：他以"伊勒沙代"为名向摩西祖先们（即亚伯拉罕、以撒和雅各）显示，而并不是以被你所知的"耶和华"之名被他们所知③。结合第六章第二节中"上帝对摩西说：我是'耶和华（יהוה，YHWH）'"，我们知道，上帝恰恰是以"耶和华"之名被摩西所知；而且，在《摩西五经》中，

---

①　Ibid.

②　Jacques Lacan, Le séminaire de Livre XVI. *D'un Autre à l'autre 1968-1969*, texte établi par Jacques-Alain Miller, Éditions du Seuil, 2006, p.70.

③　需要指出的是，这里除了涉及上帝的两个不同名字之外，还涉及两个不同的动词，前半句涉及的动词是"看，显示（ראה）"，而后半句出现的则是动词"知道，认识（ידע）"。围绕着这两个不同的名字和这两个不同的动词，历史上的注经者们（主要是犹太教传统的拉比们）对于上帝的不同名字、尤其对于上帝启示的不同方式（显示或为人所知）展开了激烈的争论，有些认为这里隐藏着上帝对于摩西的责备，一些认为这里可以看到上帝与前面三位族长的优越关系，而另一些则认为上帝对于摩西才显示了其真正的本性，"（为人所）知道或认识"的启示方式显然比"看或显示"的启示方式更加重要。（可参见 Daniel Farhi 拉比的个人网站）

"耶和华（יהוה，YHWH）"这一四字神名是被提到的最多的上帝名字。于是，上帝在此对摩西所言，无疑是在说：相比于我现在用"耶和华"之名向你传道，我在向你祖先传道时用的是一个更为古老的名字即"伊勒沙代"。为什么拉康选择上帝的这句话作为自己研究的入口呢？拉康评价七十二名希腊译者的译文时的一段话或许可以给我们提供一些线索："有一样事情是确定的，这些希腊人并没有像我们现在一样用'全能（*Tout-Puissant, the Almighty*）'一词来翻译"伊勒沙代"，他们谨慎地用'神（*Théos*）'一词来进行翻译，'神'就是他们赋予任何他们无法用'天主'（*Seigneur, kirios*）一词来翻译的东西的名字，'神'被保留在'闪'（*Shem*）之中，即被保留在我无法说出的'姓名'之中"①。我们知道，在《圣经》文本中，上帝有很多名字。七十二名希腊译者之所以选择用"神"一词来翻译"伊勒沙代"，因为"神"一词之中包含某种无法说出的东西，那么，拉康主张选择上帝以之为名向摩西祖先们（即亚伯拉罕、以撒和雅各）显示的"伊勒沙代"作为入口来探究上帝，是不是也有这种考虑在里面呢？

神秘主义神学家亚略巴古提的德尼（Denys l'Aréopagite）有本著作叫《论神圣名字》，他于其中谈到，一方面上帝"并没有名字（n'a pas de nom）且超越任何名字"，因为他是一个"至上存在"，"超越了任何言语、任何知识、任何理智、任何实体"，以至于人们"无法命名他，描述他，通过理智触及他，认识他"等等，另一方面，"神学把所有的命名都运用于他"，他"是生命，是光，是天主，是真理"，神学"赞美他为创世主"，"命名他善、美、智慧、心爱者"等等；于是，在面对上帝问题上，神学家们遭遇到了一种悖论式的"双重观点"："他们说不知道命名上帝，却把所有的名字运用于他"②。当今欧洲大陆最具有创造活力的学院派哲学家、法兰西科学院院

---

① Jacques Lacan, *Des Noms-Du-Père*, Seuil, 2005, p.92.

② Denys l'Aréopagite, *Traité des noms divins* précedé de *La hiérarchie ecclésiastique*, traduit du grec et annoté par Geoges Darboy, Arbre d'Or, Genève, mars 2007, e-book version, pp.64-65.

士马礼荣（也译马里翁）先生把这一悖论性双重特征简化为"上帝同时既是多名的又是匿名的(polyonyme et anonyme)"①，同时指出，上帝的匿名性会带来两个后果：其一，上帝不具有专名，"上帝根据肯定性定义不容许有任何专名"；其二，出现了"神学语法的一种绝对规则"，如果上帝不容许有专名，那么所有名字根据它们的不恰当性对于上帝来说都是"最合适的"，而如果上帝容许有一个专名，那么"这就不再涉及上帝了"，因为"他将成为所有其他含义之中的一份子"②。马礼荣先生上述文章的底稿是巴黎名为"分析空间"（Espace analytique）的精神分析协会邀请他去做报告的讲稿③，他在报告中特意提到拉康，说拉康对于神秘主义神学（théologie mystique）以及作为一个神学原理的神圣名字的多样性主题"非常熟悉"④，这进一步佐证了我们前面的思路：拉康无疑熟悉且接受德尼关于上帝根本上不具有专名的理论，且已经看到，专名问题（基于《第9研讨班》的研究）可以作为探讨上帝问题的新工具，进而也可以成为探索父亲问题的新理论即"父亲的名字"理论的新帮手。同时，上帝的这一悖论性双重特征，不难让我们想起列维-斯特劳斯首次提出、后为拉康大力倡导的零象征符号或纯粹能指理论：这一零象征符号因为自身是纯粹的、是空的，所以它可以接受任何其他象征符号，成为任何其他象征符号。因而，在上帝问题上，我们同样能看到专名问题最终导向"元划"、导向象征创造（能指诞生）问题的思路。

那么，拉康提出"父亲的名字"时希冀从宗教借鉴的理论资源就集中体

---

① Jean-Luc Marion, «Du bon usage de notre manqué des noms divins», in *Figures de la psychanalyse*, ERES, 2017/2 n° 34, p.20.

② Ibid., p.21.

③ Jean-Luc Marion, "Le manque des noms de Dieu", colloque «La psychanalyse et le fait religieux», Espace analytique, Paris, 19 mars 2016, invité par Prof. P.Marie (Université Paris-VII). 笔者当年有幸现场聆听了这场报告。

④ Jean-Luc Marion, «Du bon usage de notre manqué des noms divins», in *Figures de la psychanalyse*, ERES, 2017/2 n° 34, p.15.

现在上帝之名的这一悖论性双重特征吗？我们接着在拉康的《父亲的姓名导论》文本继续下去。拉康在引入专名理论这一武器之后，只是蜻蜓点水地提到《第9研讨班》中已经述及的一些内容，在说到要"讲得稍微快一点"之后，突然问道"难道我们就不能自身超越名字（nom）与语声（voix），而且依据神话在以下的域——这一域出自我们的发展，就是关于享乐、欲望和对象这三个术语的域——之中所暗含的东西而做出标记吗？"① 很显然，作为精神分析师的拉康认为不能局限在纯粹理论性的专名问题和象征化问题（能指诞生问题）领域，应该走得更远，去思考精神分析学关心的享乐和欲望问题。在拉康看来，弗洛伊德通过神话（如奥狄浦斯神话）"发现了法则与欲望之间的一种奇特平衡"，也就是说法则与欲望之间存在着一种"一起—相符"（co-conformité）"，它们通过乱伦法则结合在一起，"一个必然由另一个所引起的两者，它们一起诞生"，其理论前提便是"假定有最初父亲的纯粹享乐"②。弗洛伊德这一父亲理论一直被视为父亲象征功能理论（即把父亲象征为法则）的典范，可拉康对之并不满意，他这样反问道："如果这一点被视为是向我们给出了儿童在其正常过程中欲望形成的印迹，那么，我们难道不应该提出问题来问，为何这引起的更多的是各种神经症呢？"③ 换言之，经典精神分析学引以为傲的弗洛伊德父亲理论，在拉康看来，不仅无法更加有效地指导精神分析实践，而且反倒成了造成更多神经症的"罪魁祸首"。为什么？拉康随即给出了一个线索，"我允许对倒错功能（fonction de la per-version）所做的那种强调具有它的价值，而这一倒错功能就是倒错者与对这样的大他者的欲望的关系中的功能"④。也就是说，拉康强调的倒错功能在此具有解释这一"为什么？"的价值，即它体现在倒错者与对大他者的欲望的

① Jacques Lacan, *Des Noms-Du- Père*, Seuil, 2005, p.88.
② Ibid., p.89.
③ Ibid.
④ Ibid.

关系之上。我们知道，在倒错问题上，与弗洛伊德从行为角度出发来界定倒错——"倒错被弗洛伊德定义为任何偏离了异性性交规范的性行为（弗洛伊德，1905d）"①，以及拉普朗虚和彭大历斯在《精神分析学的词汇》中的词条定义，"相对于'正常'性行为的偏离……"②——不同，拉康主张从结构角度出发去把握倒错问题，"倒错是什么呢？它不是简单地说脱离了社会标准，也不是异常于良俗……它在其结构本身之中是另一个东西（autre chose）"③，认为它在结构上表现为一种"颠倒的后果"，也就是说，"主体在他遭遇主体性分裂的过程中自身决定为一个对象"，这不是哲学意义上把自己反思为对象，而是"主体成了另一个意志（une volonté autre）的对象"④。拉康在《康德与萨德》一文中称这种"意志"为"享乐意志（volonté de jouissance）"⑤，于是，这种颠倒的效果就表现为，"主体在此成了大他者的享乐的工具（l'instrument de la jouissance de l'Autre）"⑥，也就是说，倒错主体的内驱力朝向的不是他自己的享乐，而是大他者的享乐。由此可见，在拉康看来，如果我们接受以享乐父亲为前设的弗洛伊德父亲理论，主体在成长的过程中认同这样的父亲，主体就会获得一种倒错的心理结构。

为了改变这种"颠倒的后果"，为了摆脱弗洛伊德父亲理论，拉康在《旧约》中寻到了某种理论资源。他认为犹太—基督教传统与其他宗教传

① Cf. Dylan Evans, *An Introductory Dictionary of Lacanian Psychoanalysis*, Routledge, 1996, Taylor & Francis e-Library, 2006, p.141. 其中提到的"弗洛伊德，1905d"指的是弗洛伊德的《性欲三论》一书。

② Jean Laplanche et J.B. Pontalis, *Vocabulaire de la Psychanalyse*, Puf, 1967, p.306.

③ Jacques Lacan, Le séminaire de Jacques Lacan, Livre I, *Les écrits techniques de Freud 1953-1954*, Seuil, 1975, p.246.

④ Jacques Lacan, Le séminaire de Jacques Lacan, Livre XI, *Les quatre concepts fondamentaux de la psychanalyse 1964*, Seuil, 1973, p.168.

⑤ Jacques Lacan, «Kant avec Sade», dans les *Écrits*, Seuil, 1966, p.773.

⑥ Jacques Lacan, «Subversion du sujet et dialectique du désir dans l'inconscient freudien», dans les *Écrits*, Seuil, 1966, p.823.

统在理解上帝问题上有一个根本性的不同,"在我将引入的传统——在这一传统中,人们对于神秘主义很不安——之外的其他所有传统之中,神秘主义就是一种探索、构造、禁欲、圣母升天,就是你们意愿的一切东西,就是一种专注于上帝的享乐",也就是说,其他宗教的上帝观由于专注于上帝享乐必然具有倒错结构;"相反,在犹太神秘主义之中,直到在基督教的爱之中……留下痕迹的那种东西就是上帝的欲望所引起的影响,上帝的欲望在此成了枢纽"①,简言之,"事实上,犹太—基督教传统不是一个上帝(un Dieu)的享乐的传统,而是一个上帝的欲望的传统,这一上帝就是摩西的上帝"②;这就是说,犹太—基督教传统是从欲望角度出发去看待上帝问题的,由此在上帝观上摆脱了倒错结构,从而可以为拉康父亲理论提供理论资源。那么,什么是上帝的欲望呢?拉康通过西方世界家喻户晓的"以撒被捆绑(l'*Akedah*, la ligature)"或"亚伯拉罕的献祭"事件,试图说明,上帝的欲望在此就是选择人类、与人类联盟进而象征地创造人类,"'伊勒沙代',就是进行选择的那一位,就是进行许诺的那一位,就是通过其名字使某种联盟成行的那一位,而这一联盟通过父系的**幸运**(la *baraka*)以一种独一无二的方式成为可传递的"③。拉康这样解释道:以撒(Isaac)并不是亚伯拉罕的独子,前面已经有了女奴生下的实玛利(Ismaël);"伊勒沙代"当初把亚伯拉罕从其兄弟们和其同辈们中间提拔出来,那就是选择,后来让九十岁的撒拉(Sarah)生育以撒,那就是许诺,他这么做,其欲望就是与人类结成象征关系。拉康特意用卡拉瓦乔的一幅画作《以撒被献祭》(1596年)中的公羊为例来说明这一象征关系,"双角被缠结的公羊冲进挡住它的篱笆④……动物奔向献祭的场所……当其'姓名'无法被说出的那

① Jacques Lacan, *Des Noms-Du- Père*, Seuil, 2005, p.90.

② Ibid., p.91.

③ Ibid., p.98.

④ 参见《创世记》二十二章十三节。

一位指定这一动物代替亚伯拉罕的儿子通过亚伯拉罕而被献祭时……这只公羊就是亚伯拉罕的命名祖先（ancêtre éponyme），亚伯拉罕世系的上帝"，因为，"所涉及的公羊是最初的公羊（Bélier primordial）……这只公羊从创世的七天起就在那里……最初的公羊在传统上被认为是闪世系的祖先，另外用非常短的话来说，这只公羊把亚伯拉罕与其各血统相连"①，这就是说，这只公羊是代表人类起源的象征符号，它在卡拉瓦乔的另一幅同名画作《以撒被献祭》（1601—1602 年）中以犹太神圣乐器"司皋珐（chofa）"形式即公羊角的形式出现，更能说明其象征性。这同样意味着，《旧约》中亚伯拉罕的上帝也是一个象征符号，他正是在作为人类起源的象征符号意义上选择和创造他的子民，他是我们的祖先，就跟最初的公羊是我们的动物祖先一样，都是我们所需要的，"我们应当有一种动物祖先②"，我们也应当需要一个上帝，那就是作为上帝之名的上帝。埃里克·波尔热这样总结道："如果说《新约》用于重连父亲问题式和名字问题式，那么，拉康正是在《旧约》层面上探究如这样的名字的问题式，这一名字脱去了其生育价值甚至是精神性的生育价值"，正是从这一名字即"从上帝之名出发"，拉康着手"第二阶段对'父亲的姓名'的探究"③。由此，我们也应该需要一个父亲，那就是"父亲的姓名"，至此，拉康彻底抛弃了弗洛伊德基于图腾理论的父亲观。

　　拉康只有一次研讨会的"父亲的姓名"研讨班（NdP）就在这一主题中结束了，"我将没有机会为你们深入研究这只头的象征价值，想在这只公羊所是的东西上面结束"④。像拉康众多研讨会一样，结尾总是充满着意犹未尽，遗憾的是我们后面再也没有机会看到它的续篇。不过，从拉康在

① Jacques Lacan, *Des Noms-Du-Père*, Seuil, 2005, p.100.

② Ibid., p.99.

③ Erik Porge, *Les noms du père chez Jacques Lacan. Ponctuations et problématiques*, ERES, 2006, pp.25-26.

④ Jacques Lacan, *Des Noms-Du-Père*, Seuil, 2005, p.99.

结尾处留下的极其浓缩的句子中，我们还是能够窥探到一些很有价值的信息：

> 在此，刀刃在上帝的享乐与这种传统中自身当下化为其欲望的东西之间被标记了出来。所涉及的引起坠落的那个东西，就是生物学的血统。这里就是神秘之钥匙，在这种神秘之中，犹太传统对于那种在别的传统中到处实存的东西的厌恶被读出了。希伯来人憎恨各种形而上的性的仪式的实践，这些仪式在节日之中把共同体（communauté）与上帝的享乐统一起来。完全相反，希伯来人强调使欲望与享乐相分离的裂口。
>
> 我们在这同一语境中发现这一裂口的象征符号，那就是"伊勒沙代"与亚伯拉罕之间关系的象征符号。就是在这里，最初诞生了割礼法则，割礼给出这一小块被切下的肉，就像人民与选出人民来的那一位的欲望之间的联盟之记号。用某些见证埃及人民各种习俗的象形文字，我去年就已经把你们带到这一小 a 之谜。正是带着这一小 a，我将离开你们。①

在此，拉康除了再次强调区分欲望与享乐是正确理解犹太—基督教传统上帝的钥匙之外，特别指出这么几个理论思考：其一，刀刃所代表的裂口，正是思考象征问题的关键；熟悉拉康象征理论的读者应该都知道，象征化正是在在场与缺场的切口之中建立起来，无论是主体在个体历史中通过"Fort-Da"游戏的切口进入能指系统，还是人类文化历史的源头处能指基于最初的一划"1"所蕴涵裂口而诞生，说的都是这个象征化的活动；上帝作为象征符号处于这一象征化的维度之上；拉康之所以称上帝如同最初的公羊一样为一个"象征符号"，是因为他早就看到了"nom（名字或名称）"与"symbole（象征符号）"之间的理论关联。在《第 1 研讨班》中对圣·奥

---

①   Ibid., pp.100-101.

古斯丁的《论教师》（*De magistro*）第一部分内容即"关于言语含义的讨论"进行解读之后，拉康这样说，"我们称**名称**（nomen）为象征符号（symbole），这就是能指—所指的整体，尤其因为这一整体是用于认可的，因为契约和约定在这一整体之上建立起来，这就是契约意义上的象征符号"①；后又引入了雨果关于"名字或名称"的文字游戏即"*nomen*（名称）/ *numen*（神圣事情、神性）"进一步说明这种关联，名称（nomen）一词在语言学上处于一种双重关系之中：一方面它与 *numen*（神圣事情、神性）有关，另一方面它在语言学演进中被 *noscere*（认识、认可）一词所抓住，而各种司法的使用足以向我们指出，在名称（nomen）一词的认可、契约和人际象征符号的功能之中，我们通过使用名称（nomen）一词不会被骗②。象征符号（symbole）一词从其词源学上来说就具有神圣事情和契约两种原初意义③，拉康把"名字或名称"问题推进到象征符号的层面，并非偶然；拉康对神圣事情或神圣之物（*sacré*）的态度一向暧昧，既不像列维–斯特劳斯那样持决然否定态度，也不持宗教意义上崇拜神圣的肯定态度，从他上述解释上帝作为一个象征符号的理路来看，他倾向于把象征符号的这两种源头合二为一，突出契约和认可这些象征特征的重要性，从而与其强调无意识伦理地位理论④完美地结合在一起。

其二，就如最初的一划"1"已经抹去了事物一样，人类文化源头上象征符号的象征化活动也应该已经抹去了生物残留，那就是拉康在此所说的"生物学血统的坠落"。象征的谱系从亚伯拉罕传到以撒而非实玛利，其原因并非我们通俗认为的血统论（以撒是嫡出而实玛利是庶出），而是因为以

---

① Jacques Lacan, *Écrits techniques*, Séminaire 1953-1954, version AFI, séance le 23 juin 1954.

② Ibid.

③ 具体讨论可参见黄作：《漂浮的能指——拉康与当代法国哲学》第二章，德贡布和奥梯格等人已经指出了这点。

④ "无意识的地位是伦理的"（Jacques Lacan, Le séminaire de Jacques Lacan, Livre XI, *Les quatre concepts fondamentaux de la psychanalyse 1964*, Seuil, 1973, p.41）。

撒是"许诺之孩（l'enfant de la promesse）"，是被上帝选中之孩，也就是被象征系统选中的另一象征符号，就如上帝当初把亚伯拉罕从其兄弟们和其同辈们中间选拔出来一样，我们并没有听说亚伯拉罕相比于其兄弟们和同辈们拥有更加高贵的血统。我们可以说，真正的父亲是我们无法说出其名字的上帝，正是在这一意义上，拉康称"亚伯拉罕的献祭"事件中有一个儿子和两个父亲①。进一步说，人类文化的传承实际上是象征传递的。宗法社会强调血统传递的重要性，譬如强调嫡长子继承制，但是需要注意的是，我们看到，传递和继承的是嫡长子的身份和地位，现实中处于传递和继承次序之中的嫡长子也并非都是血统上的嫡长子，甚至可以这么说，宗法社会之所以强调血统上嫡长子继承制，其背后恰恰是在维护嫡长子象征符号所代表的象征秩序和象征系统，这是一种典型的象征传递。拉康从《旧约》的上帝，从亚伯拉罕和摩西的上帝地方看到了象征传递的源头和历史，这正是他为自己的"父亲的姓名"理论所觅得的可以借鉴的理论资源，也就是说，"父亲的姓名"正如作为专名的上帝之名和作为契约（联盟）的象征符号（公羊），一方面代表纯粹的能指，另一方面兼具大他者（象征认可）的特性。

其三，亚伯拉罕手上的刀刃除了代表象征切口之外，还具有另一种象征功能。拉康提到，11 世纪末来自特鲁瓦地区名叫拉什的法国犹太拉比写道：当亚伯拉罕从天使处得知后者在此并不是为了宰杀以撒作为祭品，就说，"那么怎么样呢？如果是这样，我来这里就一事无成了吗？我将还是至少给他一点轻微的伤害，以便出一点血。'以利'，这个将使你高兴吗？"拉康接着即刻补充说，"杜撰这一表述的不是我，而是一位相当虔诚的犹太人，而且他的各种评论在《密西拿》的传统中受到相当重视"②，说明这一典故出处的权威性。从中我们不难看到，亚伯拉罕手上的刀刃并不是纯粹象征性东

---

① Jacques Lacan, *Des Noms-Du-Père*, Seuil, 2005, p.98.

② Ibid.

西，用拉康的话来说，它还涉及实在的维度；刀刃割下的这一小块肉，除了关涉犹太文化中的割礼（背后仍然是法则即割礼法则）和作为上帝与其选之民之间联盟的记号之外，拉康赋予它极其重要的角色，那就是对象小 a，由此对象小 a——就其是唤起欲望的原因[①] 而言——出发，拉康再次提醒我们注意欲望问题在理解犹太—基督教传统上帝概念上的重要性，进而才能明白欲望路径在构建"父亲的姓名"概念中的重要性。

---

① Jacques Lacan, Discours du 6 décembre 1967 à l'E.F.P.*Scilicet*, 2-3:9-29, 1970, p.11.

第五章　从三元式到第四者

第一节　从作为法则的父亲到不负责任的父亲

　　拉康对弗洛伊德的作为法则的父亲理论（包括部落父亲、死去的父亲）的批评从早期就开始了。在 1938 年为《法国百科全书》撰写的《家庭》条目第一章"情结，家庭心理学的具体因素"第三节"奥狄浦斯情结"的最后部分中，拉康提出了"父性成像的衰落 (déclin① de l'imago paternelle)"说法。这一衰落，一方面表现在各种社会文化现象上，"这是社会进步的各种极端效果在个体身上的返回所调节的衰落，这是在最被这些效果（如经济集中、政治灾难）所考验的各种集体之中尤其被我们时代所标记的衰落"，譬如"集权政府的首脑作为反对传统教育的论据"、"一夫一妻家庭的辩证法"等等，总之，"大量的心理后果在我们看来属于父性成像的衰落"；另一方面，它本身已经成了一种危机性的社会文化现象，"不管未来是什么，这一衰落构成一种心理危机"，这一心理危机折射在精神分析学这门科学之上，也就是说，精神分析学于 19 世纪末在维也纳出现与这一心理危机有着某种关系，"天才偶然的卓越或许无法单独解释：正是在维也纳……的一个犹太父权制的儿子

———————————

　　①　需要指出的是，"奥狄浦斯的落幕"中的"落幕"一词，法文一般也用"déclin"一词来翻译。

设想了奥狄浦斯情结",因为,当时奥地利是"各种各样的家庭形式的**熔炉**（*melting-pot*），经由各种封建的和重利的家长式统治,从各个最古老的家庭形式到各个最进化的家庭形式,从斯拉夫农民的各种最后父系亲属群到小资产阶级之户（foyer）的各种最简化形式和时常迁移之口（ménage）的各种最颓废形式",同时,"上个世纪末各种占统治地位的神经症形式"无一不"紧密地依赖于各种家庭条件"①,也就是说,维也纳作为奥地利的中心,既在那个时代汇集了各种各样家庭形式于一身,也有可能由于各种各样的家庭条件孕育了各种神经症,从而为弗洛伊德创立精神分析学提供了社会条件。当然,19世纪末在维也纳出现了大量神经症,这是一个不争的社会事实；大家把之视为精神分析学诞生的社会条件之一,也是最正常不过的一种学术思考。拉康此处的理论贡献则在于,他认为,正是父性成像的衰落造成了某种心理危机,进而在19世纪末的维也纳造成了多种多样家庭形态共存以及各种神经症蔓延的局面。只不过当时较为年轻的拉康比较谨慎,他用了"或许"一词,这样来表达自己的观点,"或许应该把精神分析学本身的出现与这一危机联系起来"②。

　　拉康的这一危机说,乍一看来像是为了解释精神分析学的诞生及其与当时维也纳社会条件的关联,然而,一旦我们深入到其义理,发现其意义远非在此,相反,它展现了一种极其深远的理论影响。不同于把危机与社会条件联系起来加以考量的一般社会科学的做法,拉康热衷于探究造成危机的原因这类哲学式研究。对于弗洛伊德时代的各种各样神经症,他这样说,"这些神经症,自从弗洛伊德的最初预言时代以来,看起来在一种性格情结（un complexe caractériel）的方向中演进,在这一方向中,无

————————

①　Jacques Lacan, «La famille: le complexe, facteur concret de la psychologie familiale. Les complexes familiaux en pathologie», article écrit à la demande de Wallon est publié dans *l'Encyclopédie Française*, tome VIII, en mars 1938.

②　Ibid.

论对于其形式的特异性而言，还是对于其形式的一般化（这是大部分神经症的核心）而言，人们能够辨认出当代巨大神经症（la grande névrose contemporaine）"①。这里至少有两点需要指出：其一，这些神经症在拉康看来与某种"性格情结"联系在一起。我们知道，拉康在这篇《家庭》条目所用的基本概念有"情结"和"成像"等，其中关于"情结"概念，拉康无疑有创造性的发挥，除了精神分析学经典的"奥狄浦斯情结"之外，还提出了"断奶情结（le complexe du sevrage）"和"入侵情结（le complexe de l'intrusion）"这两个在弗洛伊德及其弟子们中都不曾见过的概念②：前者关乎断奶这一心理危机、母亲乳房成像、断奶作为出生的特殊早熟以及母性感情、死亡欲念、家庭内的联系和全体乡愁的关系等，后者涉及同类成像、镜像阶段、自我的自恋结构和自我与他人的嫉妒之剧等。一般认为，拉康这一时期的理论思考主要聚焦于想象认同问题（包括成像与镜像问题等），这无疑是正确的，其标志性事件包括 1936 年他参加在捷克的马里恩巴德（Marienbad）举行的第十四届国际精神分析学大会且宣读论文《镜像阶段》（第一版《镜像阶段》，稿子已遗失，只留下多尔多手稿笔记③）以及 1938 年给《法国百科全书》第七卷写的上述《家庭》条目。然而，不能不指出的是，除了想象认同的问题之外，拉康当时还在考虑其他问题，尤其在情结问题上，精神分析师阿斯寇法勒（Sidi Askofaré）甚至这样说，拉康通过"重新构思"情结概念"几乎给出了一种关于情结的结构先兆（pré-curseur）"，其理由在于，正如《家庭》条目一文后来的标题"个体形成中的

---

① Ibid.

② cf. Sidi Askofaré, «"Au-delà du complexe d'œdipe": quel père?», dans *La clinique lacanienne*, ERES, 2009/2 n° 16, p.50.

③ cf. Jacques Lacan, «Le stade du miroir, théorie d'un moment structural et génétique de la constitution de la réalité, conçu en relation avec l'expérience et la doctrine psychanalytique», communication au 14e congrès psychanalytique international, Marienbad, 2/8.8.1936, non remis pour la publication. Notes manuscrites de F. Dolto du 16.6.1936.

各种家庭情结"所示，拉康的重新构思围绕着"情结"和"奥狄浦斯"进行，并且把对于"情结"概念的思考"伸展到了奥狄浦斯之外"①。第一版《镜像阶段》论文的标题或许能为阿斯寇法勒的这一大胆提法提供一点线索支持："在与精神分析经验与学说的关系中被设想的镜像阶段：现实构成的发生性和结构性的一个时刻之理论。"② 当然，这里的"结构"显然还远远不是列维-斯特劳斯 1940 年代末自美返法后带给拉康的"结构利器"，不过，就如我们在第一章第三节"共时的维度：三元父亲 VS'父亲的姓名'"中指出的那样——拉康于 20 世纪 50 年代初在其理论中引入"结构"概念之前，就偏好使用"结（nœud）"一词且大都在复杂或缠绕意义上使用该词，同时表明我们需要有方法来解开结——结合他在《家庭》一文中大量使用"情结（complexe）"概念的情形，我们完全有理由相信，拉康对于复杂结构或复杂之物（complexe）的偏好，决定了他绝不会满足于用单一维度（如想象）来解释主体构成和现实构成问题，相反，他可以说一直处在等待合适的理论武器的状态之中，这也解释了为什么第二版《镜像阶段》论文 1949 年一出来就已经与其标题背道而驰（就其更多的在讨论象征问题而言，我们在第一章第三节中已经指出），因为结构主义的结构利器正是其等待的理论武器。简言之，拉康在《家庭》条目一文中展开的情结理论，一方面受到成像理论的拖累而后来遭到了抛弃，譬如后来几乎不再提"断奶情结"和"入侵情结"，另一方面，他于其中表现出来对于复杂结构的偏好，使得其后来的理论构想一直处于丰富性的孕育之中。

---

① Sidi Askofaré, «"Au-delà du complexe d'œdipe": quel père?», dans *La clinique lacanienne*, ERES, 2009/2 n° 16, p.50.

② 拉康后来在《法国百科全书》的"合作者索引"中提到给这一大会论文赋予的名字为：«Le stade du miroir, théorie d'un moment structural et génétique de la constitution de la réalité, conçu en relation avec l'expérience et la doctrine psychanalytique», cf. Jacques Lacan, «La famille: le complexe, facteur concret de la psychologie familiale. Les complexes familiaux en pathologie», article écrit à la demande de Wallon est publié dans *l'Encyclopédie Française*, tome VIII, en mars 1938.

其二，拉康随后把这一性格特征具体到"父亲人格（la personnalité du père)"①，并且认为父亲人格的性格情结的演进正是造成当代巨大神经症的根本原因。我们不难看到这里"当代巨大神经症（la grande névrose contemporaine)"单数形式所蕴涵的意义：这不再仅仅涉及 19 世纪末充斥在维也纳上空的各种各样神经症形态，而是上升到了一种时代疾病的高度即拉康出生那个时代的"巨大的当代神经症"。也就是说，神经症（一般意义上的）——与之伴随的是精神分析学诞生——作为 19 世纪末欧洲社会的时代病，正是父性形象衰落所造成的集体心理危机的具体表现。拉康随后这样说，"我们的经验促使我们来指出父亲人格之中对于这一当代巨大神经症的主要规定性，这一父亲人格在某种方式上总是 carente（不负责任的或缺失的）、缺场的（absente）、丢脸的（humiliée）、分裂的（divisée）或佯装的（postiche)"②。在此，拉康一方面清楚地指出了父亲人格形象的衰落是决定这一当代巨大神经症的主要因素，另一方面列举了衰落的父亲形象的具体表现。乍一看来，无论是"不负责任的"、"缺场的"、"丢脸的"，还是"分裂的"和"佯装的"，这些形容父性衰落形象的形容词，相比于我们在第一章第一节开头指出的弗洛伊德在其临床中所发现的父亲形象如作为"引诱者"的父亲和作为"说谎者"的父亲这些修饰语，似乎并没有表现出更多的衰落因子，那么，拉康为何要说这是父亲形象衰落的表现，而且还是造成当代巨大神经症这一时代病的罪魁祸首呢？要想理解这一点，还是需要从"衰落"一词讲起，具体来说，从"衰落"相对于什么而言衰落了讲起，也就是说，这些形象不佳的父亲形象相对于哪种或哪些父亲形象而言衰落了，或者说，相对于哪种父亲形象标准——如果有一种父亲形象标准的话——而言衰落了。这仍然需要回到精神

---

① Jacques Lacan, «La famille: le complexe, facteur concret de la psychologie familiale. Les complexes familiaux en pathologie», article écrit à la demande de Wallon est publié dans *l'Encyclopédie Française*, tome VIII, en mars 1938.

② Ibid.

分析学的父亲问题。

弗洛伊德在《图腾与禁忌》中提出部落父亲或原始父亲（Urvater），认为后者是一个意欲独占所有女人的父亲，亦即意欲享乐一切的父亲，为此他驱赶了所有成年的儿子。正如我们在第一章第一节中已经指出，这一意欲享乐一切的原始父亲其实是一种概念前设，是达尔文主义理论所假设的东西，因为"社会的这一原始状态没有在一个地方被观察到过"①。我们可以说，其价值就在于这一原始父亲被儿子们所谋杀这一历史事件上——尽管这一谋杀其实也是一种理论假定，因为我们正是从图腾文化现象（如图腾餐、图腾禁忌和图腾崇拜等）中推断出这一谋杀，不过，将之视为人类史前史的一个重大历史事件，作为《图腾与禁忌》中父亲理论构想的一部分，并未不妥。之所以说谋杀这一历史事件具有价值和意义，那是因为，正是自这一谋杀之后，可持续的、可共存的人类社会才得以真正建立起来，也就是说，从此有了人类的历史。换言之，弗洛伊德这一原始父亲理论的价值就在于表明这是一个死去的父亲。只有死去的父亲才能成为禁忌，才能成为象征的父亲，进而能够成为法则的代表，这便是弗洛伊德父亲功能理论的真正含义。正是在这一意义上，拉康在1956—1957年度《第4研讨班》1957年3月13日（根据速记版记录的时间为3月6日）研讨会上清楚明确地道出，应该把《图腾与禁忌》视为一则神话，它"不是什么其他东西，而正是一则现代神话"，因为它给我们解释了"父亲在哪里"的问题；进一步说，"《图腾与禁忌》写出来就是为了跟我们说，要想一些父亲（des pères）持存，真正的父亲、唯一的父亲、独一无二的父亲就应该存在于进入历史之前，这就应该是死去的父亲。更胜者：这应该是被杀死的父亲"②。拉康随后指出了这一谋杀的悖论

---

① Sigmund Freud, *Totem et tabaou. Interprétation par la psychanalyse de la vie sociale des peuples primitifs*, version numérique par Jean-Marie Tremblay, p.108. 中译本参见前引文献，[奥]弗洛伊德：《图腾与禁忌》，邵迎生译，长春出版社2010年版，第100页。

② Jacques Lacan, Le séminaire de Jacques Lacan, Livre IV, *La relation d'objet 1956-1957*, Seuil, 1994, p.210.

性：就如其他一些语言（如德语）中的相似情况，法语单词"'*tuer*（杀死）'来自拉丁文词汇'*tutare*'，后者意味着'*conserver*（保存）'"，也就是说，儿子们起来反抗实际上不是为了杀死父亲，相反，是为了保存他，拉康甚至说，"人们只是为了指出他是不可杀死的（intuable）才杀死他"①。怎么来理解这一"不可杀死的"呢？当然，这绝不是把父亲理解为一个永恒的不死者，"所涉及的父亲既没有被弗洛伊德也没有被任何人构想为一种不朽的存在"，而是，拉康反复强调，这里关乎一种"神话性价值"，或者说，这是"一种严格意义上神话性概念"，因为，"对于原初一个唯一父亲的永存化（éternistion）"，不是通俗所说的永恒不朽的"神话"，恰恰相反，这实际上是"对不可能者（l'impossible）、甚至对不可思者（l'impensable）的一种形式的范畴化"②。熟悉精神分析学的读者一下子就能明白，拉康在此其实把原初父亲的构想与无意识维度联系在一起。也只有在这一无意识的维度上，死去的父亲才获得了代表法则所必需的普遍性维度。

而早在《1956 年精神分析学的情形和分析师的培养》（1956 年）一文中，拉康就主张在上述死去的父亲问题上引入能指范畴来保存其"永存化的"象征价值，"如果人们另一方面考虑弗洛伊德为其《图腾与禁忌》所保持的偏爱以及他针对任何相对化被视为人性开创戏剧的父亲被谋杀 [事件] 的固执拒斥，人们就可设想他由此所保持的东西，正是父性……所代表的这一能指的原初性"，并且第一次明确把象征父亲与死去的父亲等同起来，"因而所产生的肯定就是，真正的父亲，象征父亲，就是死去的父亲"③。在随后的 1958 年《论精神症任何可能治疗的一个初步问题》一文中，拉康明确道出这一父亲能指与法则的等同关系，这一能指既不是"为了成为父亲"

---

① Ibid., p.211.

② Ibid.

③ Jacques Lacan, «Situation de la psychanalyse et formation du psychanalyste en 1956», dans les *Écrits*, Seuil, 1966, p.469.

的能指，也不是"为了要死去"的能指，相反，这是"一种纯粹能指（un pur signifiant）"，而正是这种纯粹性能够保证死去的父亲作为法则的代表，"……弗洛伊德的反思必然引导他把作为法则（Loi）的创制者的父亲（Père）这一能指的出现与死亡甚至与父亲被谋杀联系在一起"①。沿着这个思路，我们现在看到，针对弗洛伊德《图腾与禁忌》中谋杀父亲这一史前史上最大的神话事件，拉康塞进去了不少东西，也有很多创造和发挥，但是总的来说，他并没有脱离弗洛伊德设计的道路，即父亲的象征功能对于人类社会文化建构的关键作用。如果说弗洛伊德参照达尔文主义观点通过图腾餐来构想父亲被谋杀这一神话事件，通过图腾禁忌来构建法则，通过图腾崇拜来构建人类社会文化体系，那么，拉康无非得到了更加新颖的理论武器的武装，通过能指把"元划"（包含认同和图腾餐）、法则（包含大他者、图腾禁忌、图腾崇拜）、欲望和享乐等问题联系在一起，试图在父亲问题上构建一种更为宏大、更具理论色彩、希冀更能指导临床的扭结结构理论，那就是"父亲的姓名"理论。

　　拉康不满意于弗洛伊德的父亲理论，根本原因在于，他很早就看到了弗洛伊德这一基于死去的父亲的象征父亲理论的致命缺陷：那就是其理想性。根据弗洛伊德对死去父亲等同于作为法则的父亲这一观点的理论构想思路，也根据拉康对这一观点的反复的拓展性的阐释——没有真正把握拉康思想核心的读者往往会误认为拉康也是认同弗洛伊德这一理论构想思路的，这并不奇怪——我们不难看到，弗洛伊德正是通过把父亲图腾禁忌化进而把父亲图腾崇拜化，即达到理想化。这不仅是说，主体通过与父亲认同形成自我理想，他希望通过认同父亲而"使父亲成为其理想"②，或者如拉康直接所说，

---

　　①　Jacques Lacan, «D'une question préliminaire à tout traitement possible de la psychose», dans les *Écrits*, Seuil, 1966, p.556.

　　②　Sigmund Freud, *Psychologie collective et analyse du moi,* dans l'ouvrage *Essais de psychanalyse*, édition électronique a été réalisée par Gemma Paquet, p.38.

儿童与父亲的"这种认同被称为自我理想（Idéal du moi）"①，而且也意味着，父亲之所以能够象征法则、代表法则，正是因为他已经死去，也就是说，父亲被图腾化、被神圣化和被理想化了。

象征父亲的这一理想性，便是拉康 1938 年提出父性成像之衰落中"衰落"所参照的依据。拉康很早就看到了，相对于弗洛伊德理论构想的象征父亲的理想性，人类社会在实际演进之中则出现了相反情形即父亲形象的各种衰落面目，为此还专门列举了 5 个形容词（"不负责任的或缺失的"、"缺场的"、"丢脸的"、"分裂的"和"佯装的"）来描述这些衰落形象；我们注意到，在此，拉康强调父性成像的衰落是造成巨大的时代神经症的主要原因，"我们的经验促使我们来指出父亲人格之中对于这一当代巨大神经症的主要规定性"②，但并没有追问造成父性形象（父性成像）的衰落的原因是什么。这在很大程度上是因为，拉康首先是在临床上观察到父性衰落形象的各种面目的。在 1948 年 4 月参加雷柏博士（J. Leuba）的《菲勒斯母亲和阉割者母亲》一文的交流会上，拉康清楚地道出他与其他一些精神分析师在临床中观察到的相同现象，"远比父性成像更能引起阉割情结的正是母性成像。我在我的一些分析的每一个分析的结束时都能看到肢解的幻相，奥西里斯（Osiris③）的神话。正是当父亲以一种或另一种方式（死了、缺场的甚至失明的）是缺失的（carent）时，最严重的神经症

---

① Jacques Lacan, Le séminaire de Jacques Lacan, Livre V, *Les formations de l'inconscient 1957-1958*, Seuil, 1998, p.194.

② Jacques Lacan, «La famille: le complexe, facteur concret de la psychologie familiale. Les complexes familiaux en pathologie», article écrit à la demande de Wallon est publié dans *l'Encyclopédie Française*, tome VIII, en mars 1938.

③ 埃及法老奥西里斯被其弟塞特（Seth）所杀，身体被肢解，其妻伊西斯（Isis）帮其收集残肢（除了生殖器），做成第一具木乃伊，后来复活，成为古埃及神话中的冥王，其子荷鲁斯（Horus）最后也战胜塞特，报仇雪恨，成了新一代法老。莎士比亚名剧《哈姆雷特》与这一神话故事在结构上非常相似。同时，奥西里斯神话也代表古埃及人对彼岸世界的追求，木乃伊文化正是追求生命永恒的标志。

就产生了"①。拉康喜欢在父亲问题上使用"carence"（不负责任或缺失；包括其形容词 carent,e/ 不负责任的或缺失的）一词，譬如早在 1951—1952 年度的"《狼人》个案研讨班"中，拉康就这样说，"在这一个案中，人们可以说，奥狄浦斯情结未完成，因为父亲是缺失的。奥狄浦斯情结无法在良好时刻的充分状态下被实现：病人只是保留奥狄浦斯情结的一些导火线"②。在 1952—1953 年度的"《鼠人》个案研讨班"，拉康再次把"不负责任的或缺失的"这一形容词与另一形容词"丢脸的（humiliée）"联系起来，并且道出了后一形容词的出处，"至少在一个像我们的社会结构的社会结构之中，父亲在某些方面总是与其功能不一致的父亲，一个缺失的父亲，就如克洛岱尔先生所说的，一个丢脸的父亲"③。在 1956—1957 年度《第 4 研讨班》中，拉康大量谈到父亲的缺失或父性缺失问题，譬如在谈到精神分析师路德·勒布维基（Ruth Lebovici）女士观察到的一个恐怖症主体个案时这样说，"这涉及一种完全可认出的恐怖症对象，就是被一个完全缺失的父性图像完美地图例展示的替代品"④；譬如在谈及经典个案《朵拉》时这么说，"父亲的菲勒斯的缺失穿过整个观察，就如对其位置的一种根本的构成性注释"⑤；譬如在谈到精神分析国际期刊上一些关于爱的行为的文章时这样说，"各位作者经常注意到主体历史中父亲有时是反复的缺场，就如人们所说，作为在场的父亲（père comme présence）的缺失——他旅行去了，参加战争了，等等"⑥；又譬如在研讨班后半部分谈及经典个案《小汉斯》时，

①　Jacques Lacan, «Intervetion sur l'exposé de J. Leuba», Communication publiée dans cette Revue *française de psychanalyse*, 1948, N° 2.

②　Notes sur L'"Homme aux Loups".

③　Jacques Lacan, «Le Mythe individuel du névrosé ou poésie et vérité dans la névrose», *Ornicar? n° 17-18*, Seuil, 1978, pages 290-307.

④　Jacques Lacan, Le séminaire de Jacques Lacan, Livre IV, *La relation d'objet 1956-1957*, Seuil, 1994, p.89.

⑤　Ibid., p.139.

⑥　Ibid., p.161.

更是反复使用如"父性缺失（carence paternelle）"①和"父亲的缺失（carence du père）"②这类表述。

1957—1958年度《第5研讨班》1958年1月15日研讨会上有一个积极变化，那就是，拉康开始去询问父亲的缺失或父性缺失到底是什么意思。他首先指出这一积极变化的缘由，"我们甚至看到最近出现父性缺失这一术语"③，说明经过拉康的研讨班讲座（尤其是上述《第4研讨班》），父性缺失概念已经广为人知，隐隐然有成为一个精神分析术语的趋势，拉康于是感到有必要专门拿出来加以讲解。拉康崇尚不破不立的禅宗法门，总是先把问题逼到墙角，才来赋予其独特的含义。拉康一上来就展开父性缺失的多种多样性问题，对之枚举似乎可以永不穷尽，譬如他列出了比《家庭》一文中更多的父性缺失形象："这里有各种软弱无力的父亲，各种顺从的父亲，各种被压制的父亲，各种被其女人阉割的父亲，最后各种虚弱的父亲，各种失明的父亲，各种弯腿的父亲"，还不忘最后加上"随你所想的任何父亲"④。面对这一多种多样性，拉康明确告诉我们，如果我们"单单从环境主义的角度（point de vue environnementaliste）去看"的话，我们"永远不知道父亲在何种意义上是缺失的"，这也是我们在《第4研讨班》小汉斯个案中已经看到的"各种困难"⑤。原因很简单，如果我们仅仅从环境主义的角度或现实的角度出发去看待在场与缺场问题，那么，在场（好）与缺场（坏）之间的区别永远是相对的：在一些个案中，父亲表现太好了，似乎意味着想要坏一点，而在另一些个案中，父亲则表现太坏了，于是想要好一点。这永远没有答案。拉康嘲笑受限于这一视域的人们"长久以来都在乘这一

---

① Ibid., p.161 et p.416.

② Ibid., p.286 et p.353, p.365 et p.385.

③ Jacques Lacan, Le séminaire de Jacques Lacan, Livre V, *Les formations de l'inconscient 1957-1958*, Seuil, 1998, p.167.

④ Ibid., p.167.

⑤ Ibid., p.168.

小的旋转木马"①。为此，拉康提出要区分"作为规范性（normatif）的父亲和作为正常者（normal）的父亲"，前者属于规范性或法则的问题，后者则属于父亲在家庭中的位置问题；也就是说，并不能因为父亲在家庭中处于不正常位置而否认父亲应该具备的规范性功能，不能说父亲因为自身不是正常的而不能成为规范性，"在此那就是在父亲的结构（神经症的、精神症的）层面上抛弃问题"②。由此，拉康不仅区分了现实的父性缺失的各种各样面目和父性缺失本身，"谈论家庭中父亲的缺失并不是谈论情结中父亲的缺失"，而且同时也为正确理解父性缺失本身提供了一条道路，"要想谈论情结中父亲的缺失，应该引入不同于现实主义维度——被父亲在家庭中的在场的性格学的、传记学的或其他方式所定义——的另一种维度"③，其中的"情结"无疑是奥狄浦斯情结，而"另一种维度"则是能指的维度。因此，父亲的缺失或父性缺失问题在拉康看来根本上还是奥狄浦斯情结中的父亲问题，"父亲是什么？我不是说在家庭之中的父亲……整个问题在于去知道他在奥狄浦斯情结中是什么"，拉康运用结构主义新武器回答道，"父亲就是象征父亲……就是一个隐喻"④。所谓"父亲就是一个隐喻"，就是拉康通过父性的隐喻理论对奥狄浦斯情结进行了重新武装，"我确切地说，父亲就是替代另一个能指的一个能指。在此，这就是原动力，本质性的原动力，父亲介入到奥狄浦斯情结中的独一无二的原动力。如果你们不在这一层面上寻找各种父性缺失，你们在其他任何地方都找不到它们"⑤。由此可见，缺失在结构层面。

对照 1938 年《家庭》一文中父性成像之衰落的相关论述，我们发现，这里有方法论上的巨大差异：《家庭》时期作为精神病医生的拉康虽然已是弗洛伊德的忠实信徒，坚持情结（"本质上无意识性的因素"）和成像（"一

① Ibid.
② Ibid., p.169.
③ Ibid.
④ Ibid., p.174.
⑤ Ibid., p.175.

种无意识表象")的无意识性质，但是其方法论却倾向于杜克海姆家庭人类学模型，"各种情结和成像引起了心理学尤其家庭心理学的巨大革命，这一家庭显示为各种最稳定和最典型的情结之选择的场所：通过各种道德化的恣意发挥之简单主题，家庭成了一种具体分析的对象"①。原巴黎第七大学（现西岱大学）著名教授、精神分析学人类学国际社团（CIAP）主席马可·萨非洛普洛斯（Markos Zafiropoulos）解读为，"家庭团体状态和家长即父亲的社会价值决定主体成熟过程（断奶、入侵和奥狄浦斯）的各种症状"，这一人类学"以杜克海姆的家庭人类学为基础"②。相反，20世纪50年代的拉康已历经结构主义理论的洗礼，基本消化了结构主义新思想，从而逐渐形成具有自己特色的结构主义理论，包括我们前面提及的其用父性的隐喻来重新武装弗洛伊德在奥狄浦斯情结框架内的父亲理论的学说。对于方法论上的这一鲜明转向，萨非洛普洛斯这样说，拉康"在遭遇到列维-斯特劳斯时就与杜克海姆断裂，为的是给人种学家的象征功能理论背书"，这无疑是正确的，不过他紧接着又指出拉康"同时尤其朝向他与弗洛伊德在杰出的父亲问题上的和解"，还用弗洛伊德的死去的父亲理论来说明这一和解，"实际上，还有什么比死去的父亲更有象征性的东西呢？"③对于萨非洛普洛斯的这一和解说，我们无法认同。实际上，1938年的拉康并没有因为采用杜克海姆的家庭人类学方法论而离开弗洛伊德，他对于父亲问题的思考始终囿于奥狄浦斯情结的框架之内，"与我们的奥狄浦斯构想相符合的这一缺失（carence），来使本能性冲力枯竭，就像来损坏升华辩证法一样"④。另外，拉康吸收与推

---

① Jacques Lacan, «La famille: le complexe, facteur concret de la psychologie familiale. Les complexes familiaux en pathologie», article écrit à la demande de Wallon est publié dans *l'Encyclopédie Française*, tome VIII, en mars 1938.

② Markos Zafiropoulos, *Du père mort au déclin du père de famille*, Puf, 2014, p.64.

③ Ibid., p.156.

④ Jacques Lacan, «La famille: le complexe, facteur concret de la psychologie familiale. Les complexes familiaux en pathologie», article écrit à la demande de Wallon est publié dans *l'Encyclopédie Française*, tome VIII, en mars 1938.

进列维-斯特劳斯的象征功能理论，并不像萨非洛普洛斯所说的那样靠弗洛伊德的死去的父亲概念的"最高象征性"，相反，我们在前面已经有所指出，他靠的是能指的纯粹性；而正是在能指的纯粹性或零度的维度上，拉康在父亲问题上逐渐思考离开弗洛伊德，离开奥狄浦斯的框架。由此，弗洛伊德的死去的父亲概念后来恰恰成了拉康批评的主要对象，根本不可能成为拉康与弗洛伊德在父亲问题上"和解"的中介。

与此同时，拉康在文学作品中深入探讨"父亲是什么"问题，主要文献涉及索福克勒斯三大悲剧中的《奥狄浦斯王》，莎士比亚的悲剧《哈姆雷特》和法国作家克洛岱尔的悲剧"孤风丹纳三部曲"。在《第6研讨班》中，拉康大量引用弗洛伊德的《释梦》第6章"梦的工作"第7节"荒谬的梦——梦中理智活动"中一个刚刚死了父亲的人所做的梦例子，这个梦的内容是这样的：

> "他的父亲重新活过来了，和平常一样跟他说话，但是（奇怪的事情）他不管怎样是死了（il était mort quand même），而他不知道这点（ne le savait pas）"。如果人们在"他不管怎样是死了"之后加上"依照做梦者的心愿"且在"他不知道这点"之后加上"正是做梦者许下了这一心愿"，人们就理解了这个梦。①

弗洛伊德随即做出了说明和解释：做梦者长期照料生病的父亲，期间经常希望后者死去，确实是，因为儿子有一种仁慈的想法，即"死亡应该终结这些苦难"；在接下来的服丧期，他无意识地指责由怜悯所强加的这一愿望，好像由此他真的协助缩短了患者的生命②。拉康在1958—1959年度《第6研讨班》的1958年10月10日研讨会上从两方面来总结弗洛伊德

---

① Sigmund Freud, *L'interprétation des rêves*, traduit en français par I. Meyerson, nouvelle édition révisée, Puf, 1967, p.366. 在第一章第一节中我们曾经也谈及这个梦，引用的则是2003年的法文译本。

② Ibid.

在此的表述：一方面，在做梦者即主体这边，有一种情感，他体验到痛苦，因为父亲死了，另一方面，在死者即父亲这边，他不知道他死了（加上上述"依照做梦者的心愿"，在父亲这一边就可以视为：他不知道正是由于儿子的心愿他死了）。同时他批评道，"弗洛伊德告诉我们**其意义**且暗含地说**其解释**都位于此处，这个看起来完全是简单的。我仍然要充分指出这个不是这样的"①。为了走出弗洛伊德此处的简单化，拉康特别重视"依照他［做梦者］的心愿"这一句子的价值，因为，在他看来，如果把一切都置于能指的层面上——我们知道能指是拉康处理梦、语误、症状等无意识表现现象所用的基本范畴和工具——"你们马上就能看到我们能够使得'依照其心愿'变成更多种使用"②。也就是说，从能指的层面上来看，这一"依照其心愿"之中的心愿，并不是一个具体的儿子对父亲的单向度的心愿，相反，它不仅涉及任何儿子针对其父亲的杀死（阉割）父亲的心愿，简言之，这是"奥狄浦斯的心愿"（le *vœu de l'œdipe*），而且就这一心愿在父亲死时会返回到儿子身上而言，它还涉及儿子（主体）被阉割的问题，简言之，主体的实存问题。为此，拉康称这一心愿"不是为了其父亲，而是为他［主体］"，然而，主体"根本看不到的是这点：即，通过设定其父亲的痛苦，却不知道被瞄准的东西就是在他面前、在对象中去维持这种无知（ignorance），这种无知对于主体而言是必要的，这一无知在于不去知道他还是'没有出生（*ne pas être né*）'的好"③。我们知道，"没有出生（μή φῦναι）"正是老年奥狄浦斯在《奥狄浦斯在柯罗诺斯》所发出的最后感慨④；从实存主义（存

---

① Jacques Lacan, *Le désir et son interpretation,* Séminaire 1958-1959, version Staferla, séance le 10 décembre 1958.

② Ibid.

③ Ibid.

④ Cf. Sophocles, *Oedipus at Colonus*, bilingual, translated by Sir Richard Jebb, verse 1225: https://www.perseus.tufts.edu/hopper/text?doc=Perseus%3Atext%3A1999.01.0189%3Acard%3D1225.参见［古希腊］索福克勒斯：《俄［奥］狄浦斯在柯罗诺斯》，罗念生译，见《罗念生全集》第二卷，上海人民出版社 2004 年版，第 530 页，第三合唱歌次节首句。

在主义）的观点来说，这一感慨是奥狄浦斯对命运的无常和生存的荒谬发出的感慨，而从精神分析的视角来看，这不仅涉及主体荒谬的实存问题（哈姆雷特式的"存在或不存在"问题），而且更多地涉及主体的实存与欲望的问题，"这一阉割父亲的心愿，随着其返回到主体，就成了某种完全超越任何可辩护欲望的东西"①。

正是从这一"他不知道"、从这一无知（不知道）、从这一无意识维度出发，拉康在《第7研讨班》直接为奥狄浦斯辩护，"应该记得，他因为一种他没有所犯的错误而受到惩罚。他仅仅杀死了一个他不知道是其父亲的人"，由此，"在某种意义上说，他并没有造成奥狄浦斯情结"②。也就是说，拉康在此通过"他不知道"这一无意识维度，开始质疑弗洛伊德在《图腾与禁忌》中认为儿子们起来反抗且杀死部落父亲行为与奥狄浦斯情结中被压制的弑父欲望"必定混同在一起"③的想法，开始反思奥狄浦斯情结的有效性问题、尤其是奥狄浦斯情结对于父亲疑难问题的有效性问题。与之相呼应的是，在莎士比亚的名剧《哈姆雷特》之中，哈姆雷特死去的父亲以鬼魂面目对哈姆雷特控诉自己的冤死时，其父亲显然知道自己已经死去④。拉康认为这一点是《哈姆雷特》与《奥狄浦斯王》在"精细材料（la fibre）"上的"第一个差别"，但这并不影响两者"一个和另一个之间有各种同调的精细材料（des fibres homologues）的比较"。弗洛伊德传记作者、英国精神分析师欧内斯特·琼斯曾经写过《哈姆雷特的父亲之死》一文，突出莎士比亚在《哈

---

① Jacques Lacan, *Le désir et son interpretation,* Séminaire 1958-1959, version Staferla, séance le 10 décembre 1958.

② Jacques Lacan, Le séminaire de Jacques Lacan, Livre VII, *L'éthique de la psychanalyse 1959-1960*, Seuil, 1986, p.351.

③ Sigmund Freud, *Totem et tabaou. Interprétation par la psychanalyse de la vie sociale des peuples primitifs*, version numérique par Jean-Marie Tremblay, p.109. 中译本参见前引文献，[奥]弗洛伊德：《图腾与禁忌》，邵迎生译，长春出版社2010年版，第101页。

④ [英]莎士比亚：《哈姆莱[雷]特》，朱生豪译，吴兴华校，人民文学出版社2002年版，第22—24页。

姆雷特》中构思老国王（哈姆雷特死去的父亲）被谋杀这件事情的手法与萨
迦传说① 中国王被杀害故事的构思手法之间的根本区别，相比较于后者是全
国皆知而言，哈姆雷特父亲被谋杀一事一开始并不为人所知，罪行被莎士比
亚隐藏在戏剧的中心②。这一"不为人所知"可以视为与上述《奥狄浦斯王》
中的奥狄浦斯"他不知道"一样，是"同调的精细材料"，都属于无知的无
意识维度。拉康对于"他不知道"这一无意识维度的强调，某种意义上针
对弗洛伊德，后者在《释梦》第 5 章比较了上述两剧："另一个伟大的作品，
莎士比亚的《哈姆雷特》与《奥狄浦斯王》有着各种相同的根。然而，完全
不同的执行以同一的方式显示，两个时代的理智生活中有多大的差异，而且
在情感的生活中压抑造成了多大的增长。在《奥狄浦斯［王］》中，孩子隐
藏的各种幻相欲望就像在梦中一样显现和实现；在《哈姆雷特》中，孩子的
这同一些欲望被压抑了，我们只能通过它们发动的禁止效果才能得知它们的
实存，正如在各种神经症之中一样。"③ 很显然，弗洛伊德在此所谓有"各种
相同的根"，主要是因为他在该章上文首次提出"奥狄浦斯情结"（弑父娶母）

---

① 琼斯在此把北欧萨迦传说称为"Saxo-Belleforest saga"，并不准确，因为涉及不同的作者。首先，丹麦历史学家萨克索·格拉马提库思（Saxo Grammaticus）于 1200 年左右写的巨著《丹麦人的事迹》（*Gesta Danorum*）中就有与哈姆雷特故事情节相似的阿姆雷特（Amleth）的故事；其次，类似的故事还有冰岛的 Hrolf Kraki 国王萨迦传说和罗马共和国的布鲁图斯（Lucius Junius Brutus）传说，它们都讲述主人公为了复仇装疯扮傻的故事；再次，法国作家弗朗索瓦·德·贝尔弗莱（Francois de Belleforest）于 1570 年在其著作《悲剧故事集》（*Histoires Tragiques*）中翻译引入了萨克索的上述故事；最后，在莎士比亚的《哈姆雷特》面世之前的 1589 年，创作复仇戏剧经典之作《西班牙悲剧》的剧作家托马斯·基德（Thomas Kyd）的作品《乌哈姆雷特》（*Ur-Hamlet*）上演。这些都可以视为《哈姆雷特》一剧的资料来源，不管它们是直接的还是间接的。

② Ernest Jones, "The Death of Hamlet's Father", in *Literature and Psychoanalysis*, edited by Edith Kurzweil and William Phillips, Columbia University Press, 1983, p.34. Cf. aussi, Jacques Lacan, *Le désir et son interpretation,* Séminaire 1958-1959, version Staferla, séance le 10 décembre 1958.

③ Sigmund Freud, *L'interprétation des rêves*, traduit en français par I. Meyerson, nouvelle édition révisée, Puf , 1967, p.230.

理论。拉康则通过把父亲问题置于能指的维度（"他不知道"的无知的无意识维度）而开始质疑奥狄浦斯情结的普遍效力问题。

在1960—1961年度《第8研讨班》（《移情》）中，拉康对克洛岱尔的悲剧"孤风丹纳三部曲"进行了详细分析。一方面，拉康声称，相比较与作为人类理想（如国王形象、上帝形象等）的传统父亲问题，"弗洛伊德提出的'父亲是什么？'的主题大大变窄了，为的是这一主题能够为我们而采取扭结的模糊形式……根据扭结，对于我们来说，该主题在奥狄浦斯情结下被固定下来"[1]，明确道出弗洛伊德的父亲问题被局限于奥狄浦斯情结框架之内。另一方面，拉康又敏锐地指出，在克洛岱尔的悲剧所处的那个时代，"由于弗洛伊德（de par Freud），父亲问题出现了深刻的变化"[2]，出现了不负责任的父亲形象；借用克洛岱尔的"孤风丹纳三部曲"最后一部的名字《丢脸的父亲》（*Le père humilié*），"père humilié"（丢脸的父亲或受辱的父亲）可谓形象地道出了"深刻变化"后出现的父亲新面目。在"孤风丹纳三部曲"第一部《人质》中，女主人公西涅（Sygne）为了拯救教皇嫁给了迫害她家人的蒂吕尔（Turelure），死前拒绝宽恕丈夫的罪行——至死保持其"不"之标志，那就是拉康所说的"西涅说不"（Le non de Sygne）——留下儿子路易（Louis）给后者。在第二部《难咽的面包》（*Le pain dur*）——这一术语借自圣·保罗，表示异教徒无怜悯的和绝望的世界——之中，恶棍蒂吕尔年迈时与犹太人情妇西塞尔（Sichel）生活在一起，儿子路易及其女友吕蜜儿（Lumîr）缺钱，联合西塞尔一起算计蒂吕尔，后者最终死在儿子手里（儿子放了两枪都没打中，父亲害怕激动而死），儿子路易把继承来的财产都给了女友吕蜜儿支持后者投身救国运动（拯救波兰），自己为还债务厚颜无耻地请求与西塞尔成婚，于是两种宗教结成了一个家庭。结局之部《丢脸的父亲》涉及路易和西

---

[1]　Jacques Lacan, Le séminaire de Jacques Lacan, Livre VIII, *Le transfert 1960-1961*, texte établi par Jacques-Alain Miller, Éditions du Seuil, mars 1991, p.336.

[2]　Ibid., p.337.

塞尔的女儿庞赛（Pensée），后者是个盲人姑娘，嫁给奥立安（Orian），有个儿子，奥立安死后，庞赛嫁给了奥立安的兄弟奥尔索（Orso）。在拉康眼中，第二部《难咽的面包》无疑是"中心之剧"[①]，不仅因为其中发生了弑父情节（父子剧烈冲突），而且因为蒂吕尔的卑劣得到了全面展示（包括觊觎吕蜜儿美色最后反遭算计等等）。精神分析师皮埃尔·布鲁诺和萨毕娜·卡利加里（Sabine Calligari）对此形象地总结道："在克洛岱尔的三部曲中，中心的父亲形象由蒂吕尔具体化，以连接道德犬儒主义和身体的丑陋为特征表现出来"[②]。简言之，蒂吕尔成了拉康于1938年在《家庭》一文中列出的所有堕落父亲形象（不负责任的、缺场的、丢脸的、分裂的和佯装的父亲）的集中代表。更有甚者，父亲（蒂吕尔）的这一堕落形象并没有随着其去世而终结，相反，它通过代际传递到儿子(路易)，具现在儿子(路易)身上，"被弑父者所隐喻化的路易重新产生了堕落的父亲形象。儿子成了父亲，不但像他一样为人，而且还娶了其情妇"[③]，换言之，他在堕落程度上比其父亲有过之而无不及。从中不难看出，正是通过三部曲中的代际传递，堕落的父亲形象得到了传递和延伸。拉康由此想表明的无非就是，堕落的父亲形象在弗洛伊德的时代已经成了时代的疾病；而父亲问题出现了"深刻的变化"，拉康认为正是"由于弗洛伊德"。

第二节　拆除父亲木偶：欲望与法则的共生

"由于弗洛伊德"，这无疑是在说，正是弗洛伊德的理论造成了其时代父亲问题的深刻变化。拉康为什么要这么说呢？拉康把矛头直接指向弗洛伊德

---

① Ibid., p.338.

② Catherine Joye-Bruno, Pierre Bruno, «Le père et ses noms» (5e partie), Érès | «Psychanalyse», 2010/3 n° 19, p.101. (Pierre Bruno 在第 6 部分纠正：第 5 部分的作者是 Pierre Bruno et Sabine Calligari。)

③ Ibid.

作为法则的父亲理论（所谓父亲的象征功能理论，《图腾与禁忌》中的父亲理论）。弗洛伊德通过对图腾餐、图腾禁忌和图腾崇拜等图腾现象的观察和提炼，得出"禁止宰杀图腾"和"乱伦禁忌"这两个根本塔布即禁忌，并且把它们与奥狄浦斯情结中两个被抑制的欲望即杀父娶母联系起来加以思考，可以视为弗洛伊德对古代氏族社会开始作为法则的父亲功能的缘起问题的神话式、甚至戏剧式解读。神话式或戏剧式解读也是一种解读，本来无可厚非。问题是，这一解读真的出自弗洛伊德本人思想吗？拉康有个非常有意思的观点：他认为弗洛伊德的这一解读其实是其病人即神经症患者教给他的，或者说，这一解读的角度出自神经症患者的角度。在 1964 年《第 11 研讨班》1 月 15 日第一次研讨会的最后，拉康在回应多尔特（Michel Tort）的担心与质疑——"当您把对于弗洛伊德欲望的精神分析与对于癔症患者的精神分析联系起来时，人们能够指责你带有心理主义（psychologisme）吗？"——时明确说道："确切地说，弗洛伊德的无意识道路，正是各位癔症患者教导给弗洛伊德的东西。"[1] 我们知道，弗洛伊德的临床贡献主要在于比较成功地处理了神经症（包括癔症、强迫症等）问题。拉康在此的回答无疑是在说，弗洛伊德关于无意识的构想其实是从癔症患者的角度出发来构建的。相反，虽说拉康的临床贡献主要在于比较成功地处理了精神症问题，但他试图构建一个既涵盖神经症问题、又涉及精神症问题和倒错问题等各类精神疾病的宏大的无意识结构模型，为此，他求助于拓扑学。具体落实到作为法则的父亲问题上，早在《弗洛伊德的无意识之中的主体颠倒和欲望辩证法》（1960 年）一文中，拉康就有一种明确的说法，即，作为法则的父亲可以被视为一种理想父亲的形象，但这一理想父亲的形象实际上来自神经症患者的构想。他这样说：

> 理想父亲（Père idéal）之像实际上是神经症患者的一种幻相

---

[1]　Jacques Lacan, Le séminaire de Jacques Lacan, Livre XI, *Les quatre concepts fondamentaux de la psychanalyse 1964*, Seuil, 1973, p.17.

（fantasme）。在母亲——需求的实在大他者，人们意愿她平息欲望（换言之其欲望）——的彼岸，显示出一个父亲之像，他关上了朝向各种欲望（les désirs）的双眼。由此，真正的父亲功能更多地被标记了出来但仍然没有被揭示，这一功能本质上就是把一个欲望与法则结合起来（而非对立起来）。

神经症患者所愿望的父亲明显就是死去的**父亲**（le Père mort），这是可以看见的。然而同样也是一个完全就是其各种欲望的主人的父亲，这就是对于主体而言同样有价值的东西。人们在此看到精神分析师应当避免的各种暗礁之一，以及在没完没了的［分析］活动之中的移情原则。①

这里需要指出两点：其一，理想父亲的理想形象出自神经症患者的构想，这一理想形象集中体现在死去的父亲的形象之上。这里涉及理想性认同或自我理想（l'Ich-Idal, l'idéal du moi）的问题。根据拉普朗虚和彭大历斯在《精神分析学的词汇》中"自我理想"词条上的说法，弗洛伊德本人其实并没有关于自我理想的系统的统一理论，主要论述涉及四部作品，即《自恋导论》（1914 年）、《集体心理学与自我分析》（1921 年）、《自我与它我》（1923 年）和《精神分析导论补篇》（1932 年）②。拉康继承的自我理想概念主要涉及后两个文本，譬如，在《自我与它我》中与超我（surmoi）基本上同义的自我理想概念，"［超我］与自我的各种关系并不局限于这一规则，如'你应该（像父亲）这样'；它们通过包括这一禁止，如'你没有权利（像父亲）这样'；换言之，你没有权利做他所做之事；很多事情都是留给父亲专用的"③，在此，作为规则的父亲功能清晰看见；以及在《精神分析导论补篇》

---

① Jacques Lacan, «Subversion du sujet et dialectique du désir dans l'inconscient freudien», repris dans les *Écrits*, Seuil, 1966, p.824.

② Jean Laplanche et J.B. Pontalis, *Vocabulaire de la Psychanalyse*, Puf, 1967, pp.184-185.

③ Sigmund Freud, *The Ego and the Id*, S.E.XIX, p.34.

中作为超我（作为整体结构）其中一种功能的自我理想功能，超我包含三种功能，"自我观察，道德良心和理想功能"①，弗洛伊德尤其强调后两种功能的差异，道德良心关乎有罪感，理想功能则关乎自卑感和理想。正是依据后两者的文本，我们一般会说，顺利通过奥狄浦斯阶段的主体（儿童）就会跟父亲认同，由此产生自我理想。对于这一自我理想，拉康早在1953—1954年度的《第1研讨班》中就把它与能指、象征界、法则联系在一起，以区别基于镜像认同的理想自我（moi ideal, l'Idal-Ich）；当他谈到主体在想象构造中的位置时，他这样说，"这一位置只有就一个行动指南（guide）位于想象界的彼岸、位于象征层面上、位于法定交换（l'échange légal）的层面上而言才是可构想的，而这一法定交换只能通过各人类存在之间的言语交换（l'échange verbal）才能得到具现。这一支配主体的行动指南，就是自我理想"②。我们不难看出，除了引入能指和象征界这些结构新武器之外，拉康在自我理想就是象征地认同作为法则的父亲这一观点上与弗洛伊德并没有什么不同。同样，就如我们在前一章已经介绍了来自拉丁文动词"tutare"的法文动词"tuer（杀死）"其实蕴含着"conserver（保存）"意思的绝妙分析，拉康除了在法则范畴中引入能指这一结构新武器的维度之外，看起来在作为法则的父亲就是死去的父亲这一观点上与弗洛伊德也没有什么不同。问题是，死去的父亲的死亡性反过来能不能作为一种理想性，进而出于其理想性而成为法则？换言之，弗洛伊德在《图腾与禁忌》中构想父亲的象征功能的手法——通过把死去的父亲图腾化（成为图腾禁忌）进而成为法则的代表——是否也为拉康所继承呢？我们在前一章已经指出，理想性是弗洛伊德这一基于死去的父亲的象征父亲理论的致命缺陷。于是，我们可以说，拉康拒斥的正是弗洛伊德的这一构想方式。他之所以不认同弗洛伊德通过

---

① Sigmund Freud, *New Introductory lectures on psycho-analysis* (1932), S.E. XXII, p.66.

② Jacques Lacan, Le séminaire de Jacques Lacan, Livre I, *Les écrits techniques de Freud 1953-1954*, Seuil, 1975, p.162.

把父亲图腾禁忌化进而把父亲图腾崇拜化即理想化的手法，一方面在于他自 1938 年以来清楚地看到父亲形象的衰落这一巨大的时代神经症现象，另一方面更在于他在弗洛伊德的这一构想中发现了弗洛伊德的"小秘密"，那就是，弗洛伊德把临床中观察到的精神症患者对于理想父亲形象的构想视为人类社会原始父亲形象之构想。我们可以在《图腾与禁忌》中清晰地看到弗洛伊德把这两者联系起来的痕迹："……只需承认，起来反抗的兄弟群体被针对父亲的各种自相矛盾的情感所推动，这些自相矛盾的情感，根据我们所知，形成了我们的每个孩子之中和我们的每个神经症患者之中的父性情结（complexe paternel）的矛盾情绪的内容。"①

其二，父亲功能的本质不是把欲望与法则对立起来，而是把它们结合起来。弗洛伊德在《图腾与禁忌》中把部落父亲或原始父亲（Urvater）设想为一个完全享乐型的父亲，他占有着部落中所有女人，为此不惜驱赶长大了的儿子们，最终引发儿子们的反抗和弑父神话的诞生。对于这一完全享乐型父亲原型的构想，拉康早就看到了其弊端。我们在前面的第四章已经指出，在拉康看来，纯粹享乐型或完全享乐型父亲原型的构想是一种倒错性理论构想，在这一理论构想中，"主体在此成了大他者的享乐的工具"②，也就是说，倒错主体的内驱力朝向的不是他自己的享乐，而是大他者的享乐。为此，他在父亲的起源问题上求助于犹太—基督教传统的上帝概念资源，认为犹太—基督教传统的上帝不是形而上学历史中的上帝，不是哲学家们笔下的上帝，而是摩西的上帝，是选择人类、与人类联盟进而象征地创造人类的上帝，简言之，这不是一个享乐的上帝，而是一个欲望的上帝。在此，欲望与法则通过联盟有机地结合在一起。同理，父亲在源头上也不是一个享乐的父亲，相

---

① Sigmund Freud, *Totem et tabaou. Interprétation par la psychanalyse de la vie sociale des peuples primitifs*, version numérique par Jean-Marie Tremblay, p.110. 中译本参见前引文献，[奥] 弗洛伊德：《图腾与禁忌》，邵迎生译，长春出版社 2010 年版，第 101 页。

② Jacques Lacan, «Subversion du sujet et dialectique du désir dans l'inconscient freudien», dans les *Écrits*, Seuil, 1966, p.823.

反，他恰恰是一个欲望的父亲；而只有从欲望的角度出发，我们才能真正看清作为法则的父亲功能体现的正是欲望与法则的结合，而不是像上述弗洛伊德父亲理论所设定的法则与享乐对立那样处于对立之中。

由此，我们看到，一方面，拉康的父亲理论在义理上彻底与弗洛伊德的父亲概念区分开来：相比于原始父亲的纯粹享乐性，"父亲的姓名"理论从源头上是去性欲化的。为此，精神分析师埃里克·波尔热直接声称，"它[父亲的姓名]以此身份是一种升华形式"①。把"父亲的姓名"视为一种升华形式，无疑符合拉康的理论构想。拉康在《第7研讨班》中论及升华问题时曾经这样说，"人们因此把这一点完全放在了一边，这一点应该总是被强调在人们可以称之为一种艺术作品的东西之上，这一点曾经悖论地被弗洛伊德所推动——正是这个完全令各位作者感到惊讶——即，社会性认可（reconnaissance sociale）"②。升华是一种社会性认可，这是拉康的升华观。其中的认可理论来源于科热夫（Kojève）对黑格尔的自我意识双重性问题的改造：一个自我意识对一个自我意识的问题其实就是一个欲望对另一欲望的关系，"人类欲望必须朝向另一欲望"③，必须得到另一欲望的认可，"所有人类或人类起源的欲望……最终是一种欲望'承认或认可'的功能"④，这也是科热夫眼中黑格尔主奴辩证法最具价值的地方。拉康进一步把认可理论引入语言系统或象征符号系统：在通常的人际关系理论解释中，主体（自我）间

① Erik Porge, *Les noms du père chez Jacques Lacan. Ponctuations et problématiques*, ERES, 2006, p.25. 尽管埃里克·波尔热没有像我们那样从名字系统（象征符号系统）角度出发去阐释拉康借鉴于基督教理论资源来引入其"父亲的姓名"概念的思路，但是他也为我们提供了某些思路上的启发。

② Jacques Lacan, *Le séminaire de Jacques Lacan, Livre VII, L'éthique de la psychanalyse 1959-1960*, Seuil, 1986, p.128.

③ Alexandre Kojève, *Introduction to the Reading of Hegel*, Lectures on the *Phenomenoloy of Spirit*, Assembled by Raymond Queneau, Edited by Allan Bloom, Translated from the French by James H.Nichols, Jr., Basic Books,Inc.,Publishers, New York London, 1969, p.5.

④ Ibid., p.7.

互为承认的关系实质上是一种互为对象化的想象迷惑关系，为此，必须引入象征的调节，就是说在想象的你和我之间引入一个第三者，那就是大他者（Autre）；一主体赢得大他者的认可要优先于赢得另一主体的认可，因为，"只有当他者首先得到认可时，你才能由于它而使自身被认可"①，而所谓大他者得到认可（reconnu），就是说，必须承认（reconnaître）存在着一个大他者，它是主体间言语活动得以进行的基础，位于象征秩序的中心地位，主体只有与之进行象征认同才能进入象征系统；为此，拉康批评黑格尔的思想还不够彻底，仍然带有人类学的痕迹，"黑格尔处于人类学的界限之中"，相反，"弗洛伊德走了出来，他的发现就是，人并非完全处在人类之中"，人（主体）需要获得大他者的认可，只是象征系统中流转的一个能指，为此强调"弗洛伊德不是一个人道主义者"②。从中不难看出，当拉康说升华是一种社会性认可时，他就是把升华问题置于象征系统或能指系统之中。这明明是拉康自己特有的观点，可他总是自诩为弗洛伊德主义者，认为弗洛伊德的升华理论就是这样。早在1951—1952年度的"《狼人》个案研讨班"中，拉康就借弗洛伊德之名提出了升华与能指系统或象征系统的联系问题，"在弗洛伊德的语言中，升华有一种不同于人们自以为通俗意象——即，从一种本能到一种更为高尚的域的过渡——的意义。对于弗洛伊德来说，升华是一主体初步接纳一个或多或少社会化了的象征符号和普遍相信的对象"③。在评论《摩西与一神教》的一个文本中，拉康指出了"父亲的姓名"与升华的这一直接关系，"他［弗洛伊德］明确让对于父性能力的结构性求助作为一种升华介入进来"，因为弗洛伊德在该书中"不禁指出了"其对于"指称

---

① Jacques Lacan, Le séminaire de Jacques Lacan, Livre III, *Les psychoses 1955-1956,* Seuil, 1981, p.62.

② Jacques Lacan, Le séminaire de Jacques Lacan, Livre II, *Le moi dans la théorie de Freud et dans la technique de la psychanalyse 1954-1955*, Seuil, 1978, p.92.

③ L'Homme aux Loups (n° II).

性函数之中的'父亲的姓名'的参照的双重性"①。这就是说，"父亲的姓名"既由于去除了性欲化而表现为一种升华，又作为能指必须服从能指函数或能指结构。

另一方面，为了拆解由神经症患者所搭建的理想父亲形象，为了"拆除父亲木偶（démolition du guignol de père）"②，拉康运用能指这一结构利器来武装欲望问题，破除了纯粹享乐与法则之间的神经症患者式的假想性对立，破除了通过否定（禁忌）确立起来的法则的理想性（作为法则的父亲），重新确立欲望与法则的关系，力图探索父亲功能的真正作用与功能。这里有几个问题需要进一步澄清：其一，拉康通过能指的起源学说（独划的"1"理论或元划理论）成功解决了弗洛伊德所谓与父亲的认同是第一认同的疑难问题。我们在第四章第二节中已经有所论及，弗洛伊德曾经在《集体心理学与自我分析》（1921 年）一文第 7 章"认同"中总结三类认同形式，认为与父亲的认同是一种最初的认同，具体表现为"一上来就带有矛盾情感的食人性关系所标记的一种前奥狄浦斯认同"③。这一观点一直难以被人真正理解。拉康创造的神奇的独划"1"理论以及借自于集合论的元划理论，能够帮助我们来理解弗洛伊德的这一观点。拉康在 1961—1962 年度《第 9 研讨班》1962 年 2 月 21 日研讨会上这样说："围绕着 1 的位置而进行的颠覆（renversement）形成的是，我们考虑我们从康德的统一（*Einheit*）过渡到独一无二（*Einzigkeit*），过渡到如这样的被表达的**独一无二性**（unicité）……如果正是由此我今年选择试图去做我希望带领去做的事，即，'抓住欲望的尾巴'，如果正是由此，换言之，不是通过由弗洛伊德所定义的第一种认同形式，后者不容易来操作，这是吞并（*Einverleihung*）的认同，是食用敌

① Jacques Lacan, Le séminaire de Jacques Lacan, Livre VII, *L'éthique de la psychanalyse 1959-1960*, Seuil, 1986, p.171.

② Jacques Lacan, Le séminaire de Jacques Lacan, Livre VIII, *Le transfert 1960-1961*, Seuil, 2001, p.345.

③ Cf. Jean Laplanche et J.B. Pontalis, *Vocabulaire de la Psychanalyse*, Puf, 1967, p.189.

人、对手和父亲的认同，如果我从第二种认同形式出发，即从这一元划函数出发，显然就在这一目标之中。"① 这里所谓的"颠覆"，拉康在 1962 年 1 月 10 日研讨会上讲得非常清楚，随着事物被抹掉，出现了神奇的独划"1"，围绕着我们与对象的这一关系，我们有个"发现"，那就是，"当还没有书写（或文字）时，在可定位的一个历史时间，某种东西在此就是为了被读出，为了跟语言一起被读出"，这就是说，抹掉之后并不是空白，而是为书写（或文字）留下了"能够用于包含语素化（phonématisation）"的场所②。在 1961 年 12 月 13 日研讨会上的开头，他直接称独划"1"为"差异的如这样的支撑"③，也就是说，这一能够包含语素化的场所正是差异性的场所。正是因为"1"包含了差异，拉康才说这是一种颠覆，这既不是巴门尼德的"一"，也不是康德的先天综合（统一），而是弗洛伊德所说的"einziger Zug（独一特征）"，是独一无二的独划或元划。由此，与这一独划或元划的这一认同无可争议地成了第一认同，因为那是人类祖先传递给我们的第一认同。这一认同实际上是我们与能指的认同，自然也包含着我们与作为能指组织者大他者能指（父亲）的认同。尽管拉康在此称之为"从第二种认同形式出发"，但这一认同无疑很好地解释了弗洛伊德所谓与父亲的认同是第一认同的观点。

其二，要想理解欲望与法则之间的关系是结合而非对立，就需要从欲望与能指的关系出发来进行思考。我们知道，与 20 世纪很多思想家突出欲望问题一样，拉康十分重视它，说他把之置于理论思考的中心位置也不过分。拉普朗虚和彭大历斯在《精神分析学的词汇》一书中曾这样评价，"雅克·拉

---

① Jacques Lacan, *L'identification,* Séminaire 1961-1962, inédit, version Staferla, séance le 21 février 1962.

② Jacques Lacan, *L'identification,* Séminaire 1961-1962, inédit, version Staferla, séance le 10 janvier 1962.

③ Jacques Lacan, *L'identification,* Séminaire 1961-1962, inédit, version Staferla, séance le 13 décembre 1961.

康试图围绕着欲望（Désir）概念重新界定弗洛伊德学说的方向，试图把此概念重新置于精神分析理论最重要的位置上"①，可以说相当精确地说出了欲望观在拉康理论中的中心地位。关于拉康的欲望观，我们可以简略归结为以下几点：首先，他明确把欲望与动物性的本能（Instinct）区分开来，更多地把它与内驱力（pulsion）联系起来②；为了说明这一点，他引入了对象小 a 的概念（后者作为"引起欲望的原因"），告诉我们欲望与认识活动（无论是感觉、知觉还是理智）的根本区别在于：进行欲望的活动既不是一种主动性活动，也不是一种被动性或受动性活动，而是一种由对象小 a 唤起从而进行主动性力比多投注的活动。其次，以此出发，他认为欲望活动无法像科学认识活动一样获得一种确定的或精确的对象，相反，它所投注的每一个对象其实都是暂时的、替代性的，因为其真正对象是一种缺乏，"欲望，一切人类经验的中心功能，是对无法被命名的东西的欲望"③。再次，正是因为欲望活动的对象总是替代性的，总是另一个（autre，小他者），经过力比多神奇的跷跷板机制，主体的欲望于是就成了小他者的欲望，加上能指语言系统的介入，主体的欲望也就成了大他者的欲望，这也是拉康主要思想之一，内涵极其丰富。最后，虽说欲望活动的对象经历了从想象之像到言词的过程，"起先，在语言之前，欲望只存在于'镜像时期'的想象关系的单一层面上，被

① Jean Laplanche et J.B. Pontalis, *Vocabulaire de la Psychanalyse*, Puf, 1967, p.121.

② 从弗洛伊德文本来看，首先，当弗洛伊德谈到与力比多能量相关的心理驱动力时，他使用的是内驱力（Trieb）一词，而并非本能（Instinkt）一词，说明他对于人的内驱力与动物性的本能还是做了区分，并没有把两者相等同。尽管英译本及诸多英文作者习惯于用 Instinct（本能）一词来翻译弗洛伊德 Trieb（内驱力）一词，不过，这并不能说明，弗洛伊德所讲的人的内驱力就是指动物性的本能。其次，当弗洛伊德说到愿望问题时，他所使用的是心理驱动力（psychical impulse）一词，也非本能（Instinct）一词，说明他把无意识愿望视为一种受无意识驱使的心理驱动力，并没有把它等同于动物性的本能。（参见黄作：《不思之说——拉康主体理论研究》第八章第一节，人民出版社 2005 年版）

③ Jacques Lacan, Le séminaire de Jacques Lacan, Livre II, *Le moi dans la théorie de Freud et dans la technique de la psychanalyse 1954-1955*, Seuil, 1978, pp.261-262.

投射到他人之中，被让与或丧失(aliéné) 在他人之中"①，但能指语言系统却是欲望的真正寓所。之所以强调能指语言系统对于欲望活动的至关重要性，强调语言是欲望之家，不仅因为，主体的欲望最终在能指之网中川流不息，同时又受制于能指的法则（在此我们看到拉康的欲望观与德勒兹的欲望观之间的明显区别），而且还因为，能指系统的两大运作机制如隐喻和换喻可谓说明欲望活动的极佳模型，尤其是换喻机制，用拉康的话来说，"欲望是一种换喻"②。

其三，在欲望与法则之间的关系是结合而非对立问题上，拉康受到圣·保罗用恩典代替法则做法的启示。弗洛伊德把法则与享乐对立起来，这一对立可以进一步延伸为法则与罪的对立，因为，儿子们通过图腾禁忌让死去的父亲从禁忌上升为第一法则（禁止宰杀图腾 = 不准杀人），从此把杀人视为一种罪恶，进而认为法则作为禁止和消除罪恶的功能而成为非此不可的东西。拉康早在 1957—1958 年度《第 5 研讨班》最后一次研讨会（1958年 7 月 2 日）上就批评这一对立说法，认为有罪性"诞生却并没有对这一法则做出任何种类的参照"，同时不忘指出，"这正是精神分析经验带给我们的事实"；为了说明这点，他引入了圣·保罗的观点，"罪与法则关系的辩证法的素朴一步在圣·保罗的言语中得到表述，即，正是法则造成了罪"③。在1961—1962 年度《第 9 研讨班》1962 年 3 月 14 日研讨会上，拉康进一步解释了这一观点，"事实上，如果说基督教的基础位于保罗的启示之中，即在与**父亲**（Père）的关系中所走出的某一基本的一步之中，如果爱（amour）与**父亲**的关系就是相关的这一基本的一步，如果他真的代表着跨越了闪族传统所开创的、有关这一与父亲根本关系的、有关这一原初幸运（*baraka*）——

---

① Jacques Lacan, Le séminaire de Jacques Lacan, Livre I, *Les écrits techniques de Freud 1953-1954*, Seuil, 1975, p.193.

② Jacques Lacan, *Écrits*, Éditions du Seuil, 1966, p.528.

③ Jacques Lacan, Le séminaire de Jacques Lacan, Livre V, *Les formations de l'inconscient 1957-1958*, Seuil, 1998, p.496.

甚至很难不去不知（méconnaître）弗洛伊德的思想以一种自相矛盾的、该死的方式与之相连——的整个这个东西的话，那么，我们不能对此有疑问，因为，如果对于奥狄浦斯的参照能够让问题成为公开的话，弗洛伊德结束其在摩西之上的论说这一事实，并没有让以下成为可疑的，即，基督教启示的基础因此完全位于这一与圣·保罗让其接替法则的恩典的关系之中"①。也就是说，基督教启示的基础在于上帝的爱，以此出发，才出现圣·保罗所谓的用恩典来接替法则的启示。基督教用爱（上帝的爱、爱上帝的爱等）消解了法则与罪恶的二元对立。由此我们重新回到上述《第5研讨班》最后，拉康引用老年卡拉马佐夫的句子"如果没有了上帝，那么一切都是允许的"后，不禁感叹道，"甚至看起来人们能够表述相反的表达，即，'如果上帝死了，不再有任何东西是允许的'"②。看似完全相反的两句话，就如法则与罪恶的二元对立，在上帝的爱面前被消解了，变得没有了差别。同理，对拉康来说，欲望与法则的关系也不是对立的，相反，它们是结合的，因为这里有父亲的爱。

综上可见，弗洛伊德的作为法则的父亲理论（主要出自《图腾与禁忌》的父亲），在拉康看来，正是弗洛伊德依据神经症的理想父亲模型构思出来的一种理想父亲理论。这一理想父亲理论不但无助于树立父亲权威从而构建法则与次序的社会，反而造成了父亲形象的衰落，成了父亲形象衰落的罪魁祸首。为什么这么说呢？如果说理想的父亲形象是"神经症患者的一种幻相"，那么这就是一种症状，以理想父亲作为法则建立起来的社会就会是一种幻相，一种症状。换言之，父亲功能不明——正如拉康在前面所说，"真正的父亲功能更多地被标记了出来但仍然没有被揭示"——直接影响了社会

---

① Jacques Lacan, *L'identification,* Séminaire 1961-1962, inédit, version Staferla, séance le 14 mars 1962.

② Jacques Lacan, Le séminaire de Jacques Lacan, Livre V, *Les formations de l'inconscient 1957-1958*, Seuil, 1998, p.496.

构建的合理性和有效性问题。正是因为父亲功能仍然没有被揭示出来，父亲才表现出缺失的、缺场的和不负责任的等等各种各样状态。拉康早在1938年的《家庭》一文中就敏锐地觉察到了父亲功能的"仍然没有被揭示"，其中提出的"carente（不负责任的或缺失的）"和"缺场的（absente）"①等来形容父亲衰落形象的词语便是最好的例证。拉康一方面通过种种方式（个案、文学等）有效地揭示了这一理想父亲理论所带来的各种父亲衰落形象之具体表现，另一方面致力于积极澄清有关父亲的各种问题，借助于能指理论利器，试图重建大他者权威，重建父亲权威。强调父亲的爱便是他探索的其中一条道路。

1960—1961年度的《第8研讨班》（《移情》）被认为是拉康讨论爱的问题的主要作品，他花了大量篇幅来解读柏拉图的《会饮篇》。至于父亲的爱的问题，他主要是从基督教的圣父—圣子关系出发来进行切入的，认为爱正是作为第三项而被引入，"基督教的上帝，我跟你们在神学与无神论之间谈及的这一半途（mi-chemin），从其内在组织化的角度来看，这一三位一体的（trine）上帝，既是一又是三，他是什么呢？——除非就是如这样的父性（parenté）的根本表述，就是在该父性具有更加不可还原的、神秘的象征性的东西的意义上而言。最隐藏的关系，就如弗洛伊德所说，最少自然的关系，最纯粹象征的关系，就是父子关系。第三项（le troisième terme）以爱之名在此保持在场"②。从中不难看出，与基督教把爱只归于上帝——圣子和圣灵的爱，我们对上帝的爱，都来自上帝的爱——的做法不同，拉康实际上把爱置于第三项的位置上，或者说，把爱置于原本圣灵占据的位置之上；在基督教中，上帝的恩典靠圣灵来施行，上帝的启示和圣

---

① Jacques Lacan, «La famille: le complexe, facteur concret de la psychologie familiale. Les complexes familiaux en pathologie», article écrit à la demande de Wallon est publié dans l'Encyclopédie Française, tome VIII, en mars 1938.

② Jacques Lacan, Le séminaire de Jacques Lacan, Livre VIII, Le transfert 1960-1961, Seuil, 2001, p.69.

子基督的福音其实都通过圣灵来传递，拉康在此把圣灵改装成父性所蕴含的根本的爱，这一爱失去了宗教的神圣色彩，却带有纯粹象征性特征。为了进一步说明这一不可还原的爱本身，拉康求助于爱神爱洛斯诞生的希腊神话。根据柏拉图《会饮篇》中由苏格拉底所转述的女智术大师第俄提玛（Diotima）口中所说，爱神爱洛斯（Eros）的父亲是丰盛之神波若斯（Poros），母亲是贫乏之神珀尼阿（Penia），两神在爱神阿佛洛狄忒（Aphrodite）的出生宴会上相遇之后生下了他[①]。拉康在此注意到一个几乎没人提及的细节，那就是爱神的父亲在不知道（睡着）的情况下生下来他：丰盛之神波若斯多喝了几杯，走到宙斯花园，倒下就睡（βεβαρημένος ηὖδεν），贫乏之神珀尼阿感叹自己贫乏，见此心生欲望，想与丰盛之神波若斯生一子，于是睡到其旁边，生下了爱洛斯[②]。拉康这么说，"正是当他［波若斯］睡着的时候，正是在他什么也不知道的时候，产生爱的相遇发生了。通过其欲望混入进来以便产生这一诞生的那位［珀尼阿］，就是不丰盛者（Aporia[③]），女性的不丰盛者，这是……原初的欲望者（la désirante originelle）……她在其本质、在其本性中非常确切地被定义在爱神诞生之前，在这点上，爱是缺乏的……在神话中，不丰盛者，绝对的贫乏者，在诸神为阿佛洛狄忒的出生所举办的宴会上站在门口，她什么也得不到承认，她本身没有任何财富可以使其有权利跟诸位同桌。正是在这一点上她就是在爱**之前**（*d'avant l'Amour*）"[④]。一方面，父亲波若斯睡着了，毫不知情，"'他不知道（il ne sait pas）'是绝对基本性的"[⑤]，这使我们立即想到前面已经述及的"他不知

---

① Platon, *Le Banquet*, traduction francaise par Visctor Cousin, bilingue, 203b:http://remacle. org/bloodwolf/philosophes/platon/cousin/banquet.htm.

② Ibid., 203b-c.

③ Ibid., 203b.

④ Jacques Lacan, Le séminaire de Jacques Lacan, Livre VIII, *Le transfert 1960-1961*, Seuil, 2001, p.160.

⑤ Ibid.

道"的无知的无意识维度；另一方面，母亲珀尼阿作为贫乏之神，什么也没有，没有任何东西来道贺阿佛洛狄忒的出生，可是，她通过她的欲望生下了爱神爱洛斯，给出了爱，拉康对此精辟地概括道，"爱，就是给出人们所没有的东西"①，并且指出《会饮》202a 中第俄提玛的说法即"ἄνευ τοῦ ἔχειν λόγον δοῦναι（无需给出有道理的说法）"② 便是这一观点最好的佐证。另外，拉康还把此处贫乏之神珀尼阿主动偎依丰盛之神波若斯诞生爱神爱洛斯的神话与《旧约·路得记》中新寡的路得主动偎依鳏夫波阿斯（Boaz）的故事、尤其与雨果的诗歌名篇《沉睡的波阿斯》中的叙述——"波阿斯并不知道身边有女人睡觉，路得不知道上帝对她有什么要求……"以及稍前的"和我同床共枕的妻子已和我分居，主啊！她把我抛下，为了前来伺候你，我们俩不分彼此，仍是对好夫妻，她仿佛还活着，我似乎已经死去"③——联系起来，不仅指出"这一诗歌正是你们不断重新发现隐喻功能的场所"，而且同时解释道，"在两个死亡之间（entre-deux-morts），就是其与在此作为父性传递（la transmission paternelle）而被提及的悲剧维度的关系，什么也不缺乏"④。我们试图小结如下：一方面，拉康借助基督教和希腊神话资源，目的在于指出，具有纯粹象征维度的爱在其源头上与欲望相关；另一方面，结合前面有关摩西的上帝选择人类、与人类联盟进而象征地创造人类的观点，我们不难看到，父亲的爱也像父性传递一样在象征维度上展开，而隐喻恰恰是父性传递的基本机制。

父亲波若斯毫不知情，却诞下了爱神爱洛斯。我们可以这么说，父亲

---

① ibid., p.150.

② Platon, *Le Banquet*, traduction francaise par Visctor Cousin, bilingue, 202a.

③ Victor Hugo, «Booz endormi», in La legend des siecles, Oeuvre du domaine public, En lecture libre sur Atramenta.net, pp.14-17. 中译文参见 [法] 雨果：《沉睡的波阿斯》，见《雨果文集》第九卷诗歌下，程曾厚译，人民文学出版社 2002 年版，第 641—645 页。

④ Jacques Lacan, Le séminaire de Jacques Lacan, Livre VIII, *Le transfert 1960-1961*, Seuil, 2001, p.161.

波若斯本质上是缺场的。拉康在 1961—1962 年度《第 9 研讨班》1962 年 3 月 21 日研讨会上用爱重新解释了弗洛伊德于《图腾与禁忌》中所阐述的父亲被谋杀的神话，"正是在这一与大他者（被谋杀的父亲）的关系中，在原初的谋杀的这一死亡的彼岸，爱的这一至上形式构成"，因为，"这一对父亲的至上的爱，它正好使得这一原初谋杀之死亡变成了父亲从此以后绝对在场的条件"；而"父亲从此以后绝对的在场"恰恰不是一种简单的在场，而是表现一种"作为缺场的存在（être comme absent）"，因为，只有作为缺场，父亲才能表现出"原初命令的绝对性"，才能成为"作为绝对可持续者的唯一者"①。在此，拉康用"作为缺场的存在"回应了爱神爱洛斯父亲波若斯的缺场。需要指出的是，这一阶段的拉康仍然认为奥狄浦斯情结是精神分析学的核心，譬如，当他述及欲望功能时，他这样说，"弗洛伊德的天才向我们显示的东西，正是这点：欲望彻底地、根本地被名为奥狄浦斯的这一扭结（ce nœud qui s'appelle l'Œdipe）所赋予结构"，而该奥狄浦斯扭结的本质在于"一种位于一种需求（它具有一种如此享有特权的价值，以至于它成了绝对命令，成了法则）和一种欲望（它就是大他者的欲望，就是奥狄浦斯之中涉及的大他者的欲望）之间的关系"②，简言之，他试图在奥狄浦斯情结的框架内通过欲望（与需求关系）重新解释父亲与法则的关系。对于这一"作为缺场的存在"的维度，拉康后来在 1962 年 6 月 27 日研讨会上把之视为一种神秘的维度，"……把你们引入整个这一人们称之为神秘的传统，后者通过其在闪族传统中的在场确定地支配弗洛伊德的整个个人冒险"③。这一神秘维度的说法既回应了前面《第 8 研讨班》中拉康借用圣父与圣子之间的不可还原的、神秘的纯粹象征关系来表示父性的爱，而且也回应了"父亲的姓名"

---

① Jacques Lacan, *L'identification,* Séminaire 1961-1962, inédit, version Staferla, séance le 21 Mars 1962.

② Ibid.

③ Jacques Lacan, *L'identification,* Séminaire 1961-1962, inédit, version Staferla, séance le 27 Juin 1962.

研讨班（NdP）最后拉康求助于犹太—基督教传统或者更为确切地说是闪族传统以便更好地从欲望角度来说明"父亲的姓名"（上帝之名）的功能问题一幕。当然，这一神秘维度并不是神秘主义的神秘莫测的"神秘"，相反，它其实代表了拉康的一种神话思维：他反对通过把否定的绝对化（图腾禁忌）使死去的父亲上升成为法则的简单做法，主张把父亲置于能指或象征符号之创造的维度之中，认为与父亲的认同就是人类主体的第一认同，由此，父亲可以说处于一种绝对性（作为缺场的存在）的位置之中，进而具备了代表法则的功能。当然，这里所说的"缺场（absent）"并不是前面论及衰落的父性形象时所说的"父亲的缺席或不负责任"意义上的"缺场"，而是指父亲的绝对性的表现，正如大他者的绝对性那样，精神分析师皮埃尔·布鲁诺和萨毕娜·卡利加里称作为缺场的父亲就是"在一种彼岸中的在场……就是在其神圣甚至神秘维度中的在场"①，无疑熟知拉康惯用的"缺场—在场"辩证法。

在1962—1963年度《第10研讨班》（《焦虑》）中，拉康明确称呼父亲介入的方式就是神话方式，"在弗洛伊德神话中，父亲以最显然神话的方式介入，他就如那位，其欲望浮现、压碎，对于所有其他人非此不可"②。对于这一神话式的介入方式，拉康随即指出，"有必要去维护这一神话"，因为这一神话包含着关于父亲的欲望结构的某种基本东西，这不仅涉及父亲的欲望"在法则的各条道路中"如何实现"规范化（normalisation）"的问题，而且也包括父亲欲望的对象以及原因的问题③。为此，拉康还把这一神话与宗教神话进行了比较，"与宗教神话所陈述的东西相反，父亲并不是

---

① Catherine Joye-Bruno, Pierre Bruno, «Le père et ses noms» (5e partie), Érès | «Psychanalyse», 2010/3 n° 19, p.103.（Pierre Bruno 在第 6 部分纠正：第 5 部分的作者是 Pierre Bruno et Sabine Calligari。）

② Jacques Lacan, Le séminaire de Jacques Lacan, Livre X, *L'angoisse 1960-1961*, texte établi par Jacques-Alain Miller, Éditions du Seuil, 2004, p.389.

③ Ibid.

自身施因（causa sui①），而是在实现其欲望以便把它再次并入其原因（不管其是什么）、并入小 a 功能中所具有不可还原之物的事实的实现活动之中位于相当远地方的主体"②。父亲不是一种**自身施因**，无疑是对"父亲的姓名"研讨班（NdP）中上帝不是**自身施因**——奥古斯丁是一个如此明智的人，以至于我欣喜地重新发现他根本上反对任何把术语**自身施因**赋予上帝的做法③——观点的一种呼应，因为，正如拉康的欲望理论所示，"只有在欲望浮现之后才有原因，欲望之因不能以任何方式被视为与**自身施因**的二律背反性的构想相等"④。父亲不是一种**自身施因**，也就是说，法则（父亲作为法则）不是一种**自身施因**，法则无法通过否定性（禁忌）机制而自身构成，相反，正是（父亲的）欲望造成了法则，拉康这么说，"奥狄浦斯神话意味着，父亲的欲望正是造成法则的东西"⑤。当然，这并不是说，欲望是法则的原因，而是说，"欲望和法则在这一意义（即他们有共同的对象）上是同一回事"，两者是一种共生的关系，因为，一方面，"奥狄浦斯神话只意味着这一点，即，在原初，欲望、父亲的欲望与法则是独一回事且同一回事"，另一方面，"只有法则功能才能勾勒出欲望道路"；更进一步说，

---

① 一般译为"自因"，然而拉丁文"sui"是反身代词"se"的属格，通常作为一种对象性属格，"causa sui"讲的是"施因／造成"这个动作或活动反身运用到自身的情形，法译"cause de soi"和英译"cause of itself"看起来并不能有效传递这层意思，相反，它们有时容易引起误解，譬如容易被解读为"自己的原因或自因"。另外，从汉语角度看，汉语词汇"自恋"、"自信"和"自责"等等，其中"恋"、"信"和"责"无一不是动词（或者说动词名词一体），能够很好地体现出各个"动作或活动反身运用到自身的情形"，而汉语词汇"自因"中的"因"只是名词，无法体现出名词"原因"的动词"施因／造成"的涵义，即便把"自因"解释为"自身为因"，也不精确，因为"成为原因"严格说来并不是名词"原因"的动词涵义。我们主张译为"自身施因"。

② Jacques Lacan, Le séminaire de Jacques Lacan, Livre X, *L'angoisse 1960-1961*, Seuil, 2004, p.389.

③ Jacques Lacan, *Des Noms-Du-Père*, Seuil, 2005, p.77.

④ Ibid.

⑤ Jacques Lacan, Le séminaire de Jacques Lacan, Livre X, *L'angoisse 1960-1961*, Seuil, 2004, p.126.

当一切围绕母亲（人们更倾向于说女人）的欲望组织起来时，有一种命令，"它被引入到欲望的结构本身之中，在其中非此不可；一言之，人们欲求命令"①。由此可见，在一开始，在原初意义上，欲望与法则不但不是对立的，反而还是共生的、相伴的，因为有了父亲的爱，欲望欲求法则，法则勾勒欲望的轨迹。精神分析师皮埃尔·布鲁诺和萨毕娜·卡利加里为此指出，"欲望与法则的［这样］关系的确就是阻拦主体通达事物的那个东西，但并不就此就是一个诱饵(leurre)"②，相反，就弗洛伊德的作为法则的父亲理论而言，由于这一理想父亲理论依据神经症患者构思模式，"理想父亲是神经症患者从父亲的象征功能中得出的一种后果，这一象征父亲就形象地表示作为'其各种欲望主人③'的一种父亲的诱饵"④。简言之，原初意义上的父亲既不是一个**自身施因**，也不是其各种欲望的主人，在原初的父亲身上我们看到欲望与法则相生相伴；而弗洛伊德的父亲理论把死去的父亲视为法则，恰恰是神经症患者追求父亲理想的一种表现，且由此成为一种迷惑人的诱饵。

第三节　奥狄浦斯的彼岸与实在父亲

拉康通过质疑弗洛伊德的部落父亲的神话、质疑作为法则的父亲的理想性，进而开始质疑弗洛伊德，质疑弗洛伊德制造这一神话的欲望，质疑弗洛

---

① Ibid.

② Catherine Joye-Bruno, Pierre Bruno, «Le père et ses noms» (5e partie), Érès ｜ «Psychanalyse», 2010/3 n° 19, p.104.（Pierre Bruno 在第 6 部分纠正：第 5 部分的作者是 Pierre Bruno et Sabine Calligari。）

③ Jacques Lacan, «Subversion du sujet et dialectique du désir dans l'inconscient freudien», repris dans les *Écrits*, Seuil, 1966, p.824.

④ Catherine Joye-Bruno, Pierre Bruno, «Le père et ses noms» (5e partie), Érès ｜ «Psychanalyse», 2010/3 n° 19, p.100.（Pierre Bruno 在第 6 部分纠正：第 5 部分的作者是 Pierre Bruno et Sabine Calligari。）

伊德作为分析师的欲望。根据精神分析师皮埃尔·布鲁诺等人说法，1963年"国际精神分析学联合会（IPA）制裁拉康，因为他开始质疑弗洛伊德在编造这一神话之中的欲望"①。这一说法虽然不是直接出自拉康之口，但无疑是很有道理的。我们在前言中已经指出，围绕拉康1963年被迫离开法国精神分析学协会这一公案，现在有不少材料面世：从国际精神分析学联合会解禁的材料来看，他们给法国精神分析学协会的压力主要体现在要求后者禁止拉康参与协会的教学、培训与督导（譬如逐出教导性分析师的名单），理由是拉康在技术层面上的革新违背了弗洛伊德的标注即国际精神分析学联合会指定的标准（譬如，会诊时间应该持续至少45分钟，等等）。从拉康在"父亲的姓名"研讨班（NdP）1963年11月20日唯一一次研讨会上开头与结尾部分发言以及1964年《第11研讨班》第一次研讨会上的发言来看，他控诉国际精神分析学联合会简直就是一个教会，而他像斯宾诺莎当年被革出教门一样被逐出精神分析教会（excommunication），这是对他的迫害，也是他的部分弟子们（当时已是法国精神分析学协会主要成员）联合外部力量（IPA）对他的背叛。从收录自当时谈话、通信等其他材料来看，有一份拉康与其弟子丹尼尔·维德洛谢的交谈记录具有极高的研究价值：拉康借此机会表达了他对弟子们联合外人背叛他这一事件的理论性看法，即"你们全部都跟自己的父亲相处有问题，而正是由于这个原因你们一起行动来反对我"②；也就是说，拉康认为这些弟子们的父亲观出现了很大的问题。那么，他们的父亲观来自哪里呢？无疑来自他们所处的文化背景。如果说弗洛伊德的作为法则的父亲理论（部落父亲理论、死去的父亲理论、象征父亲理论）正是造成现代文明中父亲形象的衰落这一巨大的时代神经症现象的根源的话，那么他们的

---

① Pierre Bruno, Catherine Bruno, Anne Le Bihan, Ramon Menendez, Isabelle Morin et Laure Thibaudeau, «Le père et ses noms» (6e partie), Érès | «Psychanalyse», 2011/3 n° 22, p.113.

② Cf. Elisabeth Roudinesco, *Jacques Lacan. Esquisse d'une vie, histoire d'un système de pensée*, Fayard, 1993, p.338.

父亲观无疑来自弗洛伊德的父亲观。由此我们就不难明白他们企图把拉康祭为协会的图腾的"弑父"做法，可以说，正是由于他们把拉康视为类似于部落父亲的父亲形象，他们才合谋提着拉康的"头"[①]去换取来自国际精神分析学联合会的国际承认，进而"儿子们"名正言顺地获得了独立地位。简言之，弗洛伊德所构想的、基于图腾禁忌的、作为法则的父亲理论才是导致拉康弟子们在父亲观上出现问题进而背叛拉康的罪魁祸首。进一步说，他们一起行动来反对拉康的"这一原因"归根到底来自弗洛伊德，来自弗洛伊德作为精神分析学之父的欲望。而正是由于拉康的天才刚刚显露出对弗洛伊德的质疑，国际精神分析学联合会才迫不及待地予以镇压和打击，不惜代价来维持精神分析学传统父亲的权威。

与 20 世纪 50 年代初高举"回归弗洛伊德"的旗帜不同，拉康 1960 年初（如 1960 年的《弗洛伊德的无意识之中的主体颠倒和欲望辩证法》）就开始质疑弗洛伊德的父亲理论和弗洛伊德作为精神分析学之父、作为分析师的欲望问题，尤其自 1963 年底与国际精神分析学联合会决裂以来，致力于揭示父亲的理想形象不仅是神经症患者的幻想，更是弗洛伊德本人的幻想。譬如他在 1964 年《第 11 研讨班》第一次研讨会上的最后互动环节中明确说出"确切弗洛伊德的无意识道路，正是各位癔症患者教导给弗洛伊德的东西"（我们在上节开头已经提及）。又譬如，在 1964—1965 年度《第 12 研讨班》1965 年 1 月 6 日研讨会上，他对"Signorelli"例子做了重新解释。我们知道，弗洛伊德在《日常生活的心理病理学》一书的第一章中，曾经详细分析了一个关于名字暂时遗忘的例子，那就是著名的"Signorelli"例子。故事发生在弗洛伊德去 Herzegovina（黑塞戈维那）的旅途中，与他同行的还有一人，他们交谈的话题涉及意大利，当弗洛伊德问其旅伴是否曾在 Orvieto 看到过著名的壁画"最后的审判"时，突然间记不起壁画作者 Signorelli 的名

---

① Cf. Jacques-Alain Miller, «Indications bio-bibliographiques» pour «Introduction aux Noms-du-Père», dans *Jacques Lacan, Des Noms-Du- Père*, Seuil, 2005, p.107.

字了。按照弗洛伊德本人的说法，尽管他肯定自己知道 Signorelli 这个名字，但是一时间却怎么也想不起来了。相反，脑海中却出现 Botticelli 和 Boltraf-fio 这两个根本没有看到过的词。这是怎么回事呢？他在文中用置换机制解释了这一现象。他是这样来分析的，首先，他把 Signorelli 一词分为两部分：其一是 signor；其二是 elli。第二部分 elli 显然已在 Botticelli 一词中出现了。至于第一部分 signor，为什么没有在记忆中出现呢？他认为，这是因为，si-gnor 一词由于与被压抑的话题（the repressed topic）有关联而遭到了压抑。①简言之，signor 一词被压抑了。弗洛伊德通过一系列联想分析，认为 signor（意大利语医生）部分与 Herzegovina 中的 Herr（德语医生或先生）、土耳其病人的亲友回应中的 Herr（德语医生）以及弗洛伊德一个病人叙述中的 Herr（德语医生）之间有着极大的关联性，而且这种相关性使 signor 与性话题即被压抑者——因为弗洛伊德自己说他不愿在陌生人面前谈论性话题——连在了一起，从而作为被压抑者的替身而遭到了压抑。拉康曾经在 1953—1954 年度《第 1 研讨班》1954 年 2 月 1 日研讨会上对弗洛伊德的这一分析展开了剖解，虽然提出了与弗洛伊德不同的观点，即性话题事实上并没有完全被压抑，因为，就如弗洛伊德自己在分析文本中指出的那样，性话题事实上通过死亡话题在 traffio 中表现了出来②；但总体上与弗洛伊德一样都强调置换机制在此所起的作用。到了 1965 年 1 月 6 日研讨会上，拉康则把 Signorelli 与弗洛伊德的名字（Sigmnud）联系在一起，当讲到弗洛伊德在例子中"遗忘或失去了什么"时，拉康这样回答道，"至于我，我将更愿意倾向于——去看到 signor 的 'o' 根本没有失去且甚至没有在这一 Boltraffio 和这一 Botticelli 中重复——去思考正是 'sig'，它同样也是 Sigmund FREUD（西

① Sigmund Freud, *The Psychopathology of Everyday Life*, S.E. VI, pp.2-5.

② Jacques Lacan, Le séminaire de Jacques Lacan, Livre I, *Les écrits techniques de Freud 1953-1954*, Seuil, 1975, p.58.

格蒙德·弗洛伊德）的［符号］标记者（signans①）"②。也就是说，拉康质疑弗洛伊德在此遗忘的正是他自己的名字；或者，按照弗洛伊德说法，如果有什么东西被压抑了的话，那正是弗洛伊德的名字。而这些其实都涉及作为分析师的弗洛伊德的欲望问题。拉康质疑作为精神分析学之父的弗洛伊德的欲望，已经让国际精神分析学联合会寝食难安，在此开始质疑作为分析师的弗洛伊德的欲望问题，等同于跟精神分析学"教会"宣战，同时也表明他逐渐真正地跟弗洛伊德分道扬镳。

从 1964—1965 年度《第 12 研讨班》开始，拉康引入新的拓扑学参照，尤其是克莱因瓶，以此来表示主体的欲望与大他者欲望的关系问题。由于"大他者并没有被欲望（désiré）"，而总是"欲望性的（désirant）"，"决定性的"，所以理解"［主体的］欲望与大他者的欲望之间的连结"就成了一种"根本性疑难问题"，也就是说，"主体的欲望不可还原地不与大他者的欲望扭结在一起"，而这一点是"支撑不住的，需要介质"；在拉康看来，"主要的介质……就是法则，就是被某种被称为'父亲的姓名'的东西所支撑的法则，换言之，就是一个被认同所表述的、完全确切的域（registre）"；而问题是，我们无法用欧氏几何来表示这一域，相反，克莱因瓶的好处就在于，它可以表示出，譬如在移情中，"某种认同"可以"填充（suppléer）"主体的欲望和大他者欲望之间的这一连结③。在一篇名为《1964—1965 年度研讨班概述》的小文中，拉康以确切的方式指出了用来填充或连接主体的欲望和大他者欲望之间的连结的这一认同，也就是我们

① "signans（标记者）"和"signatum（被标记者）"是拉康从斯多葛学派中借来的一组概念，把它们放在与能指（signifant）与所指（signifié）同列之中。（Cf. Jacques Lacan, *Problèmes cruciaux pour la psychanalyse,* Séminaire 1964-1965, inédit, version Staferla, séance le 16 Décembre 1964）

② Jacques Lacan, *Problèmes cruciaux pour la psychanalyse,* Séminaire 1964-1965, inédit, version Staferla, séance le 6 Janvier 1965.

③ Jacques Lacan, *Problèmes cruciaux pour la psychanalyse,* Séminaire 1964-1965, inédit, version Staferla, séance le 3 février 1965.

在前面已经述及的作为第一认同的与父亲的认同，"由此人们觉察到，主体的存在就是一种缺乏之缝合（la suture d'un manque）。确切地说，这是关于这样一种缺乏，它躲避（se dérobant）在数中，用其复现（récurrence）来支持数——但是在这一点中，它只有成为那种缺乏于能指的东西以便成为主体的'一'才去支持数：这就是我们在其他文本中称之为元划的这一术语，而元划就是将起作用为理想性的一种最初认同之记号"①。在此我们可以看到拉康别样的存在观，一方面，他认为主体的存在不是巴门尼德的"一"，而是与缺乏相关的东西，正如他把能指侵入实在界所留下的"洞孔称之为存在或虚无"②一样，另一方面，主体总是欲望要去填充这一缺乏留下的空隙。对此，拉康这样总结道，"主体被劈开，同时成为记号的效果（effet de la marque）和其缺乏的支撑（support de son manque）"③。正是从这样的与缺乏紧密相连的主体观出发，我们才能正确理解作为第一认同的与父亲（父亲的姓名）认同是主体欲望与大他者欲望之间的连结，也是对其中空隙的一种填充。与此同时，在 1965—1966 年度《第 13 研讨班》（《精神分析学的对象》）1965 年 12 月 1 日第一次研讨会上——这期首次研讨会也是应高等研究实践学院第 6 区邀请进行的讲座，讲座内容就是后来著名的《科学与真理》一文，收于《文集》最后——当拉康说"精神分析学从本质上说就是那种在科学考虑之中重新引入'父亲的姓名'的东西"④ 时，他同样是想把某种缺乏维度引入传统认识论，从而立足于另一个角度来探讨科学认识、真理等问题。

---

① Jacques Lacan, «*Problèmes cruciaux pour la psychanalyse*, compte rendu du Séminaire 1964-1965», dans les *Autres écrits*, Éditions du Seuil, 2001, p.200.

② Jacques Lacan, Le séminaire de Jacques Lacan, Livre I, *Les écrits techniques de Freud 1953-1954*, Seuil, 1975, p.297.

③ Jacques Lacan, «*Problèmes cruciaux pour la psychanalyse*, compte rendu du Séminaire 1964-1965», dans les *Autres écrits*, Seuil, 2001, p.200.

④ Jacques Lacan, «La science et la verité», dans les Écrits, Seuil, 1966, pp.874-875.

　　1968 年五月风暴使拉康 1967—1968 年度的《第 15 研讨会》中断。拉康声明支持学生运动，但从一开始就不看好这一运动，甚至从某种意义上说，早就预见了其失败的后果，皮埃尔·布鲁诺等人形象地概括为，"人们知道，与'68 运动'结成一体的拉康并不缺乏去发现其失败的原因，即，总的来说太轻信部落父亲神话及其谋杀带来的诸种安抚性好处。'68 运动'的这种布局在任何情况中在其支配性模式下幻想把任何欲望都转换为享乐，且因此幻想解决享乐"①。我们在这里再次看到，拉康对于弗洛伊德的作为象征功能的父亲理论——部落父亲、全享乐父亲、作为法则的父亲等等，而且弗洛伊德人为地把之等同为奥狄浦斯情结中的父亲、神经症患者眼中理想的父亲——保持着继续的批判态度。

　　到了 1969—1970 年度的《第 17 研讨班》，拉康以一种全新方式重拾实在父亲话题，试图以此为出发点对弗洛伊德的父亲理论做一次总的清算。拉康从弗洛伊德从宗教中继承而来的父亲观出发，"弗洛伊德保留下来（实际上如果不是有意图的话）的东西，非常确切地说就是他表示为宗教中最具实体性的东西，即，一个全爱的父亲（un père tout-amour）观念。这正是我刚刚跟你们提及的那篇文章中他抽离出来的三种认同形式的第一种形式所表示的东西——父亲的爱，在这一世界上第一个要去爱的人就是父亲。离奇的幸存。弗洛伊德相信这一点将使宗教蒸发，而这真的就是他用这一奇怪的由父亲所构成的神话所保留的实体本身"②。我们在前面已经有所指出，弗洛伊德本人明确说第一认同是与父亲的认同，拉康也坚持这一观点，从字面意义上看相似的观点，并不能抹杀两者根本的差异。在弗洛伊德的图腾崇拜理论中，儿子们"通过这一态度……实现了某种与父亲的和解"，换言之，"图

---

　　① Pierre Bruno, Catherine Bruno, Anne Le Bihan, Ramon Menendez, Isabelle Morin et Laure Thibaudeau, «Le père et ses noms» (6e partie), Érès | «Psychanalyse», 2011/3 n° 22, pp.121-122.

　　② Jacques Lacan, Le séminaire de Jacques Lacan, Livre XVII, *L'envers de la psychanalyse 1969-1970*, texte établi par Jacques-Alain Miller, Éditions du Seuil, mars 1991, p.114.

腾体现了就如与父亲缔结的一种盟约"①，从而仍然可以纳入爱父亲的范围之中，或者按拉康的说法，"某种次序源自对于这一死去的父亲的爱"，然而，这其中有"大量的自相矛盾"，那么，这里是不是有什么东西被掩盖了呢？"涉及掩盖了什么呢？那就是，一旦他进入了我们正在指引我们朝向的主人论说（discours du maître）的领域，父亲在源头上就是被阉割的（castré）"②。也就是说，弗洛伊德用作为法则的理想父亲理论掩盖了父亲在源头上被阉割的倾向，"这就是弗洛伊德由之而给出的理想化的形式，那种东西完全被戴上了面具"③。在精神分析的文献中，我们经常能够看到实在的父亲是一个阉割者——尽管弗洛伊德和拉康都争辩临床中常见的往往是母亲扮演着阉割者角色——类似的说法，对于作为被阉割者的父亲的说法，除了出自个案中的患者，我们没有遇到过。那么，拉康在此想要表达什么意思呢？上述引文中的"主人论说"可以帮助我们解开这个谜语。我们知道，主人论说隶属于四大论说理论之一，也是拉康在《第17研讨班》中提出的一种新理论。这一"朝向"告诉我们，这一阉割不是谋杀父亲的后果，而是一种语言的后果。从人类的源头上来看，最初的抹掉即文字的诞生可以说是一种原初阉割的表现，因为，如果说最初与作为独划的"1"的认同便是第一认同，便是与父亲的认同，那么，父亲在某种意义上说就是原初作为独划的"1"。由此也可以看到，正是在这一语言后果的意义上，拉康与弗洛伊德对于"第一认同便是与父亲的认同"观点的把握出现了根本性的差异。

如何进一步具体理解这一观点，拉康选择回到索福克勒斯三大悲剧即奥狄浦斯三部曲，而非弗洛伊德把之与部落父亲（全享乐父亲、作为法则的理

---

① Sigmund Freud, *Totem et tabaou. Interprétation par la psychanalyse de la vie sociale des peuples primitifs*, version numérique par Jean-Marie Tremblay, p.110. 中译本参见前引文献，[奥]弗洛伊德：《图腾与禁忌》，邵迎生译，长春出版社2010年版，第103页。

② Jacques Lacan, Le séminaire de Jacques Lacan, Livre XVII, *L'envers de la psychanalyse 1969-1970*, Seuil, 1991, p.115.

③ Ibid.

想父亲）联系起来的奥狄浦斯情结。拉康首先指出了一个人人皆知却往往被人所忽视的细节，那就是，奥狄浦斯之所以能够当上忒拜城的国王并且娶了其母伊俄卡斯忒 (Jocaste)，并不是因为他杀死了其父亲即老国王拉伊俄斯 (Laïos)，而是因为他解答了斯芬克斯之谜（l'énigme de la sphinge），"重要的是，奥狄浦斯被伊俄卡斯忒所接纳，那是因为他战胜了一种真理检验(une épreuve de vérité)"①。而且，事实上，奥狄浦斯对于真理(真相) 有一种执着，譬如在《奥狄浦斯王》剧中，到了其身份即将揭穿的最后时刻，他不听已经猜出真相的伊俄卡斯忒的劝告"看在天神面上，如果你关心自己的性命，就不要再追问了"、"我求你听我的话，不要这样"和"我愿你好，好心好意劝你"等等，坚持要找出真相，"我不听你的话，也要把事情弄清楚"②。所以，这里无可争议地涉及真理（真相）问题。可是，当奥狄浦斯说出真相后，他就抹掉了作为问题的真理（真相）。于是，"对于奥狄浦斯来说，真理问题被更新了，那么，它通向何处呢? 通向这一点，即，我们初步估计能够与某种至少与一种阉割所付出的代价相关的东西相认同"③。这个被更新的真相便是奥狄浦斯的身份最终被揭穿了，伊俄卡斯忒羞愤自杀，奥狄浦斯自己刺瞎双眼。这个刺瞎在某种意义上便是一种阉割，然而在此，奥狄浦斯并不显示为被阉割者（被刺瞎者），而更多地表现为阉割本身，"在这一对象 [被刺瞎滚落的双眼] 本身之中，我们看到的难道不是，奥狄浦斯并不是沦落到去遭受阉割，而是就如我说的更多地被迫成为阉割本身?"④ 为什么呢? 拉康认为，这是因为"阉割从父亲传递到了儿子"⑤，也就说，老国王拉伊俄斯在不知情

---

① Ibid., p.135.

② [古希腊] 索福克勒斯:《俄 [奥] 狄浦斯王》，罗念生译，见《罗念生全集》第二卷，上海人民出版社 2004 年版，第 374—375 页。

③ Jacques Lacan, Le séminaire de Jacques Lacan, Livre XVII, *L'envers de la psychanalyse 1969-1970*, texte établi par Jacques-Alain Miller, Éditions du Seuil, mars 1991, p.140.

④ Ibid.

⑤ Ibid., p.141.

（"他不知道"）的情况下被杀（被阉割），由此，阉割就从父亲传递给儿子。这一传递有点像索福克勒斯的奥狄浦斯三部曲中另一部《安提戈涅》剧中所暗示的灾祸（ἄτη）在奥狄浦斯家族中传递那样。忒拜国王拉伊俄斯曾经拐走珀罗普斯（Pelops）的儿子克律西波斯（Khrysippos），这孩子一离家就自杀了，珀罗普斯因此诅咒拉伊俄斯没有好报；后来拉伊俄斯果然被俄狄浦斯所杀，俄狄浦斯自残后流亡外乡，俄狄浦斯两个儿子自相残杀，说明灾祸（ἄτη）就像链条一样代代传递，故歌词这样唱道："一个人的家若是被上天推倒，什么灾难都会落到他头上"，"从拉布达喀代家中的死者那里来的灾难是很古老的，我看见它们一个落在一个上面，没有一代人救得起一代人，是一位神在打击他们，这个家简直无法挽救"[①]。在《安提戈涅》剧中，安提戈涅通过自愿的死（欲望）终止了命运／灾祸对其家族的惩罚之链。那么，这个阉割的传递呢？是不是由于奥狄浦斯成为阉割本身而终止了呢？弗洛伊德对此持什么态度？拉康又持什么观点呢？

在《图腾与禁忌》中，弗洛伊德明确把图腾崇拜中"两个根本塔布"（即禁止宰杀图腾和乱伦禁忌）与"奥狄浦斯情结中两个被抑制的欲望"（即杀父娶母）联系起来，认为儿子们对部落父亲的原初谋杀正是奥狄浦斯情结中被抑制的弑父原型。这里至少有以下几点混淆：其一，根据对部落父亲的达尔文主义的构想，儿子们反抗全享乐父亲进而杀死后者完全是一个蓄谋已久的、有意的谋杀，相反，奥狄浦斯是在完全不知情（"他不知道"）下失手打死了他的可谓素不相识的父亲。其二，后来建立氏族社会的儿子们为了掩盖他们弑父的罪行，创立了图腾餐的仪式，试图以此说明谋杀原始父亲为的是与之认同，为的是吸收父亲的力量，"他们通过吸收行为实现了

---

① ［古希腊］索福克勒斯：《安提戈涅》，罗念生译，见《罗念生全集》第二卷，上海人民出版社 2004 年版，第 311—312 页（以及第 335 页注释 79—80，第 331 页注释 2）。Cf. Sophocle, *Antigone*, bilingue, traduction française par Leconte de Lisle, vers 583-591: http://remacle.org/bloodwolf/tragediens/sophocle/Antigone.htm.

他们与父亲的认同（identification），每个人把父亲的部分力量占为己有"①，也就是说，为的是自己也成为父亲，同时，他们把弑父的欲望压抑了。而在奥狄浦斯剧中，当奥狄浦斯的身份真相大白之后，他大喊，"天光呀，我现在向你看最后一眼！我成了不应当生我的父母的儿子，娶了不应当娶的母亲，杀了不应当杀的父亲②"，随即又冲进伊俄卡斯忒的寝宫，放下上吊自杀的王后，从后者袍子上摘下两只金别针，"举起来朝着自己的眼珠刺去，并且这样嚷道：'你们再也看不见我所受的灾难，我所造的罪恶了！'"③我们在此看不到奥狄浦斯对弑父行为的掩盖，也看不到所谓被压抑的弑父欲望的问题，相反，就如我们在《安提戈涅》剧中清楚地看到的那样，奥狄浦斯无意中（"他不知道"）犯下的弑父娶母的罪行都是命运／灾祸（ἄτη）对其家族的惩罚。其三，儿子们通过建立图腾崇拜实现了与父亲的和解，或者说，实现与父亲的结盟，弗洛伊德从此出发把作为图腾的父亲与作为法则的父亲等同起来，于是产生了所谓理想父亲的问题。而在奥狄浦斯剧中，无论是被奥狄浦斯失手杀害的父亲拉伊俄斯，还是在悔恨中度过一生的奥狄浦斯，我们在他们身上都没有看到作为典范（法则）的理想父亲形象。那么，弗洛伊德把两者等同起来的依据是什么呢？拉康在《第17研讨班》1970年3月11日研讨会的最后称"奥狄浦斯情结为弗洛伊德的一个梦（rêve）"，隐晦地批评了弗洛伊德把奥狄浦斯情结建立在作为法则的父亲（部落父亲、作为图腾的父亲）理论之上而实际上脱离了奥狄浦斯剧本的做法，换言之，弗洛伊德把两者等同起来的依据其实是其想象的产物，他由之建

---

① Sigmund Freud, *Totem et tabaou. Interprétation par la psychanalyse de la vie sociale des peuples primitifs*, version numérique par Jean-Marie Tremblay, p.108. 中译本参见前引文献，[奥]弗洛伊德：《图腾与禁忌》，邵迎生译，长春出版社2010年版，第101页。

② [古希腊]索福克勒斯：《安提戈涅》，罗念生译，见《罗念生全集》第二卷，上海人民出版社2004年版，第378页。

③ [古希腊]索福克勒斯：《安提戈涅》，罗念生译，见《罗念生全集》第二卷，上海人民出版社2004年版，第380页。

立起来的父亲理论并不是一种科学的理论构想。

弗洛伊德的构想可以简述为：一方面，弗洛伊德用父亲的死亡掩盖了我们前面已经提及的原初阉割，掩盖了父亲在源头上是一个被阉割者（作为抹掉的独划的"1"，奥狄浦斯家族中进行传递的阉割本身）的真相，另一方面，弗洛伊德通过图腾禁忌理论把死去的父亲与作为法则的父亲等同起来，从而把死去的父亲视为一种理想父亲，进一步掩盖了原初阉割。拉康对此进行进一步剖析，认为弗洛伊德实际上把死去的父亲和享乐等同起来，"在死去的父亲和享乐之间因此就形成了等同"，而且"捍卫了它［这一等同］"① 的也是弗洛伊德本人。然而，为何死去的父亲和法则的等同在拉康眼中转变为死去的父亲和享乐的等同呢？那是因为，"死去的父亲就是捍卫享乐的那位，这一点就是这种东西，对于享乐的禁止由此而出，享乐来自于它"②，也就是说，首先是死去的父亲与享乐之间的关系，死去的父亲与法则之间的关系则是派生的，因为法则正是对享乐的禁止。之所以说死去的父亲与享乐之间的关系是首要的，那是因为，"任何人诞生自一个父亲，人们告诉我们，因为父亲是死去的，他作为人并不享乐他需要加以享乐的东西"，因为这里还有一个"对于死亡这一不知"（"他不知道"）的层面；而正是从这一不知的层面出发，拉康认为弗洛伊德把死去的父亲与享乐等同起来的做法触及了另一个更为根本的维度，那就是实在，"死去的父亲是享乐这一情形向我们呈现为不可能者（l'impossible）本身的符号……实在，就是不可能者"③。也就是说，死去的父亲的问题，或者说父亲本身的问题，在根本上涉及与实在的关系。弗洛伊德没能看到这一深度，简单地把死去的父亲等同于作为法则的父亲、等同于理想父亲，从而掩盖了这一

---

① Jacques Lacan, Le séminaire de Jacques Lacan, Livre XVII, *L'envers de la psychanalyse 1969-1970*, texte établi par Jacques-Alain Miller, Éditions du Seuil, mars 1991, p.143.

② Ibid.

③ Ibid.

原初面目。也正是在此，拉康提出了其后期父亲理论所涉及的关键词汇即"奥狄浦斯的彼岸"，他这么说，"实际上，在奥狄浦斯神话的彼岸（au-delà du mythe d'Œdipe），正是在那里，我们认出了一个运作者，一个结构性运作者（un opérateur structurel），用实在父亲（père réel）来称呼的运作者——我将说，用这一特征，即，以范式的名义，运作者同样是处于弗洛伊德系统中心的来自实在界的父亲（père du réel）所是东西的升级，后者把不可能者这一术语置于弗洛伊德陈述的中心"①。我们从中可以看出，拉康关于"奥狄浦斯的彼岸"的观点，矛头首先瞄准的恰恰是弗洛伊德的奥狄浦斯情结的普遍性问题。根据拉普朗虚和彭大历斯在《精神分析学的词汇》一书中相关小结②，尽管弗洛伊德对于奥狄浦斯理论并没有一个系统性的阐述，但是从一开始他就肯定奥狄浦斯的普遍性，譬如在《性学三论》中他这样说，"这个星球上每位新生者都将面临征服奥狄浦斯情结的任务"③。如果说列维-斯特劳斯把乱伦禁忌视为兼具自然普遍性和文化规范的一种特例——"乱伦禁忌没有丝毫歧义地表现出两种不可分离地结合在一起的特征，我们从这两种特征看到了两种相互排斥的秩序的矛盾属性：乱伦禁忌构成一种规则，但是所有社会规则中只有这一规则同时具有一种普遍性特征"④——从而在某种意义上支持了奥狄浦斯情结的普遍性的话，那么，拉康在此提出的"奥狄浦斯的彼岸"的观点在某种意义上来说恰恰在质疑奥狄浦斯情结的普遍性。

想要正确理解"奥狄浦斯的彼岸"概念，需要从实在父亲概念出发。实在父亲概念是拉康晚期父亲理论的核心概念。他这样说，"正是在各种行动者的层面上，我那么保持为更少明示的，并不是没有指出这点。父亲，实在

① Ibid.

② Jean Laplanche et J.B. Pontalis, *Vocabulaire de la Psychanalyse*, Puf, 1967, pp.79-84.

③ Sigmund Freud, *Three Essays on Sexuality*, S.E.VII, p.226 note1.

④ Claude Lévi-Strauss, «Introduction», *Les structures élémentaire de la parent*é, Reprint of the 2. ed. 1967, Berlin, New York: Mouton de Gruyter, 2002, p.10.

父亲，只是阉割的行动者——而且这正是对于如不可能的实在父亲的肯定注定给我们戴上面具这一情形"①。当然，这不是说父亲是一个实际的阉割者（castrateur），因为这是一种"幻相（fantasme）"，而且，"弗洛伊德喜爱的任何神话形式都没有给出这种说法"②。拉康随后对"行为（acte）"一词进行了分析，认为精神分析学的行为首先在于它"只有文本的行为"意义。其次认为它"在此无法拥有开始行为，在任何情况下都不可以被形容为谋杀的开始行为。神话在此只有以下意义，即我把之还原为那种行为的意义，就是关于不可能者的一种陈述的行为的意义"，再次认为它在"这一如此完整地被表述且法则位于其中的领域之外不会有行为"。最后总结为，"没有其他行为，而只有这种行为，即它参照这一指称性表述的各种后果"，并且指出，"实在父亲的功能来自行为的本性"③。也就是说，要理解精神分析的行为，要理解实在父亲的功能，需要从语言（指称性表述）的角度出发，因为，"作为语言构造的实在父亲……实在父亲只是一种语言后果，并没有其他实在的东西"④。由此出发，阉割行为也被拉康界定为一种语言的后果，"阉割，正是通过如这样的能指影响（l'incidence du signifiant）而被引入到性关系之中的实在的运作。不言而喻的是，它决定父亲作为我们说过的这一不可能的实在"⑤。总之，阉割和实在父亲都是语言的后果，作为原初阉割，可以视为语言的原初作用，而实在父亲作为阉割的行动者，也只是一种语言性行为；在此基础上，通过语言的作品，展开了阉割本身、实在父亲与欲望和法则的复杂关系，拉康小结如下："现在应该关系到去知道这一阉割意味着什么，它并不是一种幻相，由它造成的后果即只有被这一运作所产生的欲望的原因，

---

① Jacques Lacan, Le séminaire de Jacques Lacan, Livre XVII, *L'envers de la psychanalyse 1969-1970*, Seuil, 1991, p.145.

② Ibid.

③ Ibid.

④ Ibid., pp.147-148.

⑤ Ibid., p.149.

以及幻相支配整个欲望现实即法则。"①

拉康晚期提出的这一新的实在父亲，已经超出了早期三元父亲中的实在父亲。我们在前面已经指出，拉康虽然在 20 世纪 50 年代初期提出三元父亲时已经提出实在父亲概念，但对之并没有详尽展开，有时把之视为现实的父亲，有时把之视为与母亲一样起到阉割威胁的阉割者角色。只有到了《第17 研讨班》，拉康才开始真正阐述实在父亲的概念。首先，他把实在父亲置于一种不可能者的位置上，也称之为"来自实在界的父亲"，这与其实在性相一致；其次，他把实在父亲置于奥狄浦斯的彼岸的位置上，把之视为一种结构性的运作者；最后，他称实在父亲是阉割的行动者，并不是直接的阉割者，在此，阉割根本上表现为一种语言后果。从这些相关的论述来看，理解的难点显然在实在父亲与奥狄浦斯情结之间的关系上。我们知道，拉康曾经与弗洛伊德一样，认为奥狄浦斯情结就是精神分析学的核心思想，早在 1953—1954 年度《第 1 研讨班》1954 年 2 月 17 日研讨会上，他这样来维护弗洛伊德的这一核心思想，"不顾奥狄浦斯关系内部包含的材料有多丰富，人们不能揭下弗洛伊德给出的这张图式。这一图式应该被保持为基本性的，因为，你们将看到为什么，它不但对于主体的任何理解而言，而且对于它（ça）或无意识通过主体而获得的任何象征实现而言，都是真正根本性的"②。到了 1955—1956 年度《第 3 研讨班》1956 年 4 月 18 日研讨会上，拉康又声称奥狄浦斯的基本性，"当我们说，为了人类存在能够进入一种关于实在的人类化的结构（une structure humanisée du réel），奥狄浦斯情结是基本性的，这一点并不意味着其他"，同时把奥狄浦斯的结构视为一种象征结构，"如果我们在奥狄浦斯名义下局部化的领域不是一种象征结构，这一点就是不可思议的"，因为精神分析经验显示，奥狄浦斯经验"暗含着对于这

① Ibid.

② Jacques Lacan, Le séminaire de Jacques Lacan, Livre I, *Les écrits techniques de Freud 1953-1954*, Seuil, 1975, p.79.

样的象征关系的征服"①。可是后来他看到了奥狄浦斯情结的局限，到了《第
17研讨班》中提出要超越奥狄浦斯情结，即所谓的"奥狄浦斯情结的彼岸"
问题。奥狄浦斯情结的局限是阉割情结的局限，在某种意义上也是象征界的
局限，也就是说，奥狄浦斯情结在拉康看来原本只具有象征的结构，譬如，
与象征父亲的认同就表示奥狄浦斯情结的落幕等等，后来却成了三元式扭结
（三元父亲＝父亲的姓名）都解决不了的问题，其中很大的一个问题就是实
在父亲的位置问题。

根据拉康晚期（《第17研讨班》及之后）提出的实在父亲理论，我们
发现，实在父亲不再是三元父亲中的一元，不再服从三元结构，相反它表
现为走出三元结构，走向彼岸，表现为位于彼岸（奥狄浦斯彼岸）的一种
结构性运作者。为了进一步说明这一实在父亲，拉康还用了一些不同的名
称。在1971—1972年度的《第19研讨班》1972年6月1日研讨会上，拉
康用"l'é-pater"来形容父亲功能，"人们对'家庭的父亲'（*pater familias*）
探究了很多。应该更好地聚焦我们能够从父亲功能中所要求的东西。父性
不负责任或父性缺失（carence paternelle）的这一历史，人们干吗喜欢它啊！
有一个危机，这是一个事实，这并不完全是错的。简言之，'l'é-pater'不再
使得我们惊愕（épate）。我已经指出，这不是奥狄浦斯，这糟糕透了，如果
父亲是立法者，这就是视谢尔伯法官如孩子一样，没有其他东西了。不管
在什么层面上，父亲就是那位应当令家庭惊愕（épater la famille）的那位。
如果父亲不再令家庭惊愕，人们自然将找到更好的。不是被迫说这应该是
肉体的父亲（père charnel），总是有一个令家庭惊愕的父亲，家庭中每个人
都知道这是一群奴隶。有另外其他人对这点惊愕"②。不难看到，拉康此处在

---

① Jacques Lacan, Le séminaire de Jacques Lacan, Livre III, *Les psychoses 1955-1956,* Seuil,
1981, p.224.

② Jacques Lacan, Le séminaire de Jacques Lacan, Livre XIX, *... ou pire 1971-1972*, texte établi
par Jacques-Alain Miller, Éditions du Seuil, 2011, p.208.

"pater（父亲）"、"épater（使惊愕）"和"l'é-pater"之间玩了个文字游戏，认为前缀"é"就是对全享乐父亲或部落父亲的否定，而父亲实际上处于"一个x"①位置，处于令人惊愕的位置上，它位于说"不"②的逻辑位置上，同时又是一个"1"，"有一个 1（un），它说不。这完全不等于去否定（nier），而是'unier（结合）'这一术语的这一锻造间，就如关于一个变位的动词，我们能够进一步说，就其来自分析中被父亲神话所代表的功能的东西而言，它结合（unie）"③。这样一来，这一父亲（x）既成了"0"，又成了"1"④，就如中国文化中蕴含着阴阳的太极，于是就可以建立普遍的东西。在写于1972 年的 «L'étourdit» 一文中，拉康又使用"Un-Père"⑤来表示这一实在父亲既是"0"又是"1"的特征。所谓既是"0"又是"1"的东西，已经超出了经典逻辑学的范畴。拉康晚年提出的这一新的实在父亲理论正是对这一挑战的回应。本应该作为三元父亲之一元的实在父亲出离在三元扭结之外，反而成了三元扭结的出发点（作为奥狄浦斯彼岸的阉割行动者的父亲），拉康仍然求助于拓扑理论来解释。

　　到了 1974—1975 年度《第 22 研讨班》（RSI），拉康把父亲问题重新纳入了"父亲的姓名"范畴内，只不过他不再像之前一样把"父亲的姓名"视为三元父亲的扭结统一体，因为前几年一直探讨的新的实在父亲理论使他看到了这种三元直接扭结的不可能性，相反，他提出了第四个环面概念，修正了先前的三元扭结理论，认为只有通过第四个环面，三元（三个环面）

---

　　① Ibid., p.77.

　　② 拉康在《第 21 研讨班》继续探讨实在父亲的这一说"non（不）"（Cf. Jacques Lacan, *Les non-dupes errant*, Séminaire 1973-1974, inédit, version Staferla, séance le 19 Mars 1974），正如其标题所表示，这既是"non（不）"，又呼应着"父亲的姓名"中同音的"nom（姓名或名字）"。

　　③ Jacques Lacan, Le séminaire de Jacques Lacan, Livre XIX, *... ou pire 1971-1972*, Seuil, 2011, p.213.

　　④ 拉康在《第 19 研讨班》、《第 20 研讨班》和 «L'étourdit»（1972 年）这些文本中，都讲到皮尔斯象限以及弗雷格意义上的"1"等于"0"的问题。

　　⑤ Jacques Lacan, «L'étourdit», dans les *Autres écrits*, Éditions du Seuil, 2001, p.466.

才能连结起来。在 1975 年 1 月 14 日的研讨会上，拉康第一次提出第四个环面概念，"这就是那种能够用第四个环面（quatrième tore）把象征界、想象界和实在界连结起来的东西，因为象征界、想象界和实在界被留下是独立的，在弗洛伊德的文本中是失去了控制的（sont à la dérive）。正是因为这点，弗洛伊德就需要有'一种心理现实'，后者把这三个坚固东西（consistances）连结起来"，其中明确点出这一新观点是弗洛伊德文本中不具有的，而是他自己独创的理论观点，并且认为精神分析传统应当接受这一新的理论观点（类似于哥德尔的不完备定理），"需要让弗洛伊德知道，为了它（ça）保持，最小需要四个而不是三个坚固东西，需要假定他在行于象征界、想象界和实在界的坚固性"①。我们可以通过拉康给出的图式清楚地看到这一新的理论观点，即，只有通过第四者，原本理想性的三元扭结才能有效地被连结起来：

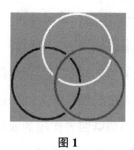

图 1

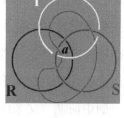

图 2

结合其理论简略图，拉康甚至给我们描述了这一第四环面的路线：

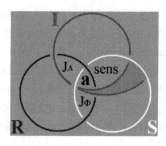

①　Jacques Lacan, *R.S.I.*, Séminaire 1974-1975, inédit, version Staferla, séance le 14 janvier 1975.

"你们看到，正是用一条线，它穿过各种领域……它们被围绕着坚固东西的某种的'走出实存'（*l'ex-sistence*①）所描绘……穿过所有的领域……在此就是在大他者的享乐之中，然后在想象界之中，然后在意义（sens）之中，然后是关于象征界的洞，横穿它，去成为一种'走出实存'之中的某个部分，这一'走出实存'是外在于象征界和实在界的……它就让返回到只是对象小 a 的名称的这个点"②。在后面的一次研讨会上，拉康继续谈论引入这一第四环面的重要性，并且把它与"父亲的姓名"直接等同起来，"我上次跟你们描述了，通过一种第四个环面的图形，在此被描述为独立的这三个环面能够被连结起来——能够和应该被连结起来——而且我甚至暗示了这一点：正是在弗洛伊德文本之中，省略了我还原到想象界、象征界和实在界，这三者在它们之中就像被连结在一起，而弗洛伊德用他的'父亲的姓名'建立起来的东西，与'心理现实'同一，与他称之为'心理现实'的东西同一，尤其与'宗教现实'同一，因为，这正是同一回事，这因而正是通过这一功能、通过这一梦功能弗洛伊德建立了象征界、想象界和实在界的连结"③。虽然拉康在此仍然把"父亲的姓名"归于弗洛伊德名下，但我们经过上面的论述显然已经看到，无论是聚焦于父性的隐喻与三元统一的中前期"父亲的姓名"理论，还是强调第四者作用的晚期"父亲的姓名"理论，"父亲的姓名"名副其实就是拉康自己的理论。拉康最

---

① 拉康并不在海德格尔使用意义上来使用这一词汇，不如说他是在希腊词 ἔκστασις 本义上来使用这一词汇的，譬如拉康在《关于〈被盗窃的信〉的研讨班》一文一开头就把"ex-sistence"直接解释为"离心的场所（place excentrique）"，并且专门用从句来形容这一离心的场所"就是我们应该安置无意识主体的地方"（cf. Jacques Lacan, "Le Séminaire sur «La lettre volée»", repris dans les *Écrits*, Seuil, 1966, p.11.），明确说明拉康用"ex-sistence"一词来指说话主体或无意识主体已经离开了实体式主体的那个"existence（实存）"中心。

② Jacques Lacan, *R.S.I.*, Séminaire 1974-1975, inédit, version Staferla, séance le 14 janvier 1975.

③ Jacques Lacan, *R.S.I.*, Séminaire 1974-1975, inédit, version Staferla, séance le 11 février 1975.

后几年在父亲问题上仍有理论阐述（如圣父与圣状、"père-version"等等），有些可以归于其晚期"父亲的姓名"理论的框架，有些很难把之归类，说明拉康的父亲理论一直在演进，也说明父亲问题正是精神分析学的核心疑难问题。

参 考 文 献

一、拉康参考文献

1.[法] 拉康:《〈被盗信件〉的讨论》,户晓辉译,译自 *Aesthetics today* 一书中的英译文,《当代电影》1990 年第 2 期。

2.[法] 拉康:《不可能有精神分析学的危机——拉康 1974 年访谈录》,黄作译,《世界哲学》2006 年第 2 期。

3.[法] 拉康:《父亲的姓名》,黄作译,商务印书馆 2018 年版。

4.[法] 拉康:《宗教的凯旋》,严和来、姜余译,商务印书馆 2019 年版。

5.[法] 拉康:《拉康研讨班七:精神分析的伦理学》,卢毅译,商务印书馆 2021年版。

6.Jacques Lacan, «Le stade du miroir, théorie d'un moment structural et génétique de la constitution de la réalité, conçu en relation avec l'expérience et la doctrine psychanalytique», communication au 14e congrès psychanalytique international, Marienbad, 2/8.8.1936, non remis pour la publication. Notes manuscrites de F. Dolto du 16.6.1936.

7.Jacques Lacan, «Au- delà du «principe de réalité» (1936), dans les *Écrits*, Éditions du Seuil, 1966.

8.Jacques Lacan, «La famille: le complexe, facteur concret de la psychologie familiale. Les complexes familiaux en pathologie», article écrit à la demande de Wallon est publié dans *l'Encyclopédie Française*, tome VIII, en mars 1938.

9.Jacques Lacan, «Le nombre treize et la forme logique de la suspicion» (1945-1946), dans les *Autres écrits*, Éditions du Seuil, 2001.

10.Jacques Lacan, «Propos sur la causalité psychique» (1946), dans les *Écrits*, Éditions du Seuil, 1966.

11.Jacques Lacan, «Intervetion sur l'exposé de J. Leuba», Communication publiée dans cette Revue *Française de Psychanalyse*, 1948, N° 2.

12.Jacques Lacan, «Le stade du miroir comme formateur de la fonction du je, telle qu'elle nous est révélée, dans l'expérience psychanalytique». Communication faite au XVIe Congrès international de psychanalyse, à Zurich le 17-07-1949. Première version parue dans la Revue Française de Psychanalyse 1949, volume 13, n° 4, pp 449-455, reprise dans les *Écrits*, Éditions du Seuil, 1966.

13.Jacques Lacan, «Introduction théorique aux fonctions de la psychanalyse en criminologie» (1950), dans les *Écrits*, Éditions du Seuil, 1966.

14.Jacques Lacan, Le Séminaire sur «L'Homme aux loups» (1951-1952), inédit, version rue CB: Notes sur L'"Homme aux Loups"; L'Homme aux Loups (n° I); L'Homme aux Loups (n° II); L'Homme aux Loups (suite n° III). Cf. http://gaogoa.free.fr/SeminaireS. htm.

15.Jacques Lacan, «Le Mythe individuel du névrosé ou poésie et vérité dans la névrose», une conférence donnée au Collège philosophique de Jean Wahl. Le texte ronéotypé fut diffusé en 1953, sans l'accord de Jacques Lacan et sans avoir été corrigé par lui, (cf. Écrits, Seuil, 1966, p.72, note n° 1). La présente version est celle transcrite par J. A. Miller dans la revue *Ornicar ?* n° 17-18, Seuil, 1978, pages 290- 307.

16.Jacques Lacan, cette transcription «Le Mythe individuel du névrosé ou poésie et vérité dans la névrose»– antérieure et différente de celle de J.-A. Miller dans *Ornicar?* – ainsi présentée par Michel Roussan en additif de sa transcription du séminaire *l'Identification*: «Cette conférence de Lacan, prononcée au Collège philosophique fut éditée une première fois, en 1956– date de dépôt légal–, par le C.D.U, puis par des éditions dites des Grandes-Têtes-Molles de notre époque, nom tout à fait légitimé par le nombre effarant d'erreurs qu'elle surajoute à la première édition. Le texte qui suit est, bien sûr, celui des éditions C.D.U, dont il semblerait qu'il ait été établi d'après un enregistrement magnétique. Nous nous sommes presque contentés de le reponctuer, hormis quelques corrections signalées par un entre-crochets-droits, de corps plus petit, de ce qui fut corrigé. Les entre-crochets-droits de même corps signalent des ajouts de notre part. Lacan a fait plusieurs fois allusion à cette conférence, notamment dans *Le moi*, XXI, 8.6.55, p.312, et dans les *Écrits*, «De nos antécédents», p.72, *n. 1*».

17.Jacques Lacan, Cette conférence «Le symbolique, l'imaginaire et le réel» fut prononcée le 8 juillet 1953 pour ouvrir les activités de la Société française de Psychanalyse. Cette version est annoncée dans le catalogue de la Bibliothèque de l'e.l.p.comme version J.Lacan. Il existe plusieurs autres versions sensiblement différentes à certains endroits, dont une parue dans le *Bulletin de l'Association freudienne*, 1982, n° 1.

18.Jacques Lacan, «Le symbolique, l'imaginaire et le réel» repris dans *Des Noms-Du- Père*, in «Paradoxes de Lacan», série présentée par Jacques-Alain Miller, Seuil, 2005.

19.Jacques Lacan, Cette première version de «Fonction et champ de la parole et du langage en psychanalyse» (1953) parut dans *La psychanalyse,* n° 1, 1956, Sur la parole et le langage, pages 81-166.

20.Jacques Lacan, «Fonction et champ de la parole et du langage en psychanalyse» (1953), repris dans les *Écrits*, Seuil, 1966, pp.237-322.

21.Jacques Lacan, les «Actes du congrès de Rome» (1953) furent publiés dans le numéro 1 de la revue *La psychanalyse* parue en 1956, «Sur la parole et le langage». On y trouve notamment un compte rendu de l'intervention de Jacques Lacan et une réponse de Lacan aux interventions. Les extraits renvoient aux pages 202-211 et 242-255 du numéro. ce texte est repris dans les *Autres écrits*, «Discourse de Rome».

22.Jacques Lacan, Le séminaire de Jacques Lacan, Livre I, *Les écrits techniques de Freud 1953-1954*, texte établi par Jacques-Alain Miller, Éditions du Seuil, 1975.

23.Jacques Lacan, *Écrits techniques*, Séminaire 1953-1954, version staferla.

24.Jacques Lacan, *The seminar of Jacques Lacan, Book I: Freud's Papers on Technique 1953-1954*, trans. by John Forrester, New York: Norton, 1991.

25.Jacques Lacan, «Introduction au commentaire de Jean Hyppolite sur la "Verneinung" de Freud»(1954), dans les *Écrits*, Éditions du Seuil, 1966.

26.Jacques Lacan, «Réponse au commentaire de Jean Hyppolite sur la "Verneinung" de Freud» (1954), repris dans les *Écrits*, Éditions du Seuil, 1966.

27.Jacques Lacan, «Introduction et réponse à un exposé de Jean Hyppolite sur la "Verneinung" de Freud», dans Le séminaire de Jacques Lacan, Livre I, *Les écrits techniques de Freud 1953-1954*.

28.Jacques Lacan, Le séminaire de Jacques Lacan, Livre II, *Le moi dans la théorie de Freud et dans la technique de la psychanalyse 1954-1955*, texte établi par Jacques-Alain Miller, Éditions du Seuil, 1978.

29.Jacques Lacan, *The seminar of Jacques Lacan, Book II: The Ego in Freud's Theory and in the Technique of Psychoanalysis*, trans. Sylvana Tomaselli. New York: Norton, 1991.

30.Jacques Lacan, Le Séminaire sur «La lettre volée» prononcé le 26 avril 1955 au cours du séminaire *Le moi dans la théorie de Freud et dans la technique de la psychanalyse* fut d'abord publié sous une version réécrite datée de mi-mai, mi-août 1956, dans *La psychanalyse* n° 2, 1957 pp.15-44 précédé d'une «Introduction», pp.1-14.

31.Jacques Lacan, "Le Séminaire sur «La lettre volée»" (1956), repris dans les les *Écrits*.

32.Jacques Lacan, *Seminar on "the Purloined Letter"*, traduit en englais par Jeffrey Mehlman, *Yale French Studies*, Issue 48, French Freud: Structural Studies in Psychoanalysis, 1972.

33.Jacques Lacan, Le séminaire de Jacques Lacan, Livre III, *Les psychoses 1955-1956,* texte établi par Jacques-Alain Miller, Éditions du Seuil, 1981.

34.Jacques Lacan, *Les psychoses*, Séminaire 1955-1956, version Staferla.

35.Jacques Lacan, *The seminar of Jacques Lacan, Book III: The Psychoses*, trans. Russell Grigg. New York: Norton, 1997.

36.Jacques Lacan, Intervention sur l'exposé de Claude Lévi-Strauss: «Sur les rapports entre la mythologie et le rituel» à la Société Française de Philosophie le 26 mai 1956. Paru dans le *Bulletin de la Société française de philosophie*, 1956, tome XLVIII, pages 113 à 119.

37.Jacques Lacan, «Situation de la psychanalyse et formation du psychanalyste en 1956», la seconde version (la première n'existe qu'en tiré-à-part) est parue dans les *Études philosophiques*, no special d'octorbre-décembre 1956 pour la commemoration du centenaire de la naissance de Freud, repris dans dans les *Écrits*, Éditions du Seuil, 1966.

38.Jacques Lacan, Le séminaire de Jacques Lacan, Livre IV, *La relation d'objet 1956-1957*, texte établi par Jacques-Alain Miller, Éditions du Seuil, mars 1994.

39.Jacques Lacan, «L'instance de la lettre dans l'inconscient ou la raison depuis Freud» fut prononcé à Paris le 9 mai 1957 devant le Groupe de philosophie de la Fédération des étudiants ès lettres Sorbonne. Il fut d'abord publié dans *La psychanalyse* (daté du 14-26 mai 1957), 1957, n° 3, Psychanalyse et sciences de l'homme, pp.47-81 avant de paraître en 1966, dans Les *Écrits*, Paris, Seuil, coll. «Le champ freudien». C'est la première publication que nous vous proposons.

40.Jacques Lacan, «L'instance de la lettre dans l'inconscient ou la raison depuis Freud» (1957), dans les *Écrits*, Éditions du Seuil, 1966.

41.Jacques Lacan, «La direction de la cure et les principes de son pouvoir», intervention au colloque international de Royaumont (10-13 Juillet 1958) et retravaillée à Pâques 1960 pour la publication dans *La psychanalyse*, 1961, n° 6, «Perspectives structurales», pp.149-206, ce texte est repris dans les *Écrits*, Éditions du Seuil, 1966.

42.Jacques Lacan, «D'une question préliminaire à tout traitement possible de la psychose», daté de décembre 1957-janvier 1958, paru dans *La psychanalyse*, 1958, n° 4, «Les Psychoses», pp.1-50, repris dans les *Écrits*, Éditions du Seuil, 1966.

43.Jacques Lacan, «La signification du phallus» (1958), repris dans les *Écrits*, Éditions du Seuil, 1966.

44.Jacques Lacan, Le séminaire de Jacques Lacan, Livre V, *Les formations de l'inconscient 1957-1958*, texte établi par Jacques-Alain Miller, Éditions du Seuil, mai 1998.

45.Jacques Lacan, Le séminaire du Docteur Lacan, sténographie de la séance du 22 janvier 1958.

46.Jacques Lacan, Le séminaire de Jacques Lacan, Livre VI, *Le désir et son interprétation,* texte établi par Jacques-Alain Miller, Éditions de la Martinière et le Champ Freudien Éditeur, juin 2013.

47.Jacques Lacan, *Le désir et son interprétation,* Séminaire 1958-1959, version Staferla.

48.Jacques Lacan, Le séminaire de Jacques Lacan, Livre VII, *L'éthique de la psychanalyse 1959-1960*, texte établi par Jacques-Alain Miller, Éditions du Seuil, septembre 1986.

49.Jacques Lacan, *The seminar of Jacques Lacan, Book VII: The Ethics of Psychoanalysis*, trans. Dennis porter. New York: Norton, 1997.

50.Jacques Lacan, «Remarque sur le rapport de Daniel Lagache: "Psychanalyse et structure de la personnalité" » (1960), dans les *Écrits*, Éditions du Seuil, 1966.

51.Jacques Lacan, «Subversion du sujet et dialectique du désir dans l'inconscient freudien», ce texte représente la communication que nous avons apportée à un Congrès réuni à Royaumont par les soins des «Colloques philosophiques internationaux», sous le titre de «La dialectique», Jean WAHL nous y invitant. Il se tint du 19 au 23 septembre 1960. C'est la date de ce texte - antérieur au Congrès de Bonneval, dont ressortit celui qui lui succède - qui nous le fait publier: pour donner au lecteur l'idée de l'avance où s'est toujours tenu notre enseignement par rapport à ce que nous pouvions en faire connaître. Ce texte est pris dans les *Écrits*, Éditions du Seuil, 1966.

52.Jacques Lacan, Le séminaire de Jacques Lacan, Livre VIII, *Le transfert 1960-1961*, texte établi par Jacques-Alain Miller, seconde édition corrigée, Éditions du Seuil, mars 1999, juin 2001.

53.Jacques Lacan, *Le transfert,* Séminaire 1960-1961, version Staferla.

54.Jacques Lacan, *L'identification,* Séminaire 1961-1962, inédit, version Staferla.

55.Jacques Lacan, Le séminaire de Jacques Lacan, Livre X, *L'angoisse 1962-1963*, texte établi par Jacques-Alain Miller, Éditions du Seuil, juin 2004.

56.Jacques Lacan, «Kant avec Sade» (1963), dans les *Écrits*, Éditions du Seuil, 1966.

57.Jacques Lacan, «Introduction aux Noms-du- Père», séance le 20 novembre 1963, *Des Noms-Du- Père*, in «Paradoxes de Lacan», série présentée par Jacques-Alain Miller, Seuil, 2005.

58.Jacques Lacan, «lettre de Jacques Lacan à Louis Althusser» le 21 novembre 1963, parue dans le *Magazine littéraire*, novembre 1992, n° 304.

59.Jacques Lacan, Le séminaire de Jacques Lacan, Livre XI, *Les quatre concepts fondamentaux de la psychanalyse 1964*, texte établi par Jacques-Alain Miller, Éditions du Seuil, février 1973.

60.Jacques Lacan, *The seminar of Jacques Lacan, Book XI:The Four Fundamental Concepts of Psycho-Analysis*, trans. Alan Sheridan. New York: Penguin Books, 1994.

61.Jacques Lacan, *Problèmes cruciaux pour la psychanalyse,* Séminaire 1964-1965, inédit, version Staferla.

62.Jacques Lacan, *L'objet de la psychanalyse,* Séminaire 1965-1966, version staferla.

63.Jacques Lacan, «La science et la vérité», sténographie de la leçon d'ouverture du séminaire tenu l'année 1965-1966 à l'École normale supérieure (rue d'Ulm) sur l'Objet de la psychanalyse, au titre de chargé de conférences de l'École pratique des hautes études (VIe

section), le 1 ^{er} décembre 1965. Paru dans le premier N° des *Cahiers pour l'analyse* publiés par le Cercle d'épistémologie de l'École normale supérieure en janvier 1966, repris dans les *Écrits*, Éditions du Seuil, 1966.

64.Jacques Lacan, «*Problèmes cruciaux pour la psychanalyse*, compte rendu du Séminaire 1964-1965» (1966), dans *les Autres écrits*, Éditions du Seuil, 2001.

65.Jacques Lacan, «Ouverture de ce recueil», dans les *Écrits*, Éditions du Seuil, 1966.

66.Jacques Lacan, *Écrits*, Éditions du Seuil, 1966.

67.Jacques Lacan, *The Language of the Self: The Function of Language in Psychoanalysis*, trans. Anthony Wilden. Baltimore and London: John Hopkins University Press, 1968.

68.Jacques Lacan, *Ecrits: A Selection*, trans. Alan Sheridan. Tavistock Publication Press, 1977.

69.Jacques Lacan, Le séminaire de Livre XVI. *D'un Autre à l'autre 1968-1969*, texte établi par Jacques-Alain Miller, Éditions du Seuil, 2006.

70.Jacques Lacan, «La méprise du sujet suppose savoir» (1968), repris dans les *Autres écrits*, Éditions du Seuil, 2001.

71.Jacques Lacan, Discours du 6 décembre 1967 à l'E.F.P.*Scilicet*, 2-3:9-29, 1970.

72.Jacques Lacan, «Radiophonie», Scilicet, 2-3:55-99, 1970, repris dans les *Autres Écrits*, Éditions du Seuil, 2001.

73.Jacques Lacan, Le séminaire de Jacques Lacan, Livre XVII, *L'envers de la psychanalyse 1969-1970*, texte établi par Jacques-Alain Miller, Éditions du Seuil, mars 1991.

74.Jacques Lacan, «Lituraterre», 12.5.1971, repris dans les *Autres écrits*, Éditions du Seuil, 1966.

75.Jacques Lacan, Le séminaire de Jacques Lacan, Livre XIX, ... *ou pire 1971-1972*, texte établi par Jacques-Alain Miller, Éditions du Seuil, 2011.

76.Jacques Lacan, Le séminaire de Jacques Lacan, Livre XX, *Encore 1972-1973*, texte établi par Jacques-Alain Miller, Éditions du Seuil, 1975.

77.Jacques Lacan, *The seminar of Jacques Lacan, Book XX: On Feminine Sexuality, The Limits of love and knowledge, Encore 1972-1973*, trans. Bruce Fink, New York: Norton, 1998.

78.Jacques Lacan, «L'étourdit» (1973), dans les *Autres écrits*, Éditions du Seuil, 2001.

79.Jacques Lacan, *Les non-dupes errant*, Séminaire 1973-1974, inédit, version Staferla.

80.Jacques Lacan, *Télévision*, Éditions du Seuil, 1974.

81.Jacques Lacan, *R.S.I.*, Séminaire 1974-1975, inédit, version Staferla.

82.Jacques Lacan, *De la psychose paranoïaque dans ses rapports avec la personnalité*, Éditions du Seuil, 1975.

83.Jacques Lacan, *On Feminine Sexuality: Jacques Lacan and the école freudienne*, ed.Juliet Mitchell and Jacqueline Rose, trans. Bruce Fink. London: Macmillan, 1982.

84.Jacques Lacan, «Joyce le symptôme» (1975), repris dans les *Autres écrits*, Éditions du Seuil, 2001.

85.Jacques Lacan, *L'insu que sait de l'une-bévue s'aile à mourre*, Séminaire 1976–1977, inédit, version staferla.

86.Jacques Lacan, *Autres écrits*, Éditions du Seuil, 2001.

87.Jacques Lacan, «Il ne peut pas y avoir de crise de la psychanalyse», dans *Magazine Littéraire*，février 2004.

88.Jacques Lacan, *Des Noms-Du-Père*, in «Paradoxes de Lacan», série présentée par Jacques-Alain Miller, Seuil, 2005.

二、弗洛伊德参考文献

1.[奥] 弗洛伊德:《弗洛伊德后期著作选》，林尘等译，上海译文出版社 1986 年版。

2.[奥] 弗洛伊德:《释梦》，孙名之译，商务印书馆 2002 年版。

3.[奥] 弗洛伊德:《弗洛伊德文集》第 1—8 卷，车文博主编，长春出版社 2004、2010 年版。

4.[奥] 弗洛伊德:《小汉斯——畏惧症个案的分析》，简意玲译，林玉华审阅 / 导读，财团法人华人心理治理研究发展基金会 2006 年版。

5.[奥] 弗洛伊德:《狼人——孩童期精神官能症案例的病史》，陈嘉新译，蔡荣裕审阅 / 导读，财团法人华人心理治理研究发展基金会 2006 年版。

6.[奥] 弗洛伊德:《鼠人——强迫官能症案例之摘录》，林怡青、许欣伟译，财团法人华人心理治理研究发展基金会 2006 年版。

7.[奥] 弗洛伊德:《史瑞伯——妄想症案例的精神分析》，王声昌译，宋卓琦审阅 / 导读，财团法人华人心理治理研究发展基金会 2006 年版。

8.[奥] 弗洛伊德:《朵拉——歇斯底里案例分析的片段》，刘慧卿译，财团法人华人心理治理研究发展基金会 2006 年版。

9.Sigmund Freud, *Lettres à Wilhelm Fliess, 1887-1904*, édition complète par F. Kahn et F. Robert, Paris, Puf, 2006.

10.Sigmund Freud, *The Standard Edition* (S.E.), 24 Vols, translated form the German under the General Editiorship of James Strachey, The Hogarth Press and the Institute of Psychoanalysis, 1953.

11.Sigmund Freud, "The Neuro-Psychoses of Defence" (1894), S.E.III.

12.Sigmund Freud, *L'interprétation des réves* (1900), traduit en français par I. Meyerson, nouvelle édition révisée, Puf, 1967.

13.Sigmund Freud, *L'interprétation du réve* (1900), traduit en français par Janine Altonnian - Pierre Gotet - René Lainé - Alain Rauzy - François Robert, dans Sigmund Freud, *Œuvres Complètes, vol. IV:1899-1900*, Paris, Puf, 2003.

14.Sigmund Freud , *The Psychopathology of Everyday Life* (1901), S.E. VI.

15.Sigmund Freud, *Three Essays on Sexuality* (1905), S.E.VII.

16.Sigmund Freud, «Les théories sexuelles infantiles» (1908), dans les *Œuvres com-*

plètes, *vol. VIII: 1906-1908*, Paris, Puf, 2007.

17.Sigmund Freud, «Séance du 25 novembre 1908», *Les premiers psychanalystes*, *Minutes de la société psychanalytique, t. II: 1908-1910*, Paris, Gallimard, 1978.

18.Sigmund Freud, «Analyse de la phobie d'un garçon de 5 ans» (1908), dans les *Œuvres complètes*, *vol. IX: 1908-1909*, Paris, Puf, 1998.

19.Sigmund Freud, «Remarques sur un cas de névrose de contrainte» (1909), dans les *Œuvres complètes*, *vol. IX*.

20.Sigmund Freud, "Analysis of a Phobia in a Five-Year-Old Boy" (1909), in S.E., X.

21.Sigmund Freud, «Un souvenir d'enfance de Léonard de Vinci» (1910), dans les *Œuvres complètes*, *vol. X: 1909-1910*, Paris, Puf, 2009.

22.Sigmund Freud, "A Special Type of Choice of Object Made by Men" (1910), S.E., XI.

23.Sigmund Freud, «Remarques psychanalytiques sur un cas de paranoïa (Dementia paranoides) décrit sous forme autobiographique» (1911), dans les *Œuvres complètes*, *vol.X*.

24.Sigmund Freud, «Séance du 11 décembre 1912», dans *Les premiers psychanalystes*, *Minutes de la société psychanalytique*, t. IV, , 1912-1918, Paris, Gallimard, 1983.

25.Sigmund Freud, «Communication d'un cas de paranoïa en contradiction avec la théorie psychanalytique» (1915), dans *Névrose, psychose et perversion*, Paris, Puf, 1999.

26.Sigmund Freud, "On narcissism" (1914), in S.E., XIV.

27.Sigmund Freud, "Repression" (1915), in S.E., XIV.

28.Sigmund Freud, "The Unconscious" (1915), S.E., XIV.

29.Sigmund Freud, «Extrait de l'histoire d'une névrose infantile» (1918), dans *Cinq psychanalyses*, Paris, Puf, 1999.

30.Sigmund Freud, «Un enfant est battu» (1919), dans *Névrose, psychose et perversion*, Paris, Puf, 1999.

31.Sigmund Freud, «Sur la psychogenèse d'un cas d'homosexualité féminine» (1920), dans *Névrose, psychose et perversion*, Paris, Puf, 1999.

32.Sigmund Freud, "Beyond the pleasure principle" (1920), in S.E., XVIII.

33.Sigmund Freud, «Psychologie des masses et analyse du moi» (1921), dans les *Œuvres complètes, vol.XVI:1921-1923*, Paris, Puf, 2010.

34.Sigmund Freud, *Psychologie collective et analyse du moi,* dans l'ouvrage *Essais de psychanalyse*, traduction de l'Allemand par le Dr. S. Jankélévitch en 1921, revue par l'auteur. Réimpression, Paris, Éditions Payot, 1968, (pp.83 à 176), 280 pages, édition électronique a été réalisée par Gemma Paquet, bénévole, professeure à la retraite du Cégep de Chicoutimi à partir de cette traduction française.

35.Sigmund Freud, *Group Psychology and the Analysis of the Ego*, S.E. XVIII.

36.Sigmund Freud, *Totem et tabaou. Interprétation par la psychanalyse de la vie sociale des peuples primitifs*, traduit de l'Allemand avec l'autorisation de l'auteur en 1923 par le Dr S. Jankélévitch, impression 1951, en version numérique par Jean-Marie Tremblay.

37.Sigmund Freud, *The Ego and the Id* (1923), S.E., XIX.

38.Sigmund Freud, «La Négation» (1925), traduit de l'allemand par Henri Hoesli, in *Revue Française de Psychanalyse*, Septième année, T. VII, n° 2, Éd. Denoël et Steele, 1934, pp.174-177.

39.Sigmund Freud, «La Négation» (1925), la traduction française par J.C. Capèle & D. Mercadie, Première parution du texte français in: *Le Discours psychanalytique*, Paris, 1982, 1999, version électronique.

40.Sigmund Freud, «La Négation» (1925), la traduction française par Thierry Simonelli, version électronique.

41.Bernard This et Pierre Thèves, «traduction et commentaire de *Die Verneinung* de Freud», *Le Coq Héron* n° 52, 1975.

42.Sigmund Freud, «Dostoïevski et la mise à mort du père» (1928), dans les *Œuvres complètes, vol.XVIII:1926-1930*, Paris, Puf, 2015.

43.Sigmund Freud, *New Introductory lectures on psycho-analysis* (1932), S.E. XXII.

44.Sigmund Freud, *Cinq psychanalyses*, traduit par Janine Altounian, Pierre Cotet, Françoise Kahn, René Lainé, François Robert, Johanna Stute-Cadiot, Puf, 2014.

45.Sigmund Freud, *Collected Papers, Vol.IV*, Authorized Translation under the Supervision of Joan Riviere, New York: Basic Books Inc. Publishers, 1959.

46.Sigmund Freud, *Case Histories II: The "rat man", Schreber, The "wolf man", A case of female homosexuality*, trans. under the general editorship of James Strachey. Penguin Books, 1984.

三、其他参考文献

1.[比利时] 布洛克曼:《结构主义:莫斯科—布拉格—巴黎》,李幼蒸译,商务印书馆1987年版。

2.[德] 彼得·黑尔特林:《荷尔德林传》,陈敏译,江苏人民出版社2009年版。

3.[德] 海德格尔:《尼采的话"上帝死了"》(1943年),见《林中路》,孙周兴译,上海世纪出版集团2008年版。

4.[德] 海德格尔:《在通向语言的途中》,孙周兴译,商务印书馆2004年版。

5.[德] 黑格尔:《精神现象学》上册,贺麟、王玖兴译,商务印书馆1981年版。

6.[德] 尼采:《快乐的科学》,黄明嘉译,华东师范大学出版社2007年版。

7.[德] 尼采:《查拉图斯特拉如是说》详注本,钱春绮译,三联书店2007年版。

8.[法] 阿尔都塞:《来日方长——阿尔都塞自传》,鸿滨、陈越译,上海人民出版社2013年版。

9.[法] 伯努瓦·皮特斯:《德里达传》,魏柯玲译,中国人民大学出版社2014年版。

10.[法] 德贡布:《当代法国哲学》,王寅丽译,新星出版社2007年版。

11.[法] 德尼·贝多莱:《列维-斯特劳斯传》,于秀英译,张祖建校,中国人民大学出版社2008年版。

12.[法] 笛卡尔:《第一哲学沉思集》,庞景仁译,商务印书馆1986年版。

13.[法] 笛卡尔:《谈谈方法》,王太庆译,商务印书馆 2000 年版。

14.[法] 福柯编:《我,里维耶,杀害了我的母亲、妹妹和弟弟——19 世纪一桩弑亲案》,王辉译,上海人民出版社 2021 年版。

15.[法] 弗朗索瓦·多斯:《从结构到解构:法国 20 世纪思想主流》上下,季广茂译,中央编译出版社 2004 年版。

16.[法] 列维-斯特劳斯:《结构人类学》1,张祖建译,中国人民大学出版社 2006 年版。

17.[法] 列维-斯特劳斯、迪迪埃·埃里蓬:《今昔纵横谈——克劳德·列维-施特劳斯传》,袁文强译,北京大学出版社 1997 年版。

18.[法] 拉普朗虚、彭大历斯:《精神分析词汇》,王文基、沈志中译,台北行人出版社 2001 年版。

19.[法] 马可·萨非洛普洛斯:《拉冈与李维史陀,1951—1957 回归弗洛伊德》,李郁芬译,台北心灵工作坊文化事业股份有限公司、财团法人华人心理治疗发展基金会 2009 年版。

20.[法] 马科斯·扎菲罗普洛斯 [马可·萨非洛普洛斯]:《女人与母亲——从弗洛伊德至拉康的女性难题》,李锋译,福建教育出版社 2015 年版。

21.[法] 马礼荣:《情爱现象学》,黄作译,商务印书馆 2014 年版。

22.[法] 马塞尔·毛 [莫] 斯:《社会学与人类学》,佘碧平译,上海人民出版社 2003 年版。

23.[法] 梅洛-庞蒂:《从莫斯到克洛德·列维-斯特劳斯》,见《哲学赞词》,杨大春译,商务印书馆 2000 年版。

24.[法] 梅洛-庞蒂:《梅洛-庞蒂文集》第 1、2、3、4、5、8、9 卷,杨大春、张尧均主编,商务印书馆 2018—2021 年版。

25.[法] 让-吕克·南希、菲利普·拉古-拉巴特:《文字的凭据——对拉康的一个读解》,张洋译,漓江出版社 2016 年版。

26.[法] 特罗蒂尼翁:《当代法国哲学家》,范德玉译,三联书店 1992 年版。

27.[法] 伊丽莎白·卢迪内斯库:《拉康传》,王晨阳译,北京联合出版公司

2020 年版。

28.[法] 雨果:《沉睡的波阿斯》,见《雨果文集·第九卷·诗歌》下,程曾厚译,人民文学出版社 2002 年版。

29.[古希腊] 柏拉图:《会饮篇》,王太庆译,商务印书馆 2017 年版。

30.[古希腊] 索福克勒斯:《安提戈涅》,罗念生译,见《罗念生全集》第二卷,上海人民出版社 2004 年版。

31.[古希腊] 索福克勒斯:《俄 [奥] 狄浦斯王》,罗念生译,见《见罗念生全集》第二卷,上海人民出版社 2004 年版。

32.[古希腊] 索福克勒斯:《俄 [奥] 狄浦斯在科洛诺斯》,罗念生译,见《罗念生全集》第二卷,上海人民出版社 2004 年版。

33.[古希腊] 亚里士多德:《修辞术》,颜一译,见《亚里士多德全集》第九卷,中国人民大学出版社,1997 年版。

34.[美] 古廷:《二十世纪法国哲学》,辛岩译,江苏人民出版社 2005 年版。

35.[美] 莱昂内尔·特里林:《弗洛伊德与文学》,陆谷孙、曾道中译,载《文艺理论研究》1981 年第 3 期。

36.[美] 罗森:《柏拉图的〈会饮〉》,刘小枫等译,华夏出版社 2003 年版。

37.[日] 渡边公三:《列维-斯特劳斯:结构》,周维宏等译,河北教育出版社 2002 年版。

38.[瑞士] 索绪尔:《普通语言学教程》,高名凯译,商务印书馆 1980 年版。

39.[瑞士] 索绪尔:《索绪尔第三次普通语言学教程》,屠友祥译,上海人民出版社 2002 年版。

40.[苏] 尼·格·波波娃:《法国的后弗洛伊德主义》,李亚卿译,东方出版社 1988 年版。

41.[英] 霍克斯:《结构主义和符号学》,瞿铁印译,上海译文出版社 1987 年版。

42.[英] 莎士比亚:《哈姆莱特》,朱生豪译,吴兴华校,人民文学出版社 2002 年版。

43.[英] 史蒂文·纳德勒:《斯宾诺莎传》,冯炳昆译,商务印书馆 2011 年版。

44.杜声峰:《拉康结构主义精神分析学》,台北远流出版事业股份有限公司1988年版。

45.杜小真、张宁主编:《德里达中国讲演录》,中央编译出版社2003年版。

46.杜小真:《遥远的目光》,三联书店2003年版。

47.方向红、黄作主编:《笛卡尔与现象学——马里翁访华演讲集》,"三联精选"系列,三联书店2020年版。

48.冯俊:《法国近代哲学》,同济大学出版社2004年版。

49.冯俊:《后现代主义哲学讲演录》,商务印书馆2003年版。

50.黄汉平:《拉康与后现代文化批评》,中国社会科学出版社2006年版。

51.黄作:《不思之说——拉康主体理论研究》,人民出版社2005年版。

52.黄作:《谈谈拉康文本中 signifiant 一词的译法》,载《世界哲学》2006年第2期。

53.黄作:《〈关于"被盗窃的信"的研讨班〉VS〈真理的邮递员〉——德里达在能指问题上对拉康的批评辨析》,载《现代哲学》2017年第6期。

54.黄作:《漂浮的能指——拉康与当代法国哲学》,人民出版社2018年版。

55.黄作:《列维-斯特劳斯与拉康在象征问题上的不同路径——从〈马塞尔·莫斯的著作导言〉说起》,载《社会科学》2019年第2期。

56.霍大同主编:《精神分析笔记》,成都精神分析中心内部刊物。

57.江怡主编:《走向新世纪的西方哲学》,中国社会科学出版社1998年版。

58.马里翁等:《一切真实的东西都是普遍的——马里翁(Marion)与中国学者对话录》,载《华南师范大学学报》2018年第6期。

59.马元龙:《精神分析:从文学到政治》,人民出版社2011年版。

60.马元龙:《欲望的变奏——精神分析的文学反射镜》,北京大学出版社2021年版。

61.莫伟民、姜宇辉、王礼平:《二十世纪法国哲学》,人民出版社2008年版。

62.欧阳谦:《20世纪西方人学思想导论》,中国人民大学出版社2002年版。

63.尚杰:《归隐之路——20世纪法国哲学的踪影》,江苏人民出版社2002年版。

64. 尚杰：《法国当代哲学论纲》，同济大学出版社 2008 年版。

65. 王国芳、郭本禹：《拉冈》，台湾生智文化事业有限公司 1997 年版。

66. 杨大春：《感性的诗学——梅洛-庞蒂与法国主流哲学》，人民出版社 2005
年版。

67. 杨大春：《文本的世界——从结构主义到后结构主义》，中国社会科学出版社
1998 年版。

68. 杨大春：《语言、身体、他者》，三联书店 2007 年版。

69. 赵一凡：《从胡塞尔到德里达：西方文论讲稿》，三联书店 2007 年版。

70. Alfandary (Isabelle), *Derrida Lacan: L'écriture entre psychanalyse et déconstruc-*
tion, Hermann, 2016.

71. Alfandary (Isabelle), «Lacan Derrida le malentendu», in http://letourcritique.u-
paris10.fr/index.php/letourcritique/article/view/53/html.

72. Althusser (Louis), *Ecrits sur la psychanalyse*, Paris, Stock/IMEC, 1993.

73. Aouillé (Sophie), Bruno (Pierre), Joye-Bruno (Catherine), «Père et Nom(s)-du-
Père (1re partie)», ERES, *Psychanalyse*, 2008/2, n° 12l pages 101 à 113.

74. Aouillé (Sophie), Bruno (Catherine), Bruno (Pierre) et Callegari (Sabine), «Père
et Nom(s)-du-Père (2e partie)», ERES, *Psychanalyse*, 2008/3 n° 13 l pages 77 à 96.

75. Aouillé (Sophie), Bruno (Catherine), Bruno (Pierre) et Callegari (Sabine), «Le
père et ses noms» (3e partie), Érès l «Psychanalyse», 2009/2 n° 15 l pages 123 à 134.

76. Aouillé (Sophie), Bruno (Catherine), Bruno (Pierre) et Callegari (Sabine), «Le
père et ses noms» (4e partie), Érès l «Psychanalyse», 2009/3 n° 16 l pages 105 à 116.

77. Aparicio (Sao), «Note sur la *Verneinung*», *EPFCL-France*l *Champ lacanien*,
2006/2 (N° 4).

78. Aristote, *Poétique et Rhétorique*, traduction entièrement nouvelle d'après les dern-
ières recensions du texte, par Ch. Emile Ruelle, Bibliothécaire à la bibliothèque Sainte-Ge-
neviève, Librairie Garnier Frères, collection "Chefs d'oeuvres de la littérature grecque",
1922: http://remacle.org/bloodwolf/philosophes/Aristote/poetique.htm; et http://remacle.

org/bloodwolf/philosophes/Aristote/rheto1.htm.

79.Askofaré (Sidi), «"Au-delà du complexe d'œdipe" : quel père?», dans *La clinique lacanienne*, ERES, 2009/2 n° 16.

80.Badiou (Alain), «Panorama de la philosophie française contemporaine», Conférence à la Bibliothèque Nationale de Buenos Aires - 1 juin 2004.

81.Badiou (Alain) et Roudinesco (Elisabeth), *Jacques Lacan, Passé* Présent, Dialogue, Éditions du Seuil, 2011.

82.Badiou (Alain), *Séminaire «Lacan»*, 1994-1995, Notes de Daniel Fischer.

83.Bénabou (Marcel) etc., *789 Néologismes de Jacques Lacan,* EPEL, 2002.

84.Benveniste (Émile), «Nature du signe linguistique», dans *Problèmes de linguistique générale I* , Paris, Gallimard, 1966.

85.Bruno (Pierre), Bruno (Catherine), Le Bihan (Anne), Menendez (Ramon), Morin (Isabelle) et Thibaudeau (Laure), «Le père et ses noms» (6e partie), Érès | «Psychanalyse», 2011/3 n° 22.

86.Bruno (Pierre), Bruno (Catherine), Le Bihan (Anne), León (Patricia), Menendez (Ramon), Morin (Isabelle) et Thibaudeau (Laure), «Le père et ses noms» (7e partie), Érès | «Psychanalyse», 2012/1 n° 23 | pages 87 à 98.

87.Bruno (Pierre), Bruno (Catherine), Le Bihan (Anne), León (Patricia), Menendez (Ramon), Morin (Isabelle) et Thibaudeau (Laure), «Le père et ses noms» (8e partie), Érès | «Psychanalyse», 2012/2 n° 24 | pages 107 à 118.

88.Chiari, *Twentieth-Century French Thought: From Bergson to Lévi-Strauss*. Gordian Press, 1975.

89.Chrysippos, *Stoicorum veterum fragmenta* , *Volumen II - Chrysippi Fragmenta, Logica et Physic*, edited by Hans Friedrich August von Arnim, EDITIO STEREOTYPA EDITIONIS PRIMAE (MCMIII), STVTGARDIAE IN AEDIBVS B.G. TEVBNERI MCMLXIV,1964.

90.Denys l'Aréopagite, *Traité des noms divins* précedé de *La hiérarchie ecclésias-*

tique, traduit du grec et annoté par Geoges Darboy, Arbre d'Or, Genève, mars 2007, e-book version.

91.De Mauro (Tullio), *F. de Saussure. Cours de linguistique générale*, Édition critique préparée par Tullio de Mauro, Paris, Payot & Rivages, 1985.

92.De Saussure (Ferdinand), *Cours de linguistique générale*, publié par Charles Bally et Albert Sechehaye avec la collaboration de Albert Riedlinger, édition critique préparée par Tullio de Mauro, postface de Loui-Jean Calvet, Paris, Payot & Rivages,1985.

93.De Saussure (Ferdinand), *Ferdinand de Saussure Premier cours de linguistique générale (1907): d'après les cahiers d'Albert Riedlinger = Saussure's first course of lectures on general linguistics (1907): from the notebooks of Albert RiedAuthor*, French text edited by Eisuke Komatsu, English translation by George Wolf, Pergamon press, Oxford New York Seoul Tokyo, 1996.

94.De Saussure (Ferdinand), *Ferdinand de Saussure Deuxième cours de linguistique générale (1908-1909): d'après les cahiers d'Albert Riedlinger et Charles Patois = Saussure's second course of lectures on general linguistics (1908-1909): from the notebooks of Albert RiedAuthor and Charles Patois*, French text edited by Eisuke Komatsu, English translation by George Wolf, Pergamon press, 1997.

95.De Saussure (Ferdinand), *Troisième cours de linguistique générale (1910-1911): d'après les cahiers d' Emile Constantin =Saussure's third course of lectures on general linguistics(1910-1911): from the notebooks of Emile Constantin* , French text edited by Eisuke Komatsu, English translation by Roy Harris, Pergamon press, Oxford New York Seoul Tokyo, 1993.

96.Descartes (Réné), *Regulæ ad directionem ingenii*, dans les *Œuvres de Descartes*, par C. Adam et P.Tannery, nouvelle présentation par B.Rochot et P.Costabel, vol. X, Vrin,1996.

97.Descartes (Réné), *Règles utiles et claires pour la direction de l'esprit en la recherche de la vérité*, traduction selon le lexique cartésien, et annotation conceptuelle par Jean-

Luc Marion avec des notes mathématiques de Pierre Costabel, Paris, Martinus Nijhoff, 1977.

98.Descartes (Réné), *Discours de la méthode*, texte et commentaire par E. Gilson, Vrin, 19251, 19876.

99.Descartes (Réné), *Meditationes de prima philosophia*, dans les *Œuvres de Descartes*, par C. Adam et P.Tannery, nouvelle présentation par B.Rochot et P.Costabel, vol. VII, Vrin, 1996.

100.Descartes (Réné), *Œuvres philosophiques*, éd.de F. Alquié, 3 tomes, Éditions Carnier Frères, 1963-1973.

101.Descombes (Vincent), «L'Équivoque du symbolique», *MLN, Vol. 94, No. 4, French Issue: Perspectives in Mimesis* (May, 1979).

102.Descombes (Vincent), *Le Même et l'Autre. Quarante-cinq ans de philosophie française (1933-1978)*, Paris, les Éditions de Minuit, 1979.

103.Dor (Joël), *Introduction à la lecture de Lacan. 1. L'inconscient structuré comme un langage. 2. La structure de sujet*, Denoël, 1985, 1992, 2002.

104.Dor (Joël), *Thésaurus Lacan vol II*, EPEL, 1994.

105.Dosse (François), *Histoire du structuralisme. Tome 1: Le champ du signe, 1945-1966*, Paris, La Découverte, Le livre de poche, 1992.

106.Ducrot (Oswald) etc., *Qest-ce que la structuralisme*, Éditions du Seuil, 1968.

107.Ellmann (Richard), *James Joyce*, (Oxford: Oxford University Press, 1983, first revision of 1959 edition), see note, p.340. Cf. Patrick Healy, "Joyce: Through the Lacan Glass", in http://www.lacan.com/frameXI3.htm.

108.Engler (Rudolf), *Ferdinand de Saussure, Cours de linguistique générale*, édition critique par R. Engler, tome 1, reproduction de l'édition originale (1968), Otto Harrassowitz, Wiesbaden, 1989.

109.Erasmus, *L'Éloge de la Folie*, traduction par Pierre de NOLHAC avec les illustrations de Hans HOLBEIN, un document produit en version numérique par Pierre Palpant, dans le cadre de la collection: " Les classiques des sciences sociales " fondée et dirigée par Jean-Marie Tremblay, une collection développée en collaboration avec la Bibliothèque Paul-Émile Boulet de l'Université du Québec à Chicoutimi.

110.Evans (Dylan), *An Introductory Dictionary of Lacanian Psychoanalysis*, Routledge, 1996, Taylor & Francis e-Library, 2006.

111.Frege (Gottlob), "Sense and Reference" , in *The Philosophical Review*, 1948, Vol. 57, No. 3 (May, 1948).

112.Gardiner (Sir Alain), *The Theory of Proper Names, A Controversial Essay*, Second Edition, London: Oxford University Press, 1954.

113.Godel (Robert), *Les Sources Manuscrites du Cours de Linguistique* Générale *de F. de Saussure*, Genêve, 1957.

114.Gueroult (Martial), *Descartes selon l'ordre des raisons*, 2 tomes, Aubier, 1975.

115.Guyonnet (Damien), «L'Œdipe et son au-delà chez Lacan», inédit, 2020-2021.

116.Guyonnet (Damien), «Une introduction à l'axiome de Lacan», inédit.

117.Hegel, *Philosophie de l'esprit*, tome second, traduit par A. VÉRA, Germer Baillière, Libraire-éditeur, 1869.

118.Heidegger, «La parole», dans *Acheminement vers la parole*, trad. Jean Beaufret, Wolfgang Brokmeier et François Fédier, Paris, Gallimard, 1976.

119.Hugo (Victor), «Booz endormi», in *La legend des siecles*, Oeuvre du domaine public, En lecture libre sur Atramenta.net, pp.14-17.

120.Hyppolite (Jean), «Commentaire parlé sur la *Verneinung* de Freud», dans les *Écrits*, Éditions du Seuil, 1966, Appendice I.

121.Jakobson (Roman), "Two aspects of language and two types of aphasic disturbances" , in *Fundamentals of language*, with Morris Halle, The Hague, 1956, included in *Selected Writings, II, Word and Language*, Mouton, The Hague Paris, 1971.

122.Jakobson (Roman), *Selected Writings, I, phonological studies*, Mouton & Co.'S-Gravenhage, 1962.

123.Jones (Ernest), "The Death of Hamlet's Father", in *Literature and Psychoanalysis*, edited by Edith Kurzweil and William Phillips, Columbia University Press, 1983.

124.Joye-Bruno (Catherine), Bruno (Pierre) et Callegari (Sabine), «Le père et ses noms» (5e partie), Érès | «Psychanalyse», 2010/3 n° 19.

125.Juranville (Alain), *Lacan et la philosophie*, Paris, Puf, 1984.

126.Laplanche (Jean), *Hölderlin et la question du père*, Puf, 1969.

127.Laplanche (Jean) et Pontalis (J.B.), *Vocabulaire de la Psychanalyse*, sous la direction de Daniel Lagache, Puf, 1967.

128.Laplanche (Jean) and Pontalis (J.B.), *The Language of Psychoanalysis*, trans. by Donald Nicholson-Smith, W.W.Norton & Company, New York London, 1973.

129.Lévi-Strauss (Claude), «Introduction à l'œuvre de Marcel Mauss» (1950), dans M. Mauss, *Sociologie et anthropologie*, un document produit en version numérique par Jean-Marie Tremblay.

130.Lévi-Strauss (Claude), «L'Analyse structurale en linguistique et en anthropologie»,repris dans *Anthropologie structurale*, Plon, 1958.

131.Lévi-Strauss (Claude), *Le Totémisme aujourd'hui*, Puf, 1962.

132.Lévi-Strauss (Claude), «Introduction», *Les structures* élémentaire *de la parenté*, Reprint of the 2.ed. 1967, Berlin, New York: Mouton de Gruyter, 2002.

133.Marion (Jean-Luc), «Du bon usage de notre manqué des noms divins», in *Figures de la psychanalyse*, ERES, 2017/2 n° 34.

134.Marion (Jean-Luc), *Le phénomène érotique*, Bernard Grasset, Paris, 2003.

135.Mauss, «Esquisse d'une théorie générale de la magie», un document produit en version numérique par Jean-Marie Tremblay, professeur de sociologie au Cégep de Chicoutimi, dans le cadre de la collection: "Les classiques des sciences sociales" dirigée et fondée par Jean-Marie Tremblay, professeur de sociologie au Cégep de Chicoutimi, une collection développée en collaboration avec la Bibliothèque Paul-Émile-Boulet de l'Université du Québec à Chicoutimi.

136.Mauss, «Essai sur le don. Forme et raison de l'échange dans les sociétés primitives», un document produit en version numérique par Jean-Marie Tremblay, professeur de sociologie au Cégep de Chicoutimi, Dans le cadre de la collection: "Les classiques des sciences sociales" dirigée et fondée par Jean-Marie Tremblay, professeur de sociologie au Cégep de Chicoutimi, une collection développée en collaboration avec la Bibliothèque Paul-Émile-Boulet de l'Université du Québec à Chicoutimi.

137.Mauss, «Rapports réels et pratiques de la psychologie et de la sociologie», un document produit en version numérique par Jean-Marie Tremblay, professeur de sociologie au Cégep de Chicoutimi, dans le cadre de la collection: "Les classiques des sciences sociales" dirigée et fondée par Jean-Marie Tremblay, professeur de sociologie au Cégep de Chicoutimi, une collection développée en collaboration avec la Bibliothèque Paul-Émile-Boulet de l'Université du Québec à Chicoutimi.

138.Miller (Jacques-Alain), «*L'Excommunication*», supplément au no 8 d'*Ornicar?*, Paris，Lyse, 1977.

139.Miller (Jacques-Alain), «Indications bio-bibliographiques» pour «Introduction aux Noms-du-Père», dans Jacques Lacan, *Des Noms-Du-Père*, Seuil, 2003.

140.Miller (Jacques-Alain), Table commentée des représentations graphiques, par Jacques-Alain Miller: 1. Le schéma de la dialectique intersubjetive (dit «Schéma L»), dans les *Écrits*.

141.Mill (John Stuart), *System of Logic*, Bk., 1, ch. 2, § 5, eBooks@Adelaide, 2011.

142.Nancy (Jean-Luc) et Lacoue-Labarthe (Philippe), *Le titre de la lettre*, éditions galilee, Paris, «collection à la lettre» dirigée par Charles Bouazis, 1973.

143.Pascal (Blaise), *Mémorial*, le nuit du 23 novembre 1654, Manuscrit du Mémorial de Blaise Pascal, Bibliothèque nationale de France. Cf. aussi, Commentaire par Léon Brunschvicg: http://anecdonet.free.fr/iletaitunefoi/Dieu/M%e9morialdeBlaisePascal.html.

144.Patrice (Maniglier), «De Mauss à Claude Lévi-Strauss: cinquante ans après Pour une ontologie Maori», *Archives de Philosophie*, 2006/1 Tome 69.

145.Platon, *Le Banquet*, traduction francaise par Visctor Cousin, bilingue: http://remacle.org/bloodwolf/philosophes/platon/cousin/banquet.htm.

146.Porge (Erik), *Les noms du père chez Jacques Lacan. Ponctuations et problématiques*, ERES, «Point Hors Ligne», 2006.

147.Rabaté (Jean-Michel), «Lacan's turn to Freud», in *The Cambridge Companion to Lacan*, edited by Jean-Michel Rabaté, Cambridge University Press, 2003.

148.Ragland (Ellie), *Jacques Lacan and Philosophy of psychoanalysis*. University of Illinois Press Urbana and Chicago, 1980.

149.Roudinesco (Elisabeth), *La bataille de cent ans-- Histoire de la psychanalyse en France*, vol. 2, Paris: Le Seuil, 1986.

150.Roudinesco (Elisabeth), *Jacques Lacan. Esquisse d'une vie, histoire d'un système de pensée*, Fayard, 1993.

151.Russell (Bertrand), "On Denoting", in *Mind*, Oct., 1905, New Series, Vol. 14, No. 56 (Oct., 1905).

152.Russell (Bertrand), "The Philosophy of Logical Atomism[with Discussion]", in *The Monist*, OCTOBER, 1918, Vol. 28, No. 4 (OCTOBER, 1918).

153.Safouan (Moustafa), «Notes sur la métonymie et la métaphore (rhétorique et théorie du signifiant)», ERES | «Figures de la psychanalyse», 2005/1 no11 | pages 13 à 17.

154.Safouan (Moustafa), "The Fourth Lesson", in *Four Lessons of Psychoanalysis*, 2001, inedited.

155.Sophocle, *Antigone*, bilingue, traduction française Leconte de Lisle: http://remacle.org/bloodwolf/tragediens/sophocle/Antigone.htm.

156.Sophocles, *Oedipus at Colonus*, bilingual, translated by Sir Richard Jebb: https://www.perseus.tufts.edu/hopper/text?doc=Perseus%3Atext%3A1999.01.0189%3Acard%3D1225.

157.Tréhot (Jaques), «Il était une fois...la Bejahung», *EPFCL-France| Champ lacanien*, 2006/1 (N° 3).

158.Trilling (Lionel), "Freud and Litterature", in *The Liberal Imagination*, London: Martin Secker and Warburg, 1951.

159.Troubetzkoï (Nikolaï), «La phonologie actuelle», *Journal de Psychologie Normale et Pathologique* (1933), repris dans les *Essais sur le langage*, Collection «Le Sens commun», Les Éditions de Minuit, 1969.

160.Wartelle (André), *Lexique de la «Rhétorique» d'Aristote*, Paris, Société d'édition «les belles lettres», 1982.

161.Zafiropoulos (Markos), *Du père mort au déclin du père de famille*, Puf, 2014.

162.Zafiropoulos (Markos), *Lacan et Lévi-Strauss ou le retour à Freud (1951-1957)*, Collection «Philosophie d'aujourd'hui» dirigée par Paul-Laurent Assoun, PUF, 2003.

163.Bibliothèque du collège international de philosophie, *Lacan avec les philosophes*, Actes du colloque, Presses universaires de Paris Nanterre, 2020.

后　记

　　拉康得知不少弟子为了法国精神分析学协会（SFP）所谓的国际化而背叛他时曾经这样说："你们全部都跟自己的父亲相处有问题，而正是由于这个原因你们一起行动来反对我。"令我们感兴趣的是：拉康自己与其父亲的相处是不是也有问题呢？甚至还可以进一步追问，我们每个人与自己的父亲相处是不是都有问题？我们从相关传记中可以看到，拉康祖父（Émile Lacan）的强势及其粗暴的脾气，直接造成了拉康父亲（Alfred Lacan）的懦弱性格，使得后者在自己孩子面前无力发挥父亲本该拥有的身份和作用，进而也让拉康在童年感到父亲功能在某种程度上的缺失和移位。拉康胞弟（Marc-François Lacan）后来在回忆中指出，拉康的"父亲的姓名"概念的缘起，很大程度上跟作为"父亲的父亲"的祖父在某种意义上占据着拉康父亲位置的情形相关。尽管这是家庭结构内发生的故事，但其意义已经远远超出了人类学范畴，因为，正如拉康的"父亲的姓名"理论在本书中告诉我们的一样，正是"父亲的父亲"的这种姓氏及其背后的象征系统决定着父亲功能的真正所是，换言之，命名及其背后的象征法则（而非弗洛伊德倡导的以死去父亲作为典范的理想性的作为法则的父亲）才真正体现了父亲的象征功能。"父亲的姓名"作为象征法则，对于我们每个人的成长无疑发挥着至关重要的作用。

家父成长于新中国成立初期，中学在宁波一中（现宁波中学）度过，担任班长，品学兼优，只因有个叔父远在美国旧金山，两次参加高考却无缘进一步深造。或许正是由于父亲自身失去了通过知识改变命运（圣人所谓"学而优则仕"）的机会，他特别期望我能好好读书，而我最终也走上了学术道路，这在很大程度上应当归功于父亲当初的殷切期盼。20世纪八九十年代的商品经济下海潮曾经刮起的"读书无用论"，在富庶的江浙地区体现得尤为淋漓尽致。我不知道父亲对此现象是否出现过迷茫，因为他教导出来的那些读书最好的学生在走入社会后远远不如一些读书不好的学生混得好，这在当时已是一个不争的事实。当然，从小读过圣贤书的父亲倒不至于认同"读书无用论"这种谬论，但这一思潮还是使其有过一定的反思，包括对于从小灌输我"学而优"思想做法的反思。我在因走上学术道路而过着清贫生活这件事上倒是看得很开，尤其人到中年以后，发现自己来到这个世间就是来干这一类活的，至于说到使命感，那就有点凡尔赛了。不过，父亲的反思也让我有了反思，那就是，我现在对自己小孩灌输的"学而优"思想，又该如何把握其中的"度"呢？我想，背后的学理还是一样的：我们需要什么样的父亲功能来充当象征法则呢？

《不思之说——拉康主体理论研究》（人民出版社2005年版）、《漂浮的能指——拉康与当代法国哲学》（人民出版社2018年版）和本书《拉康的父亲理论探幽——围绕"父亲的姓名"概念》三部曲，集中体现了本人自从20世纪90年代中叶硕士阶段开始研究拉康思想以来的思考成果。拉康思想博大精深，说实话，我还是有点意犹未尽。或许在若干年之后，我会再写一部诸如"拉康主义的形成"之类的著作（搞清楚拉康主义的形成问题对于理解当红的拉康主义者如巴迪乌和齐泽克等人的著作，在汉语学术界其实是相当迫切的），这就好比拉康后期的扭结理论所示，三环总是需要第四者来支撑和衔接才显得"完美"——如果我们在今天还谈论完美价值的话。

本书研究得到国家社科基金项目资助，2021年以优秀等级结题

（20213254），本书出版得到华南师范大学哲学社会科学优秀学术著作项目和哲学学科的经费资助，感谢两家单位的支持，也感谢各位评审专家提出的宝贵意见和建议。

非常感谢法兰西科学院院士让-吕克·马礼荣先生（Jean-Luc Marion）在上帝之名匿名性问题上提供的详尽解答。非常感谢巴黎七大（现在的巴黎西岱大学）荣休教授莫妮克·大卫·梅娜尔女士（Monique David-Ménard）在能指问题上提供的一些拓展性思路。非常感谢巴黎八大精神分析系副主任达米安·居尔奈先生（Damien Guyonnet）传送给我其未出版的用于研究生教学的《拉康作品中奥狄浦斯及其彼岸》文稿，使我能够更好地理解拉康后期的"奥狄浦斯的彼岸"问题。书稿完成后，曾请肖婷、王玉贞、胡晓婧等博士生进行通读校对，同样感谢她们。

感谢喻阳老师在本书出版方面提供的帮助。感谢张伟珍女士为本书的编辑和出版所付出的辛劳。

最后想对 2018 年以来阅读拙译拉康的《父亲的姓名》（商务印书馆2018 年版）的读者们说一句话：希望本书配读《父亲的姓名》能够帮助你们更好地理解拉康的新父亲理论。

黄　作

癸卯盛夏于羊城

责任编辑：张伟珍
封面设计：石笑梦
版式设计：胡欣欣

图书在版编目（CIP）数据

拉康的父亲理论探幽：围绕"父亲的姓名"概念/黄作 著．—北京：
人民出版社，2023.9
ISBN 978－7－01－024292－7

I.①拉…　II.①黄…　III.①拉康（Lacan, Jacques 1901-1981）–精神
分析　IV.① B84-065

中国版本图书馆 CIP 数据核字（2021）第 258984 号

拉康的父亲理论探幽
LAKANG DE FUQIN LILUN TANYOU
——围绕"父亲的姓名"概念

黄　作　著

人民出版社 出版发行
（100706　北京市东城区隆福寺街 99 号）

北京中科印刷有限公司印刷　新华书店经销

2023 年 9 月第 1 版　2023 年 9 月北京第 1 次印刷
开本：710 毫米 ×1000 毫米 1/16　印张：19.5
字数：268 千字

ISBN 978－7－01－024292－7　定价：86.00 元

邮购地址 100706　北京市东城区隆福寺街 99 号
人民东方图书销售中心　电话（010）65250042　65289539

版权所有·侵权必究
凡购买本社图书，如有印制质量问题，我社负责调换。
服务电话：（010）65250042